AF458253

EX LIBRIS D DE BOURGEVIN

ELEMENS DE GEOMETRIE.

ELEMENS DE GEOMETRIE DE MONSEIGNEUR LE DUC DE BOURGOGNE.

NOUVELLE EDITION

Revûë, corrigée & augmentée

D'UN

TRAITÉ DES LOGARITHMES,

Par M. DE MALEZIEU.

AVEC

L'INTRODUCTION A L'APPLICATION DE L'ALGEBRE A LA GEOMETRIE.

A PARIS, RUE S. JACQUES,

Chez { ESTIENNE GANEAU, aux Armes de Dombes.
JEAN BOUDOT, à la Ville de Paris.
ET
LAURENT RONDET, au Compas.

M. DCC. XXII.

AVEC PRIVILEGE DU ROY.

AU ROY.

IRE,

Il y a maintenant vingt-cinq ans que le Grand Prince à qui VÔTRE MAJESTÉ *doit le jour, voulut bien*

donner quelques heures de son loisir à la composition de ces Elemens de Geometrie. Ce Grand Prince, que le Ciel ne fit que montrer à la Terre, seroit une source intarissable de larmes pour la France, si déja les premieres années de VÔTRE MAJESTE' *ne nous avoient fourni des sujets de consolation en nous faisant esperer que la Providence éternelle Vous a reservé,* SIRE, *l'execution de tant de merveilles que le Duc de Bourgogne promettoit à l'Univers. Au milieu de ces justes esperances nous serions coupables de la plus noire ingratitude si nous pouvions jamais oublier l'insigne bonté avec laquelle ce Prince, également rempli de l'esprit de Science & de l'esprit de Gouvernement, agréa que ces Elemens fussent imprimés sous le Nom de Monseigneur le Duc de Bourgogne. C'est sans doute à la prévention que le Public avoit pour ce Nom auguste que nous sommes redevables du promt debit & du grand succès de cet Ouvrage, dont la premiere*

Edition a été d'abord traduite en plusieurs Langues, & ensuite si rapidement enlevée, que pressés par la curiosité publique d'en donner une nouvelle, & voulans y apporter toute l'exactitude possible, nous avons prié M. de Malezieu, que Loüis le Grand, Vôtre Bisayeul, avoit chargé de l'Instruction de Monseigneur le Duc de Bourgogne pour les Mathematiques & la Philosophie, de vouloir bien repasser cet Ouvrage, qu'il a vû naître sous la plume de Vôtre auguste Pere, & dont il conserve prétieusement l'Original écrit de la propre main de ce Grand Prince. Nous nous sommes flatés, SIRE, *que* VÔTRE MAJESTÉ *agréeroit cette seconde Edition comme Monseigneur le Duc de Bourgogne daigna agréer la premiere; & nous ne doutons pas que* VÔTRE MAJESTÉ *instruite, pour ainsi dire, par le Prince son Pere, & ayant devant ses yeux son Ouvrage, ne devienne incessament capable de lui don-*

ner un nouveau jour, & d'y ajoûter de sçavantes reflexions. Puissent nos neveux un jour, SIRE, le présenter aux Grands Princes qui sortiront de Vous, ce sont les vœux les plus ardens de

Vos très-humbles, très-obéissans
& très-fidels Sujets
GANEAU, BOUDOT
& RONDET.

A

MONSEIGNEUR

LE DUC

DE BOURGOGNE.

ONSEIGNEUR,

C'est Vôtre bien que je Vous offre, en Vous présentant cet Ouvrage, il est juste qu'il retourne entre les mains, dont il est sorti, & il Vous appartient trop legitimement, pour qu'on puisse en disposer sans vôtre aveu.

Vous y reconnoîtrez, MONSEIGNEUR, *les premiers Elemens de Geometrie, que Vous dressiez dans un âge tendre, sous les yeux d'une Personne d'un merite reconnu, qui ne pouvoit assez admirer la facilité que Vous aviez à penetrer les principes d'une Science aussi abstraite que celle-là, & à en tirer les consequences: mais ce qui lui donnoit encore plus d'admiration, & ce qui en doit causer à tous les Connoisseurs, c'est la netteté & la précision avec laquelle redigeant de Vous-même ces principes & ces consequences, Vous vous en faisiez un Art & une Méthode particuliere, qu'on ne craint point de proposer ici, comme un guide assûré, à tous ceux qui voudront s'instruire dans une Science, à laquelle Vos méditations & Vos lumieres vont donner une nouvelle reputation & un nouvel éclat.*

En effet, MONSEIGNEUR, *qui ne se fera un honneur de prendre des leçons d'un Maître, qui joint à la plus auguste naissance du monde, le genie le plus heureux? Et qui ne sera ravi de pouvoir se vanter un jour, qu'il doit aux premieres instructions, que Vous allez lui procurer, les progrès qu'il aura faits dans les Mathematiques?*

Si vôtre exemple, MONSEIGNEUR, *doit être d'un grand poids pour autoriser le goût, & entretenir la vivacité, qu'on a aujourd'hui pour ces Connoissances, le soin que Vous avez bien voulu prendre d'en applanir les difficultez par une méthode nouvelle, sera aussi d'un grand secours pour en faciliter l'intelligence.*

La beauté de cet Ouvrage, MONSEIGNEUR, *fera sans doute regreter, qu'on n'ait point eu pour les autres Productions, qui Vous ont échapé, la même attention, qu'a eu pour celle-ci l'illustre Monsieur de Malezieu, qui l'a vû naitre & sortir de vôtre plume, & qui, devenu dépositaire d'un tresor si précieux, en a trop bien connu le prix, pour le laisser dans l'obscurité d'un Cabinet.*

Ce fameux Académicien, qui juge sûrement de tout, parce qu'il est consommé en toute sorte de Litterature, a bien senti, MONSEIGNEUR, *qu'il y auroit de l'injustice à frustrer le Public du fruit des études d'un Prince, qui est né pour le bien commun de tant de Peuples; & il a crû qu'il pourroit satisfaire en même temps, & à la passion extrême qu'il a de se maintenir dans la possession de ce riche dépôt, & à l'utilité de tout le cercle des Arts & des Sciences, si, sans ceder le Manuscrit tracé de vôtre propre main, qu'il veut conserver cherement, il permettoit d'en tirer une Copie, qu'on pût rendre publique.*

C'est ce qu'il n'a pû refuser aux instances réïterées qu'on lui en a faites, & que moi-même j'ai pris la liberté de lui en faire en mon particulier. Poussé du zele, que je dois avoir pour l'embellissement de la Bibliotheque de Monseigneur le Prince Souverain de Dombes, qui m'a fait l'honneur de m'en nommer Directeur, je me suis crû en droit de joindre ma voix à celle de plusieurs Personnes de consideration, persuadé que je ne pouvois rien faire de plus avantageux pour la Bibliotheque dont j'ai la Charge, que de presser l'édition d'un Ouvrage, qui en doit faire le principal ornement, & donner un nouveau lustre à l'Imprimerie de Trevoux, si celebre dans toute l'Europe, par les divers & excellens Livres, dont elle enrichit tous les jours la République des Lettres.

Quoique la qualité d'Auteur soit infiniment au-dessous de vôtre rang, cependant j'ose dire, MONSEIGNEUR, *que dans la matiere, dont il s'agit, elle n'est pas indigne de Vous. Les Mathematiques ont une liaison si essentielle avec les travaux de la Guerre, qui ne se conduisent que par ses regles, qu'il n'est point messeant à un Prince d'un esprit sublime, d'un jugement profond, & d'un discernement exquis, d'en tracer les premiers Elemens, & de donner des leçons d'une Science, qui enseigne à forcer des Villes & à gagner des Batailles; sur tout,* MONSEIGNEUR, *quand on sçait passer de la Theorie à la Pratique aussi habilement que Vous; & que de principes évidens & certains, on en tire des conséquences aussi justes & aussi importantes, que Vous l'avez fait à Brisac; dont la prise, en rendant à la France un de ses plus puissans remparts, a couronné vôtre courage & vôtre capacité d'une gloire immortelle.*

Si le détail de cette Science n'est pas toûjours d'usage pour un Prince, il est au moins vrai de dire, MONSEIGNEUR, *que l'esprit d'ordre & de précision, qu'elle inspire, & auquel elle accoûtume insensiblement, est utile en tout temps, & qu'il sert autant à diriger les vûës & les desseins du Prince pacifique, que les projets & les exploits du Prince guerrier.*

Vous avez déja fait voir, MONSEIGNEUR, *à la tête des Armées, des fruits de cette justesse, qui Vous faisoit prendre des mesures toûjours certaines pour le succès de Vos entreprises; nous nous en promettons à l'avenir de plus grands encore dans la Paix; & la sagesse, avec laquelle vous avez reglez toutes Vos actions, nous fait asséz concevoir ce qu'on doit attendre un jour dans le gouvernement des Peuples, que le Ciel destine à vivre sous vôtre obéïssance. Vos exemples,* MONSEIGNEUR, *sont dès-à-present un model & une regle de conduite pour ceux qui ont l'honneur de Vous approcher: Ils trouvent dans Vos actions, des leçons continuelles de modération & de pieté, qui leur apprennent, que la jeunesse & la grandeur ne sont pas des obstacles insurmontables à la vertu; que l'esprit & la pratique du Christianisme sont de tout âge & de tout état, & qu'on peut en même temps remplir tous les devoirs d'un grand Prince, & ceux d'un parfait Chrêtien. Mais cet Ouvrage apprendra aussi à tout le monde, que la Science n'est pas incompatible avec les autres vertus d'un Heros, & que les lumieres de vôtre Esprit Vous donnent le même avantage sur les Sçavans, que la valeur & l'intrepidité Vous donnent sur les Guerriers. C'est dans cette vûë,* MONSEIGNEUR, *que je prens la liberté de vous demander vôtre aveu, pour rendre public vôtre Traité de Geometrie : heureux d'avoir une occasion si favorable de vous donner des marques de mon zele & du très-profond respect, avec lequel je suis,*

MONSEIGNEUR,

Vôtre très-humble & très-obéïssant Serviteur, BOISSIERE.

TABLE DES MATIERES

contenuës en cet Ouvrage.

ADDITION A CETTE EDITION.

TABLE

ANCIENNE ADDITION.

Fin de la Table.

APPROBATION.

J'Ai lû par l'Ordre de Monseigneur le Chancelier les *Elemens de Geometrie de* MONSEIGNEUR LE DUC DE BOURGOGNE, *&c.* Dans lesquels j'ai admiré (comme lorsque j'en lû la premiere Edition) la pénetration, la justesse & l'étenduë d'esprit de ce grand Prince, d'avoir pû saisir, pénetrer & embrasser assés les leçons que M. de Malezieu lui en faisoit, pour en composer lui-même ce Livre dans un âge où trés-peu d'autres sont à peine capables de s'y appliquer; & parmi toutes les raisons générales que la France a euës de pleurer la perte qu'elle a faite de ce Prince, c'en est encore une particuliére pour tous ceux qui aiment les Sciences. L'ordre des matieres, l'enchaînement & la fécondité des Propositions, l'exactitude & la netteté des Démonstrations que ces Elemens contiennent, me paroissent faciliter merveilleusement l'entrée en Geometrie à ceux qui voudront s'y appliquer. M. de Malezieu, pour leur en faciliter aussi la pratique, ajoûte à la fin de cette nouvelle Edition une explication fort claire de la nature des Logarithmes, de la construction de leurs Tables, & de leurs usages. Enfin les Problêmes d'Arithmetique & de Geometrie sont precedés d'une courte & facile Introduction à l'Algebre, qui a aussi des usages immenses en Mathematique. De sorte que ces Elemens me paroissent trés-propres pour donner aux Commençans une entrée facile dans cette Science. Fait à Paris le 26 Juin 1721.

VARIGNON, de l'Académie Royale des Sciences, &c.

PRIVILEGE DU ROY.

LOUIS PAR LA GRACE DE DIEU ROY DE FRANCE ET DE NAVARRE: A nos amés & feaux Conseillers les Gens tenans nos Cours de Parlemens, Maîtres des Requêtes ordinaires de nôtre Hôtel, Grand-Conseil, Prevôt de Paris, Baillifs, Senéchaux, leurs Lieutenans Civils, & autres nos Justiciers qu'il appartiendra, SALUT: Nôtre bien amé ESTIENNE GANEAU, Libraire à Paris, Nous ayant fait remontrer, qu'il lui auroit été mis en main un Ouvrage, qui a pour titre: *Elemens de Geometrie*, qu'il souhaiteroit faire imprimer & donner au Public; mais craignant que d'autres Libraires ou Imprimeurs ne s'ingerassent à entreprendre d'imprimer ou faire imprimer ledit Livre: il nous auroit en conséquence trés-humblement fait supplier de vouloir bien lui accorder nos Lettres de Privilege sur ce nécessaires. A CES CAUSES, Voulant favorablement traiter ledit Exposant, Nous lui avons permis & permettons par ces Presentes de faire imprimer ledit Livre en telle forme, marge, caractere, conjointement ou séparément, & autant de fois que bon lui semblera, & de le vendre, faire vendre & debiter par tout nôtre Royaume pendant le temps de six années consecutives, à compter du jour de la date desdites Presentes. Faisons défenses à toutes sortes de personnes de quelque qualité & condition qu'elles soient d'en introduire d'impression étrangere dans aucun lieu de nôtre obéïssance : comme aussi à tous Libraires, Imprimeurs & autres d'imprimer, faire imprimer, vendre, faire vendre, debiter, ni contrefaire ledit Livre en tout ni en partie, ni d'en faire aucuns extraits, sous quelque pretexte que ce soit d'augmentation, correction, changement de titre ou autrement, sans la permission expresse & par écrit dudit Exposant ou de ceux qui auront droit de lui, à peine de confiscation des Exemplaires, de quinze cens livres d'amende contre chacun des contrevenans, dont un tiers à Nous, un tiers à l'Hôtel Dieu de Paris, & l'autre tiers audit Exposant, & de tous dépens, dommages & interêts ; à la charge que ces Presentes seront enregistrées tout au long sur le Registre de la Communauté des Imprimeurs & Libraires de Paris, & ce dans trois mois de la date d'icelles ; que l'impression de ce Livre sera faite dans nôtre Royaume, & non ailleurs, en bon papier & beaux caracteres, conformément aux Reglemens de la Librairie ; & qu'avant de l'exposer en vente, le Manuscrit ou Imprimé, qui aura servi de copie à l'impression dudit Livre, sera remis dans le même état où l'Approbation aura été donnée, ès mains de nôtre trés-cher & feal Chevalier Chancelier de France le Sieur Daguesseau ; & qu'il en sera ensuite remis deux Exemplaires dans nôtre Bibliotheque publique, un dans celle de nôtre Château du Louvre, & un dans celle de nôtredit trés cher & feal Chevalier Chancelier de France le Sieur Daguesseau, le tout à peine de nullité des Presentes. Du contenu desquelles vous mandons & enjoignons de faire joüir l'Exposant ou ses Ayant cause pleinement & paisiblement, sans souffrir qu'il leur soit fait aucun trouble ni empêchemens. Voulons que la Copie desdites Presentes, qui sera imprimée tout au long au commencement ou à la fin dudit Livre soit tenuë pour dûëment signifiée, & qu'aux Copies collationnées par l'un de nos amés & feaux Conseillers & Secretaires foy soit ajoûtée comme à l'Original. Commandons au premier nôtre Huissier ou Sergent de faire pour l'execution d'icelles tous Actes requis & nécessaires, sans demander autre permission, & nonobstant clameur de Haro, Charte Normande & Lettres à ce contraire : CAR tel est nôtre plaisir. DONNE' à Paris le dixiéme Juillet, l'an de grace mil sept cens vingt-un; Et de nôtre Regne le sixiéme. Par le Roy en son Conseil. Signé, CARPOT, avec paraphe. Et scellé du grand Sceau de cire jaune.

J'ai associé au present Privilege les Sieurs JEAN BOUDOT & LAURENT RONDET tous deux Libraires de Paris; à Paris ce dix-huitiéme Juillet mil sept cens vingt-un. Signé, GANEAU.

Registré le present Privilege, ensemble la Cession cy-dessus, sur le Registre IV. de la Communauté des Libraires & Imprimeurs de Paris, page 755 No. 818, conformément aux Reglemens, notamment à l'Arrêt du Conseil du 13 Août 1703. A Paris le 18 Juillet 1721. Signé, DELAUNE, Syndic.

PREFACE.

PREFACE.

L'ORIGINAL de ces Elemens de Geometrie est écrit de la propre main de Monseigneur le Duc de Bourgogne, & même l'on peut dire que l'Ouvrage est de sa composition.

Au mois de Novembre 1696, le Roy choisit M. de Malezieu, Chancelier de Dombes, pour enseigner les Mathematiques à ce Prince, qui avoit pour lors environ quatorze ans.

M. de Malezieu étoit depuis plusieurs années chargé de toutes les affaires & de tout le détail de la Maison de Monseigneur le Duc du Maine, qu'il avoit eu l'honneur d'élever. Malgré ces grandes occupations, Sa Majesté voulut absolument qu'il se chargeât encore d'enseigner Monseigneur le Duc de Bourgogne, & fit l'honneur à M. de Malezieu de lui dire; que la pénétration du Prince & sa curiosité naturelle pour les Sciences, jointe à un caractere d'esprit porté de lui-même aux plus hautes méditations, demandoit, pour son instruction, un homme qui fût superieur à la matiere dont il étoit question, & que si l'on eût connût quelqu'un plus propre à ménager un pareil Esprit, on ne se seroit pas avisé d'aller chercher pour cela un homme occupé de tant de grandes affaires.

Pour obéïr aux Ordres du Roy, M. de Malezieu commença ſes leçons les premiers jours de Decembre. Il connut en peu de jours à qui il avoit à faire. Il trouva un Eſprit qui devoroit les difficultés, & qui voïoit ſouvent, d'un coup d'œil, au-delà de ce qui lui étoit propoſé ; mais qui par la facilité qu'il avoit à les ſurmonter ordinairement, tomboit quelquefois dans l'inconvenient de vouloir paſſer à côté quand il ne les emportoit pas d'abord. Cela détermina M. de Malezieu à propoſer au Prince d'écrire de ſa main, au commencement d'une leçon, ce qui lui avoit été enſeigné la veille ; afin que ſe dictant à lui-même ce qu'il avoit appris, & repaſſant par ordre & à loiſir l'enchaînement des verités Geometriques, il s'accoûtumât à aller moins vîte & plus ſurement. Tout réüſſit comme on l'avoit prévû. En moins de ſix mois le jeune Prince acquit une étenduë d'eſprit ſurprenante, & une facilité merveilleuſe à raiſonner ſur les matieres les plus difficiles.

Il eſt aiſé de juger, par la lecture de cet Ouvrage, qu'il a été compoſé ſur le champ. Il y a pluſieurs négligences dans le ſtile ; & d'ailleurs, comme le Prince écrivoit pour lui-même, on remarque ſouvent dans les Démonſtrations une certaine brieveté & une certaine préciſion qui ſemble d'abord n'être pas ſuffiſante pour y faire entrer les autres : mais outre qu'elles n'avoient pas été faites dans le deſſein d'être publiées, on connoît par experience que tout ce qui dépend du raiſonnement ne ſçauroit être propoſé trop préciſément ; & même que plus les choſes ſont difficiles à concevoir, plus il faut tâcher d'en abreger les preuves.

Nous avons appris de M. de Malezieu, qu'il a eu pendant quatre années la ſatisfaction de voir tous les jours Monſeigneur le Duc de Bourgogne ſortir de l'étude avec regret, & attendre avec impatience le moment de recommencer. Il y avoit tout lieu d'eſperer que la justeſſe de ſa raiſon paroîtroit quelque jour avec ſuccès dans quelque choſe de bien plus important que les Mathematiques, & qu'il la feroit ſervir au bonheur des hommes dans le Gouvernement de la grande Monarchie que la Providence lui deſtinoit.

Le fonds de ces Elemens n'eſt pas fort différent des Elemens de M. Arnaud. Aprés un ſerieux examen de tous ceux qui ont paru juſqu'à preſent, M. de Malezieu a crû devoir s'arrêter à ceux-cy dont l'ordre eſt ſans comparaiſon plus naturel. Quand on prendra la peine de les examiner, auſſi ſoigneuſement qu'il a fait, on reconnoîtra avec lui, qu'ils ſont beaucoup plus féconds que les Elemens d'Euclide, plus aiſés à comprendre, & incomparablement plus aiſés à retenir. Ce n'eſt pas hazarder beaucoup que de tenter cet examen ſur la parole de M. de Malezieu. Le public ſçait à quel point il poſſede les Mathematiques, & les plus habiles en cette Science ſont accoûtumés, depuis long-temps, à le conſulter ſur tout ce qu'elle a de plus relevé. Ainſi quand un homme, auſſi pénetrant qu'il l'eſt dans cette matiere, s'eſt déterminé au choix de ces Elemens, pour les enſeigner à l'Heritier du premier Royaume de l'Univers; les perſonnes, qui veulent s'adonner à cette étude, n'ont rien de mieux à faire que de ſuivre le même chemin.

On a retranché des Elemens de M. Arnaud quelques Propoſitions qui ne paroiſſoient pas de grand uſage : on y en a ajoûté pluſieurs autres qui ont parû de grande utilité. On a expliqué en peu de Propositions les Elemens des *Solides*, on a même passé jusqu'à la *Trigonometrie*, & aux principes de la construction des *Tables des Sinus*, qui doivent en effet être regardées comme faisant partie des Elemens. Enfin on a tâché de ne rien omettre de tout ce qu'on a jugé nécessaire pour ouvrir l'entrée de ces grandes verités, qui sont le dernier effort de l'esprit humain, qui en font si bien connoître l'excellence, & qui servent de fondement aux Sciences & aux Arts les plus nécessaires à la vie.

DE'FINITIONS ET DEMANDES.

LA Science des Mathematiques a pour objet la *quantité* en général, l'*étenduë*, les *nombres*, les *mouvemens*.

La *Geometrie* considere l'*étenduë* en particulier.

L'*étenduë* a trois dimensions : *longueur*, *largeur*, *profondeur*.

La *longueur* considerée sans *largeur* & sans *profondeur*, se nomme *ligne*.

La *longueur* & la *largeur* considerées ensemble indépendamment de la *profondeur*, se nomment *surface*.

La *longueur*, la *largeur* & la *profondear* considerées ensemble, se nomment *corps* ou *solide*.

La *ligne* est de trois sortes, *droite*, *courbe*, *mixte*.

La *ligne droite* est la plus courte mesure entre deux points. Telle est la ligne *AB*. *A*.———*B*.

Le *point* est l'extremité d'une *ligne*, & l'on le considere comme n'ayant ni *longueur*, ni *largeur*, ni *profondeur*. En effet, il ne peut avoir de *largeur*, puisque la *ligne* même n'en a point ; & il ne peut avoir de *longueur*, puisqu'il deviendroit lui-même une *ligne*, & n'en seroit pas seulement l'extremité.

La position d'une *ligne droite* ne dépend que de deux *points* donnés. Car supposant que l'un coule directement vers l'autre, il décrira une *ligne droite*, qui peut être continuée à l'infini en faisant toûjours couler ce *point* directement, c'est à dire, sans détour ou autrement sans changer la direction vers le *point* où le premier a commencé à se mouvoir : ainsi quiconque a deux *points* d'une *ligne droite*, a la ligne toute entiere.

Une *ligne droite* est dite *perpendiculaire* à l'égard d'une autre ligne droite, quand deux des points de la premiere sont posés directement sur un même point de la ligne à laquelle elle est dite perpendiculaire. Par exemple, la ligne *A B* est dite perpendiculaire à la ligne *C B D* parce que deux de ses point comme *A*, *E*, sont posés directement sur le point *B*. En sorte que le point *A*, coulant directement vers *E*, & décrivant la ligne *A E*, rencontre le point *B*, s'il continuë à se mouvoir directement, & que toute la ligne *A E B* sera tellement située à l'égard de la ligne *C B D* que tous les points de la premiere seront posés directement sur le point *B*, qui est commun aux deux lignes, & par conséquent que la ligne *A E B* n'inclinera pas plus d'un côté que d'autre à l'égard de la ligne *C B D*. On est donc assûré que cela est, quand deux points, comme *A*, *E*, sont posés directement sur le point commun *B*; parce que ces deux points déterminent la position de la ligne; au lieu que la ligne *B F*, en cet exemple, est dite *oblique* à l'égard de la ligne *C B D*, parce qu'elle incline plus d'un côté que de l'autre.

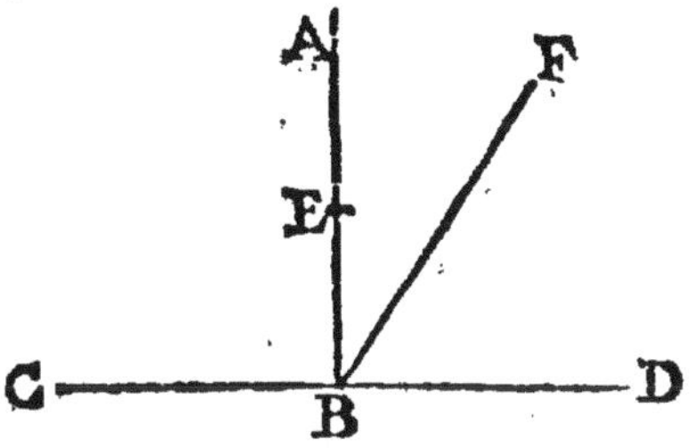

La *ligne courbe* est celle qui s'écarte de la droite, & qui n'est pas la plus courte mesure entre deux points donnés, comme par exemple, la ligne *I K L*, qui s'écarte de la droite *I L*.

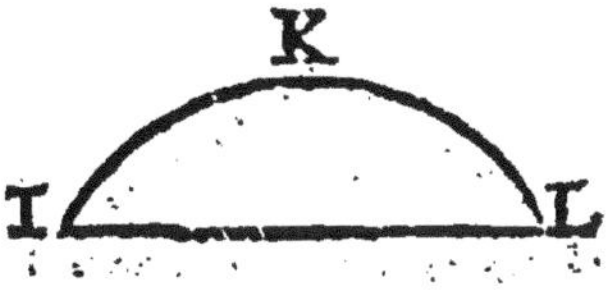

La *ligne mixte* est celle qui est en partie droite, en partie courbe.

Deux *lignes droites* ne se peuvent couper qu'en un point qui se nomme point d'intersection.

Il y a aussi trois sortes de *surfaces* : des *planes*, des *courbes*, des *mixtes*.

La *surface plane*, qu'on appelle aussi *plan*, est celle qui est si également comprise entre ses extremités, qu'aucun point de toute son étenduë n'est ni plus élevé, ni plus enfoncé que l'autre, telle qu'est à peu prés la surface de nos miroirs ordinaires.

La *surface courbe* est celle qui a tous ses points inégalement posés entre les extremités qui la terminent, telle qu'est la surface d'une boule ou d'un œuf.

La *surface mixte* est celle qui est en partie *plane*, en partie *courbe*.

La *circonférence* de cercle est une *ligne courbe*, dont tous les points sont également éloignés d'un même point qu'on appelle *centre*. Telle est la courbe *LBEGIHFCD*, dont le centre est *A*.

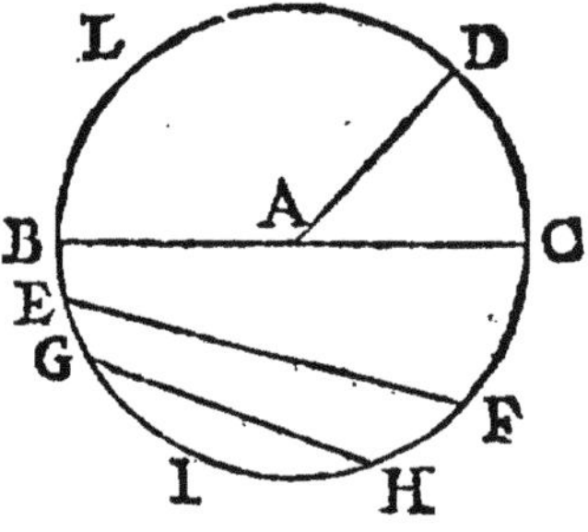

Une *ligne droite* qui passant par le *centre A*, se termine de part & d'autre à la *circonférence*, comme la ligne *BAC*, se nomme *diametre*.

Toute *ligne droite* partant du *centre* & terminée par la *circonférence*, se nomme *raïon*. Telle est *AD*, *AC*, *AB*.

Toute *ligne droite* qui ne passe point par le *centre*, & qui se termine de part & d'autre à la *circonférence*, se nomme *corde*. Telle est la ligne *EF* ou *GH*.

La portion de la *circonférence* déterminée par une *corde*, se nomme *arc*. Ainsi la portion *EGIF* est l'*arc* de la *corde EF*, comme la portion *GIH* est l'*arc* de la *corde GH*.

L'usage a voulu que les Geometres divisassent la *circonférence* en 360 parties égales, qui se nomment *degrés*. Chaque *degré* se divise en 60 parties égales, qu'on appelle *minutes*; chaque *minute* en 60 *secondes*, &c. De sorte que par *degré* il ne faut pas entendre une grandeur absoluë, mais seulement la 360me partie de quelque *circonférence* que ce soit, grande ou petite. Ainsi la plus petite *circonférence* a autant de *degrés* que la plus grande; mais elle les a plus petits à proportion.

La *surface plane* terminée par la *circonférence*, se nomme *cercle*.

Tous les *raïons* du même *cercle* sont égaux.

Les *cercles* égaux ont le *raïon* égal.

Dans le même *cercle* ou dans les *cercles* égaux les *cordes* égales soûtiennent des *arcs* égaux, & les *arcs* égaux sont soûtenus par des *cordes* égales.

Les *cordes* égales dans le même *cercle* sont également éloignées du *centre*.

AXIOMES OU VERITÉ'S CONNUES d'elles-mêmes.

Le tout est plus grand que sa partie.

Le contenant est plus grand que le contenu.

Le tout est égal à toutes ses parties prises ensemble.

Deux choses égales à une même chose, sont égales entr'elles.

Si à choses égales l'on ajoûte choses égales, les sommes seront égales.

Si de choses égales l'on retranche choses égales, les restes seront égaux.

C'est la même chose de multiplier 12 par 8, ou de multiplier 8 par 12.

C'est la même chose de multiplier 12 par 8, ou de multiplier 12 par plusieurs parties, qui toutes ensembles soient égales à 8. Par exemple, 2. 4. 1. 1. valent 8. Si je multiplie 12 par 2, 12 par 4, 12 par 1, 12 par 1, viendra 24. 48. 12. 12. ces quatre nombres font ensemble 96, & j'aurois eu de même 96, si j'avois tout d'un coup multiplié 12 par 8. En un mot, c'est la même chose de multiplier une grandeur par un tout, ou de multiplier cette grandeur par toutes les parties de ce tout.

Deux grandeurs qui sont même partie d'une même grandeur, sont égales.

Si deux grandeurs égales sont multipliées par la même, les produits sont égaux.

Si deux grandeurs égales sont divisées par une même grandeur, les quotiens, c'est à dire, les grandeurs qui resultent de la division seront égales.

On suppose que l'on sçache l'Arithmetique, & même l'extraction de la racine quarrée.

Il seroit fort à desirer que ceux qui commencent voulussent bien se donner la peine de lire attentivement le petit Traité d'*Arithmetique par lettres* que voici. La matiere paroît plus difficile qu'elle ne l'est en effet. En tout cas ils seront bien récompensés de leur peine, par le plaisir qu'ils auront de voir dans la suite l'utilité & la fécondité de cet abregé. Si cependant l'on ne se trouve pas encore assés d'habitude pour s'y appliquer, on peut absolument le passer, à condition d'y revenir quand l'exercice qu'on aura fait de sa raison dans les premiers Livres des Elemens, aura accoûtumé l'esprit à une attention plus suivie.

ABREGE' DE L'ARITHMETIQUE PAR LETTRES,

Qu'on nomme ordinairement Spécieuse.

CEtte espece d'Arithmetique convient à toutes sortes de grandeurs, soit nombres, lignes, ou mouvemens.

Ainsi *A*, & *B*, signifient quelquefois deux nombres, comme 3, 10. Quelquefois deux lignes —— ——— en sorte que *A* plus *B* veut quelquefois dire dire 3, plus 10; & quelquefois une ligne ajoûtée à une autre, suivant que celui qui opere l'a voulu.

On a inventé des signes pour abreger les operations. + signifie *plus*, — signifie *moins*, = signifie *égal*; en sorte que *A* + *B*, signifie la grandeur *A* jointe à la grandeur *B*. *B* — *A*, signifie la grandeur *B moins* la grandeur *A*. *B* — *A* = *C* + *D*, signifie que la grandeur *B moins* la grandeur *A* est égale à la grandeur *C plus* la grandeur *D*.

Deux lettres comme *A D* mises l'une prés de l'autre, signifient la grandeur *A* multipliée par la grandeur *D*, ou le produit de l'une par la l'autre.

A D C, par la même raison, signifie le produit de *A* par *D* multiplié par la grandeur *C*. Si donc *A* signifie 3, que *D* signifie 4, & que *C* signifie 5; *A D* signifiera 12, qui est le produit de 3 par 4, & *A D C* signifiera 12 multiplié par 5, c'est à dire, 60.

Par conséquent *A A* ou *B B* veut dire le quarré

de la grandeur *A* où le quarré de la grandeur *B*, puisqu'un quarré n'est autre chose qu'une grandeur multipliée par elle-même. Ainsi si *A* signifie 6, *A A* sera 36. De même *A A A* veut dire le cube de la grandeur *A*.

Il s'ensuit encore qu'il n'y a point de différence entre *A B C*, *A C B*, *C A B*; parce que si *A* signifie 2, que *B* signifie 3, & *C* 4: deux fois trois multiplié par 4 n'est pas différent de deux fois quatre multiplié par 3, ni de trois fois 4 multiplié par 2.

Il suit delà, sans autre démonstration, que si un produit est composé d'un nombre de lettres pairement pair, c'est à dire, d'un nombre pair divisible par un nombre pair, comme par exemple *A B B A*, & qu'il y ait autant de fois *A* que de fois *B*; ce produit est nécessairement un quarré, puisque c'est *A B* multiplié par *A B*. D'où s'ensuit encore que le produit d'un quarré par un autre quarré, est toûjours un quarré. Par exemple, *AABB* est le produit de la grandeur *AB* par elle-même, & par conséquent un quarré.

$\frac{AB}{C}$ signifie que le produit de la grandeur *A* par la grandeur *B* est divisé par la grandeur *C*; en sorte que si *A* est 2, que *B* soit 6, & que *C* soit 3, $\frac{AB}{C}$ signifie que le produit de 2 par 6, qui est 12, est divisé par 3. Or 12 divisé par 3 donne 4.

Addition.

Pour ajoûter plusieurs grandeurs ensemble, il n'y a qu'à les joindre par le signe *plus*, observant que le signe + doit être sous-entendu où il n'y a point de signe. Par exemple, B, c'est comme s'il y avoit $+ B$; ainsi pour ajoûter ensemble les grandeurs que j'appelle A, B, C, D, j'écris $A + B + C + D$.

Si une même grandeur est plusieurs fois dans l'addition, je la mets autant de fois : Par exemple, je veux ajoûter ensemble les grandeurs A, B, A, A, D, au lieu de $A + B + A + A + D$, je mets pour abreger $3 A + B + D$.

Que si je veux ajoûter la grandeur $A + B$ avec la grandeur $C + D - E$, je mets simplement $A + B + C + D - E$, laissant les signes $+$ & $-$ tels qu'ils sont.

De même pour ajoûter le produit AB au produit CD, j'écris $AB + CD$.

Soustraction.

Si je veux soustraire la grandeur $2 A$ de la grandeur $4 A$, je vois bien que le reste est $2 A$.

Pour soustraire la grandeur B de la grandeur A, je n'ai qu'à écrire $A - B$.

Mais si de la grandeur A, je voulois soustraire la grandeur $B - C$, il faudroit changer les signes de la grandeur $B - C$, & écrire ainsi $A - B + C$. En voici la raison.

Quand de la grandeur A, je soustrais $B - C$, je soustraits une grandeur moindre que B; ainsi si j'écrivois $A - B$ simplement, j'aurois trop soustrait; & de combien trop? de la quantité C. Il faut donc l'ajoûter à $A - B$ pour faire la soustraction juste, c'est à dire, qu'il faut écrire $A - B + C$. Cela est évident en nombre.

De la grandeur 15 je veux soustraire $7 - 3$, c'est à dire 4. Si j'écrivois $15 - 7$, je soustrairois trop.

Il faut donc pour soustraire juste écrire 15 — 7 + 3, c'est à dire, 11.

En un mot pour soustraire une grandeur ou plusieurs grandeurs d'une autre grandeur, il faut changer tous les signes des grandeurs à soustraire, & les joindre ainsi à la grandeur dont on soustrait.

De la grandeur *A*, je veux soustraire *B* — *C* + *D* — *E*, j'écris *A* — *B* + *C* — *D* + *E*, & l'operation est faite.

Multiplication.

Cette operation est la plus difficile. On la comprendra cependant avec un peu d'attention.

Si je veux multiplier la grandeur *A*, par la grandeur *B*, je sçai déja qu'il faut écrire simplement *A B*.

Si je voulois multiplier 3 *A*, par 4 *B*, je devrois par la même raison écrire 12 *A B*.

Mais pour comprendre les operations suivantes, il faut se souvenir des Axiomes posés ci-devant.

Un tout est égal à toutes ses parties prises ensemble.

C'est la même chose de multiplier un tout par lui-même, ou de le multiplier par chacune de ses parties, & de prendre la somme de tous ces produits. Cela posé,

Je veux multiplier la grandeur *A* + *B* par la grandeur *C*; je considere que la grandeur *A* + *B* a deux parties, sçavoir *A* & *B*. Donc je dois multiplier *A* par *C*, & *B* par *C*, pour avoir le produit de la grandeur *A* + *B* par *C*, c'est à dire, que je dois écrire *A C* + *B C*.

Par la même raison, si je veux multiplier la grandeur *A* + *B*, par la grandeur *C* + *D*, je dois d'abord multiplier $A+B$ par C, c'est à dire, que je dois mettre comme ci-dessus $AC+BC$. Mais il faut encore multiplier $A+B$ par D, c'est à dire, que je dois mettre $AD+BD$. Donc la multiplication totale est $AC+BC+AD+BD$.

En nombres je veux multiplier 2+3 par 4+5, c'est à dire, 5 par 9, ce qui produit 45. Je multiplie 2 par 4, 2 par 5, 3 par 4, 3 par 5, viennent les produits 8, 10, 12, 15, dont la somme est 45.

En un mot, il faut faire autant de multiplications partiales, qu'il y a de caracteres differens dans le multipliant, & dans la grandeur à multiplier.

Que si j'avois à multiplier $A+B$ par $C-D$, j'écrirois ainsi le produit $AC+BC-AD-BD$, me souvenant toûjours que quand je multiplie le signe + par le signe —, le produit est moins. C'est la même raison que dans la soustraction. La chose est évidente dans les nombres. Car si A est 6, que B soit 5, C soit 4, & que D soit 3, il s'agit de multiplier 6+5 par 4—3. Je multiplie +6 par +4 vient plus 24, je multiplie +5 par +4 vient +20, je multiplie +6 par —3 vient —18, je multiplie +5 par —3 vient —15. Ces quatre produits ensemble font 24+20—18—15, c'est à dire 11. Ce qui doit venir en effet au produit, puisque multiplier 6+5 par 4—3, c'est multiplier 11 par 1.

Mais il y a une autre observation importante à faire, qui est, que lorsque je multiplie le signe — par le signe —, le produit doit avoir le signe +.

Par exemple, je multiplie $A-B$ par $C-D$; je dois écrire au produit $AC-BC-AD+BD$.

J'écris $+AC$, parce que c'est $+A$, multiplié par $+C$. J'écris $-BC$, parce que c'est $-B$

multiplié par + *C*. J'écris — *AD*, parce que c'est + *A* multiplié par — *D*. J'écris + *BD*, parce que c'est — *B* multiplié par — *D*.

Pour en comprendre clairement la raison ; que *A* vaille 8, *B* soit 2, *C* soit 6, *D* soit 1. J'ai à multiplier *A* — *B* par *C* — *D*, c'est à dire, + 8 — 2 par + 6 — 1, ou 6 par 5, il doit venir 30 au produit.

Je multiplie + 8 par + 6, vient + 48. Je multiplie — 2 par + 6, vient — 12. Je multiplie + 8 par — 1, vient — 8. Je multiplie — 2 par — 1, vient + 2. Tous ces produits ajoûtés ensemble font 48 — 12 — 8 + 2, c'est à dire 30, comme il devoit arriver.

En voici la raison. Lorsque je fais la multiplication partiale de 8 par 6, elle est trop grande ; & de combien ? de 8 fois 1, parce que 8 ne devoit être multiplié réellement que par 6 — 1, c'est à dire, par 5, il faudra donc déja diminuer 8 ; ainsi j'aurai à mettre — 8 dans la multiplication totale. Puis quand je viens à multiplier — 2 par + 6, il me vient — 12 : mais ce — 12 ôte trop, parce que je devois réellement multiplier — 2 par 6 — 1, c'est à dire par 5, & le produit n'eût été que — 10. Ayant donc ôté 2 de trop, je dois les remettre dans l'addition des multiplications partiales, & c'est aussi ce que je fais en écrivant + 2 pour le produit de — 1 par — 2. Ce raisonnement est clair, mais il demande de l'attention.

Division.

L'operation est fort courte ; il n'y a qu'à séparer par une petite barre la grandeur qu'on divise, & la grandeur qui doit diviser ; en sorte que la grandeur qu'on divise soit au-dessus, & l'autre dessous. Ainsi pour diviser A, par B, j'écris $\frac{A}{B}$. Pour diviser BC par X, j'écris $\frac{BC}{X}$. Pour diviser BCD par G, j'écris $\frac{BCD}{G}$.

Il y a seulement une observation à faire, qui est; que s'il se trouve la même ou les mêmes lettres au-dessus & au-dessous de la barre, il n'y a qu'à les effacer. L'expression demeure la même, mais plus simple. Ainsi ayant $\frac{ABCD}{ABX}$, j'écris simplement $\frac{CD}{X}$.

La raison de cela est, que pour multiplier la grandeur $\frac{CD}{X}$ par AB, je dois écrire $\frac{CDAB}{X}$; & divisant ce produit par AB, je n'ai qu'à écrire AB au-dessous ainsi $\frac{CDAB}{XAB}$. Or multiplier une grandeur par une grandeur, puis diviser le produit par la même grandeur, c'est ne la pas changer. Par exemple, multiplier 5 par 4, vient au produit 20. Diviser 20 par 4, revient le premier nombre 5.

Si j'avois $\frac{12ABC}{4AC}$, cela voudroit dire simplement $3B$. Car divisant le numérateur & le dénominateur par 4, viendra $\frac{3ABC}{AC}$, c'est à dire, $3B$; puisque $3B$, multipliés par AC, puis divisés par AC, c'est toûjours $3B$.

En voilà assés pour aller fort avant dans les plus importantes démonstrations.

ELEMENS

ELEMENS DE GEOMETRIE.

PREMIER LIVRE.

Des Perpendiculaires & des Obliques.

PREMIERE PROPOSITION.

'UN point donné comme *A*, faire tomber une perpendiculaire sur une ligne donnée comme *b C*.

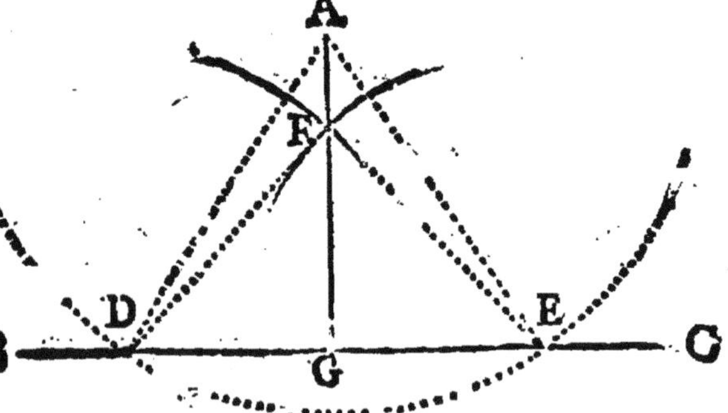

Du point *A* pris pour centre, soit décrit un cercle quelconque, coupant la ligne donnée en deux points, comme *D E*. Des deux points

A

D, E, pris pour centres, ſoient décrits deux cercles égaux entr'eux, mais dont le raïon ſoit plus grand ou plus petit que le raïon du premier cercle, & qui s'entrecoupent en un point, comme *F*. Par le point donné *A*, & par le point d'interſection *F*, ſoit menée la ligne droite *AFG*, je dis qu'elle eſt perpendiculaire à la ligne donnée *BC*.

Car par la conſtruction, les deux lignes *AD*, *AE*, ſont égales, puiſqu'elles ſont raïons du même cercle; les deux lignes *FD*, *FE*, ſont égales, puiſqu'elles ſont raïons de deux cercles égaux : Donc l'on a deux points, comme *A*, *F*, qui ſont chacun également éloignez des deux points *D*, *E*. Donc tous les points de la ligne *AFG* ſont chacun également éloignez des deux points *D*, *E*, puiſque deux points déterminent la poſition d'une ligne. Donc cette ligne *AFG*, n'incline ni d'un côté ni d'autre. Ce que l'on appelle être perpendiculaire.

SECONDE PROPOSITION.

D'un point comme *A*, donné dans la ligne *BAC*, élever une perpendiculaire.

Soient pris deux points comme *B*, *C*, également éloignez du point *A*; des points *B*, *C*, pris pour centre ſoient décrits deux cercles égaux,

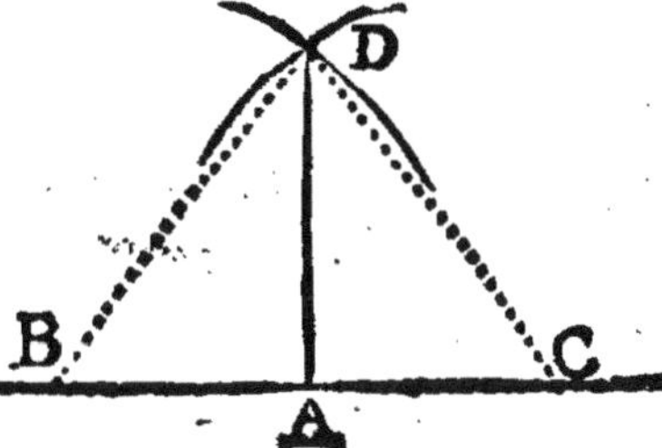

qui se coupent en un point, comme *D*, par lequel & par le point donné *A*, soit menée la ligne *A D*; je dis qu'elle est perpendiculaire.

Car par la construction, le point *A*, est également éloigné des points *B*, *C*. Or le point *D*, point d'intersection des deux cercles, est aussi également éloigné des mêmes points *B*, *C*, puisque les lignes *B D*, *C D*, sont supposées raïons de deux cercles égaux. On a donc deux points, sçavoir *A*, & *D*, chacun également éloigné des points *B*, *C*. Donc par la définition la ligne *A D*, est perpendiculaire.

TROISIE'ME PROPOSITION.

Diviser une ligne donnée comme *A B*, en deux parties égales.

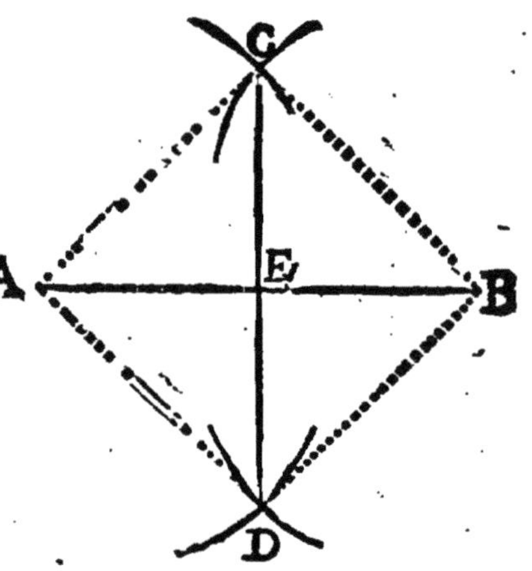

Des deux points *A*, *B*, extremités de la ligne donnée, pris pour centres, soient décrits deux cercles égaux qui se coupent en deux points, comme *C*, *D*. Par les deux points d'intersection soit menée la ligne *C D*, je dis qu'elle coupe la ligne donnée au point *E*, en deux parties égales.

Car les deux cercles étant égaux, les quatre lignes *C A*, *C B*, *D A*, *D B*, qui en sont raïons, doivent être égales, & par consequent les points *C*. *D*, également éloignés des points *A*, *B*. Donc tout autre point de la ligne *C D*, doit être également éloigné des points *A B*: Donc le point *E*, lui-même est également éloigné des points *A*, *B*, extremités de la ligne, & par conséquent la divise en deux parties égales.

On ne sçauroit s'imprimer trop fortement dans l'esprit, que ces trois Propositions sont principalement fondées sur la notion de la ligne droite, dont la position est totalement déterminée par deux points.

QUATRIE'ME PROPOSITION.

D'un point donné comme *A*, hors d'une ligne comme *B C*, on ne peut faire tomber qu'une seule perpendiculaire sur la ligne donnée, & cette perpendiculaire est plus courte que toute autre ligne menée du point *A*, & terminée par la ligne donnée *B C*.

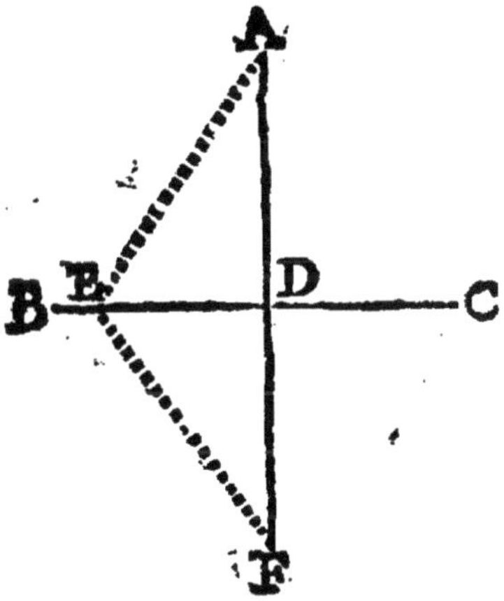

Soit la perpendiculaire *A D*, & soit menée du point *A*, à quelque point comme *E*, de la ligne donnée, la ligne *A E*, je dis que la ligne *A D*, peut seule être perpendiculaire, & qu'elle est necessairement plus courte que la ligne *A E*, qui est oblique.

Soit prolongée la perpendiculaire *A D*, jusqu'en *F*, en sorte que *D F*, soit égale à *D A*, & soient joints les points *E*, *F*, par la ligne *F E*.

Je dis, 1°. que la ligne *A E*, ne peut être perpendiculaire sur la ligne *B C*.

Soient supposés les deux points *B C*, ou deux autres à discretion également éloignés du point *A*; le point *D*, par consequent sera à égale distance des mêmes points *B C*, puisque la ligne *A D*, est supposée perpendiculaire, il faudroit donc, pour que la ligne *A E*, fût aussi perpendiculaire, que son point *A*, étant également éloigné des points *B*, *C*, son point *E*, fût aussi à égale distance des points *B*, *C*;

ce qui eſt manifeſtement impoſſible, puiſqu'il eſt entre *B* & *D*, & que le point *D*, a été ſuppoſé lui-même également éloigné des points *B*, *C*.

Je dis, 2°. que la ligne *A D*, eſt plus courte que la ligne *A E*. Car puiſque la ligne *A D*, eſt perpendiculaire ſur *B C*, la ligne *B D*, ſera auſſi perpendiculaire ſur la ligne *A F*. Or par la conſtruction le point *D*, eſt également éloigné des points *A*, & *F*. Donc le point *E*, point de la perpendiculaire, eſt auſſi à égale diſtance des mêmes points *A*, *F*. C'eſt à dire que la ligne *A E*, eſt égale à la ligne *E F*. Or les lignes *A E*, *E F*, priſes enſemble, ſont plus longues que *A D*, *D F*, priſes enſemble, puiſque *A F*, eſt une ligne droite, c'eſt à dire, la plus courte meſure entre les points *A*, *F*, donc *A D*, moitié de *A F*, eſt plus courte que *A E*, moitié de *A E F*. Ce qu'il falloit démontrer.

COROLLAIRE, *ou conſequence évidente de cette Propoſition.*

Il s'enſuit de cette Propoſition que deux lignes droites, perpendiculaires ſur une même ligne, ne peuvent jamais ſe rencontrer, quoyque prolongées à l'infini ; car ſi elles ſe rencontroient en un point, il ſeroit vray de dire que de ce point de rencontre partiroient deux perpendiculaires à une même ligne. Ce que nous venons de démontrer impoſſible dans la precedente Propoſition.

CINQUIE'ME PROPOSITION.

Les lignes obliques, partant du même point, ſont d'autant plus longues qu'elles ſont plus éloignées de la perpendiculaire.

Soit la ligne *AD*, perpendiculaire ſur la ligne *BC*. Soient les obliques *AE*, *AB*, menées du point *A*, je dis que la ligne *AB*, eſt plus longue que la ligne *AE*. Soit prolongée *AD*, juſqu'en *F*, en ſorte que *DF*, ſoit égale à *DA*, & ſoient menées les lignes *EF*, *BF*.

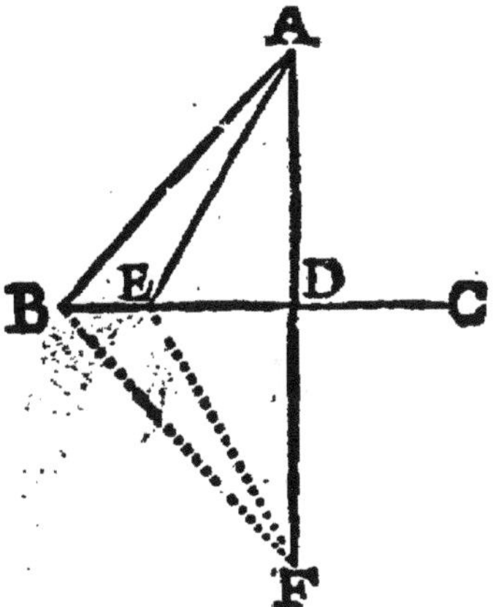

Puiſque *AD*, eſt perpendiculaire ſur *BC*, il faut que *BD*, ſoit perpendiculaire ſur *AF*; cela étant, comme le point *D*, eſt ſuppoſé également éloigné des points *A*, *F*, tout autre point de la perpendiculaire *BD*, ſera à égale diſtance des mêmes points *A*, *F*; donc *BA*, eſt égale à *BF*, comme *EA*, eſt égale à *EF*. Or *ABF*, contenant *AEF*, eſt plus grand que *AEF*, donc *AB*, moitié de *ABF*, eſt plus grande que *AE*, moitié de *AEF*.

SIXIE'ME PROPOSITION.

De trois choſes qu'on peut comparer, ſçavoir la perpendiculaire, l'oblique, & l'éloignement de perpendicule; ſi deux ſont égales, il s'enſuit que la troiſiéme l'eſt auſſi.

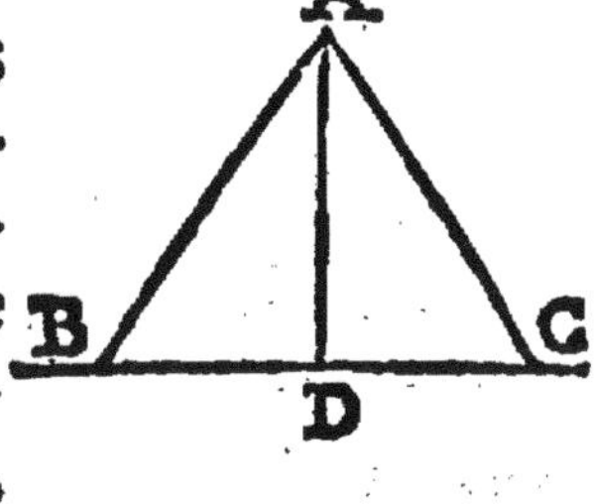

Premier Cas. Soit la perpendiculaire *AD*, égale à elle-même; *BD*, éloignement de perpendicule égale à *DC*, autre éloignement de perpendicule; je dis que l'oblique *AB*, eſt égale à l'oblique *AC*. Car la ligne *AD*, étant perpendiculaire ſur la ligne *BC*, & le point D, étant ſuppoſé également éloigné des points *B*, *C*, tout autre point de la perpendiculaire, comme *A*, ſera auſſi à égale diſtance des mêmes points *B*, *C*. Donc les deux obliques *A B*, *A C*, qui meſurent cette diſtance, ſeront égales.

Second Cas. Si la perpendiculaire eſt égale à la perpendiculaire, & l'oblique à l'oblique, les éloignemens de perpendicule ſeront égaux.

Car la perpendiculaire étant la même, & les deux obliques égales, il s'enſuit par la cinquiéme Propoſition que l'éloignement de perpendicnle *D B*, eſt égal à l'éloignement de perpendicule *D C*; puiſque, par cette Propoſition, les obliques ſont d'autant plus longues, qu'elles ſont plus éloignées du perpendicule, étant évident que le plus grand éloignement de perpendicule donneroit une plus longue oblique, ſi ces éloignemens n'étoient pas égaux.

Troiſiéme Cas. Si l'oblique eſt égale à l'oblique, & l'éloignement de perpendicule égal à l'éloignement de perpendicule, la perpendiculaire ſera égale à la perpendiculaire.

C'eſt la même preuve que celle du cas precedent. Il ne faut que conſiderer *B D*, *D C*, comme perpendiculaires, & *A D*, comme éloignement de perpendicule. Il eſt évident que *B D*, étant égale à *D C*; *B A*, égale à *C A*, il faut que *A D*, ſoit égale à *D A*, c'eſt à dire, à elle-même.

SEPTIE'ME PROPOSITION.

Deux lignes obliques, inégales entr'elles & inclinées de different côté, comme la ligne *A B*, *A C*, étant menées du point *A*, ſur la ligne *D C*: Et deux autres lignes inégales entr'elles, mais dont chacune eſt égale à chacune des deux premieres, comme les lignes *FG*, *FH*, étant menées du point *F*, sur la même ligne *GE*; si *BC*, distance des points de section des deux premieres est égale à *GH*, distance des points de section des deux dernieres, les deux points *A*, *F*, d'où elles partent, sont également distants de la ligne à laquelle elles sont menées.

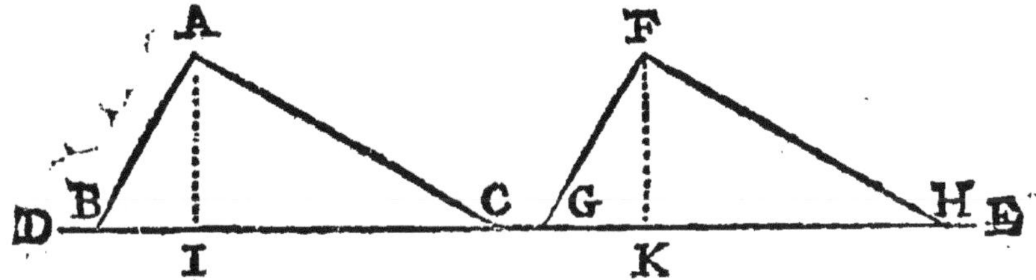

Car par le dernier cas de la Proposition precedente, les obliques étant égales aux obliques, c'est à dire *AB*, étant égale à *FG*; *AC*, étant égale à *FH*, & les points de section *BC*, *GH*, éloignemens de perpendicule, étant supposés égaux, il faut bien que les perpendiculaires *AI*, *FK*, soient égales. Cette derniere proposition est de grand usage, & il est important de la bien retenir.

SECOND LIVRE.

Des Paralleles.

APRE'S avoir consideré dans le premier Livre, une proprieté des lignes droites, qui est de se rencontrer perpendiculairement ou obliquement, nous considererons dans celuy-cy une proprieté opposée, qui est de ne se rencontrer jamais.

PREMIERE PROPOSITION.

Si une ligne comme *A B*, est perpendiculaire sur une ligne comme *C D*, & oblique sur une autre ligne comme *E F*, toute autre ligne comme *G H*, qui sera perpendiculaire sur *C D*, sera necessairement oblique sur *E F*, & la plus courte de toutes sera celle qui sera la plus proche de l'inclinaison des lignes *C D*, *E F*, c'est à dire la plus proche du point où ces deux lignes prolongées se rencontreroient.

Car ayant élevé du point *A*, une perpendiculaire sur *E F*, cette perpendiculaire rencontrera la ligne *C D*, ou precisement au point *H*, ou entre les points *B*, *H*, ou par delà le point *H*.

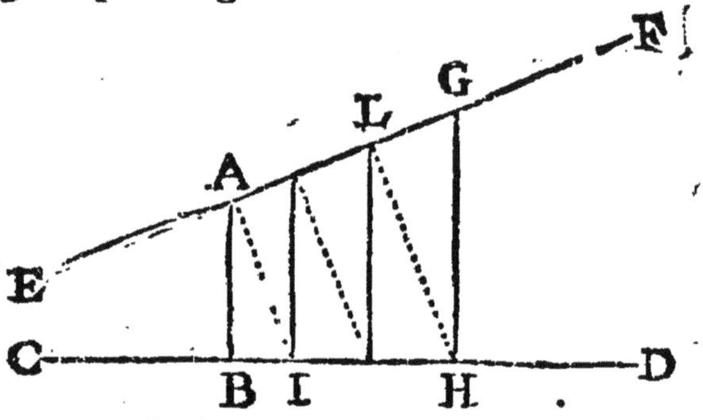

Si elle la rencontre entre les points *B*, *H*, il faut continuer à mener, comme dans la figure, des perpendiculaires & des obliques, jusqu'à ce qu'on soit parvenu, ou qu'on ait passé le point *H*. Et en tous ces cas, on demontrera que la ligne *G H*, est perpendiculaire sur l'une & oblique sur l'autre. Par exemple, puisque *A B*, est perpendiculaire sur *C D*; *A I*, sera oblique sur *C D*, & par consequent *A I*, sera plus longue que *A B*, par la quatriéme Proposition du premier Livre. On démontrera en comparant toutes les lignes qui se suivent, que la ligne *L H*, est plus longue qu'aucune des précedentes, mais plus courte que la ligne *G H*, par la même Proposition, & que *G H*, sera oblique sur *E F*, puisque *H L*, y est perpendiculaire. Si la ligne *A I*, rencontre d'abord le point *H*, ce sera la même démonstration. Que si la ligne *A I*, passe le point *H*, on démontrera la même chose, en élevant au point *I*, une perpendiculaire sur *C D*.

SECONDE PROPOSITION.

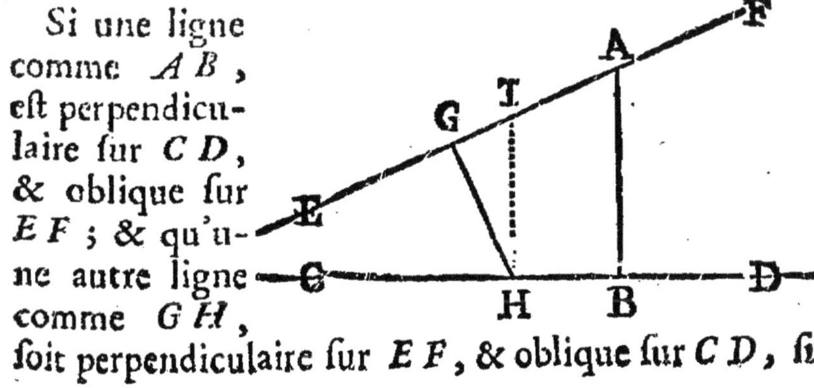

Si une ligne comme *A B*, est perpendiculaire sur *C D*, & oblique sur *E F*; & qu'une autre ligne comme *G H*, soit perpendiculaire sur *E F*, & oblique sur *C D*, si ces lignes ne s'entrecoupent point, celle qui sera plus prés de l'endroit vers lequel tendent les inclinées *C D*, *E F*, telle qu'est *G H*, sera plus courte que l'autre *A B*.

Car du point *H*, ayant mené sur *E F*, l'oblique *H I*, perpendiculaire sur *C D*, elle sera, par la precedente Proposition, plus courte que la ligne *A B*, & en même temps plus longue que la ligne *G H*, par la quatriéme Proposition du premier Livre, à plus forte raison la ligne *G H*, sera-t-elle plus courte que la ligne *A B*.

TROISIE'ME PROPOSITION.

Si une même ligne comme *A B*, est perpendiculaire aux deux lignes *C D*, *E F*; toute autre ligne comme *G H*, qui sera perpendiculaire sur *C D*, ou *E F*, sera perpendiculaire sur l'autre, & de plus sera égale à la perpendiculaire *A B*.

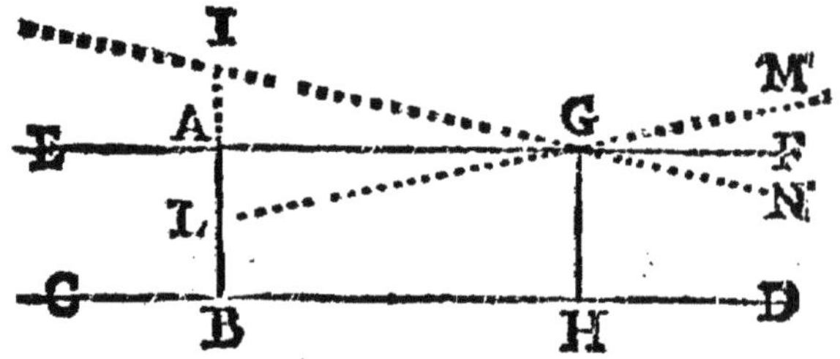

Car ayant mené par le point *G*, les lignes *IGN*, *LGM*, elles seront necessairement obliques sur la ligne *A B*, prolongée en *I*, puisque la ligne *A G*, lui est supposée perpendiculaire. Cela étant, il s'ensuit, 1°. par la premiere Proposition de ce Livre, que la ligne *G H*, est égale à la ligne perpendiculaire *A B*. Car si l'on ajoûte la moindre portion à la ligne *A B*, ou si on en retranche la moindre partie, les lignes *A B*, *G H*, deviendront inégales. Si, par exemple, l'on suppose que la ligne *M G L*, en ait retranché la portion *A L*, le reste *L B*, sera plus petit que *G H*, par la premiere Proposition; & si l'on suppose au contraire que la ligne, *IGN*, y ait ajouté la ligne *IA*, par la même Proposition, *IAB*, sera plus longue que *GH* : puisque *IB*, *GH*, sont toutes deux perpendiculaires sur *CD*, & obliques sur *IN*. Donc la ligne *AB*, est égale à la ligne *GH*, puisqu'on n'y peut rien ajoûter, ni en rien retrancher, sans la rendre inégale a la ligne *GH*.

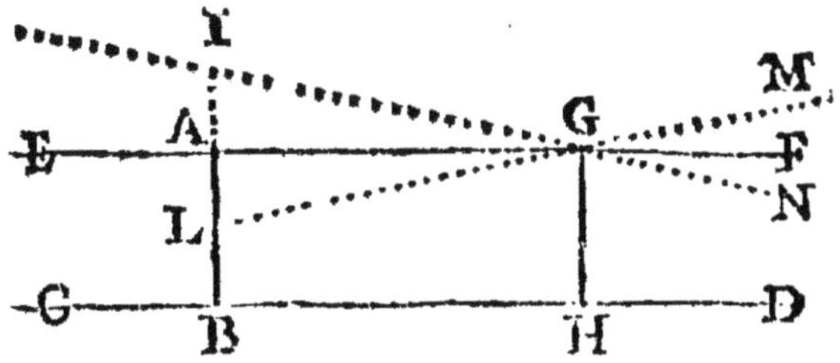

Pour prouver maintenant que la perpendiculaire *GH*, est en effet perpendiculaire sur les deux lignes *CD*, *EF*, il n'y a qu'à se souvenir de la precedente Proposition, où l'on a demontré que si une seule ligne est perpendiculaire sur *CD*, & oblique sur *EF*, toute autre ligne qui sera perpendiculaire sur *CD*, sera oblique sur *EF*. Donc si *GH*, étant perpendiculaire sur *CD*, étoit oblique sur *EF*, il s'ensuivroit que *AB*, qui est perpendiculaire sur *CD*, seroit oblique sur *EF*, ce qui est contre la supposition.

QUATRIE'ME PROPOSITION.

Par un point donné comme *A*, faire passer une parallele à une ligne donnée comme *BC*, c'est à dire, tirer par le point *A*, une ligne, dont tous les points soient toûjours à égale distance de la ligne *BC*, en sorte que ces deux lignes prolongées de part & d'autre à l'infini ne puissent jamais se rencontrer.

Du point donné *A*, soit mené sur *BC*, la perpendiculaire *AF*. Au point *A*, soit menée sur *AF*, la perpendiculaire *EA*, prolongée si l'on veut en *D* ; je dis que la ligne *D G A E*, eſt parallele à la ligne donnée *B C*.

Car par la conſtruction, la ligne *A F*, étant perpendiculaire aux deux lignes *D E*, *B C*, il s'enſuit, par la precedente Propoſition, que toute autre perpendiculaire, ſur une de ces lignes, comme *G H*, ſera perpendiculaire ſur les deux, & égale à la perpendiculaire *A F* ; Donc les points *G*, *A*, ſeront chacun également éloignés de la ligne donnée *B C* ; car la diſtance d'un point à une ligne, eſt meſurée par la perpendiculaire qui eſt la plus courte de toutes. Donc tout autre point de la ligne *D E*, ſera également éloigné de la ligne *B C* : Donc toute la ligne *D E*, ſera toûjours à égale diſtance de la ligne *B C*, en quoy conſiſte le parallelisme.

Il s'enſuit de cette conſtruction, qu'étant donnée la ligne *B C*, & le point *A*, ſi l'on mene la perpendiculaire *A F*, & une autre perpendiculaire comme *H G*, égale à la premiere, la ligne qui joindra les points *A*, *G*, ſera la parallele demandée.

AUTRE CONSTRUCTION.

Par le point donné *A*, ſoit menée à diſcretion une oblique comme *A G*, ſur la ligne *B C*.

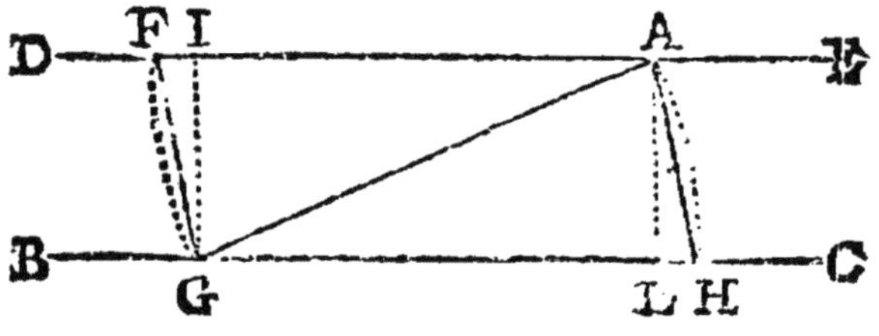

D F I A E
B G L H C

Du point *A*, pris pour centre, ſoit décrite une portion de cercle dont le raïon ſoit *A G*, & du point *G*, pris pour centre, ſoit décrit l'arc *A H*, dont le raïon ſoit *G A*. Soit pris l'arc *G F*, égal à l'arc *A H*. Par le point *F*, & le point donné *A*, ſoit menée la ligne *D F I A E*. Je dis qu'elle eſt parallele à la ligne *B C*.

Car la ligne oblique *A G* est égale à *G A*, c'est à dire à elle-même : la ligne *F A*, est égale à la ligne *G H*, puisque ce sont deux raïons de deux cercles égaux. D'ailleurs les arcs *F G*, *A H*, étant égaux par construction, les cordes qui les soutiennent seront égales, c'est à dire les lignes droites *F G*, *A H*. On peut donc considerer les deux lignes droites *G F*, *G A*, comme deux obliques inégales entre elles, & inclinées de different côté, menées du point *G*, sur la ligne *D E*. On peut aussi considerer les deux lignes droites *A H*, *A G*, comme deux autres obliques inégales entre elles & inclinées de different côté, menées du point *A*, sur la ligne *B C*. Mais ces deux dernieres obliques inégales entre elles, sont chacune égale à chacune des deux premieres, c'est à dire, la ligne droite *G F*, égale à la droite *A H*; *G A*, égale à *A G*; & de plus *F A*, distance des points de section des deux premieres obliques, est égale à *G H*, distance des points de section des deux dernieres. Donc par la septiéme Proposition du premier Livre, les deux points *A*, *G*, d'où partent les obliques, sont chacun également distans de la ligne sur laquelle elles sont menées. Donc les deux perpendiculaires *A L*, *G I*, sont égales, donc la ligne qui les renferme est parallele à la donnée.

CINQUIE'ME PROPOSITION.

Les également inclinées entre paralleles sont égales, les portions des paralleles qu'elles coupent sont égales, & ces également inclinées sont paralleles elles-mêmes.

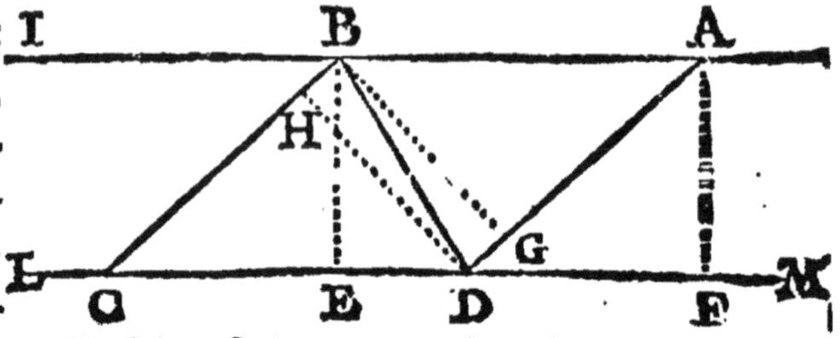

Soient les lignes *B C*, *A D*, également inclinées entre les paralleles *I A*, *L M*. Soient menées des points *B*, *A*, les perpendiculaires *B E*, *A F*. Des points *D*, *B*, soient menées les perpendiculaires *D H*, *B G* ; & soient joints les points *B*, *D*, par la ligne *B D*.

Puisqu'on suppose les obliques *B C*, *A D*, également inclinées, il faut que leurs éloignements de perpendicule *C E*, *DF*, soient égaux. Or leurs perpendiculaires *B E*, *A F*, sont égales puisqu'elles sont entre paralleles, donc par le premier cas de la 6. Proposition du I. Livre, les obliques *B C*, *A D*, sont égales.

2°. Les portions des paralleles *B A*, *C D*, sont égales. Car *B A*, est égale à *F E*, puisque les lignes *B A*, *F E*, sont toutes deux perpendiculaires entre les lignes *B E*, *A F*. Or *C D*, est égale à *F E*, parceque *C E*, étant égale à *D F* ; la grandeur *E D*, qui leur est commune, étant jointe à l'une & à l'autre, doit faire deux grandeurs égales. Donc *C D*, est égale à *B A*, qui est égale à *F E*.

3°. Les lignes *B C*, *A D*, également inclinées, sont paralleles elles-mêmes ; car les trois lignes *B D*, *D A*, *A B*, sont égales aux trois lignes *BD*, *B C*, *C D*, chacune à chacune. Donc par la 7. Proposition du I. Livre, les perpendiculaires *D H*, *B G*, sont égales. Donc elles sont entre paralleles.

TROISIE'ME LIVRE.

Des Lignes droites terminées à une circonference.

APRE'S avoir parlé dans les deux Livres precedens des lignes droites qui se rencontrent & de celles qui ne peuvent jamais se rencontrer, nous allons parler dans celuy-cy des lignes droites terminées à la circonference d'un cercle.

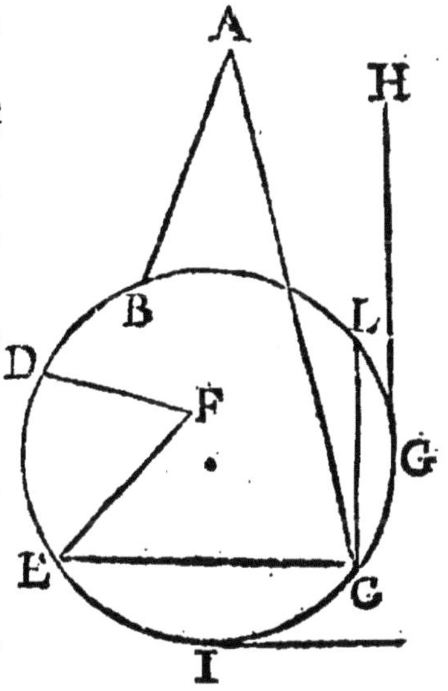

Ces lignes peuvent ou partir de dehors le cercle & le couper, en ce cas on les appelle sécantes exterieures, telles sont les lignes *A B*, *A C*.

Ou partir d'un point en dedans de la circonference, comme les lignes *FD*, *FE*, en ce cas on les nomme sécantes interieures.

Ou partir d'un point hors du cerle, & toucher la circonference sans la couper, quoyque prolongées, comme les lignes *G H*, *I K*, en ce cas on les nomme tangentes.

Ou partir d'un point de la circonference même, & aboutir à un autre point, comme les lignes *E C*, *LC*. Celles-cy s'appellent cordes.

Ainsi nous traiterons dans ce Livre; des cordes; des sécantes interieures & exterieures; & des tangentes.

DES

DES CORDES.

PREMIERE PROPOSITION.

La ligne droite qui coupe une corde peut avoir trois conditions. Couper la corde perpendiculairement. Couper la corde par la moitié. Passer par le centre du cercle. Deux de ces conditions données, donnent la troisiéme.

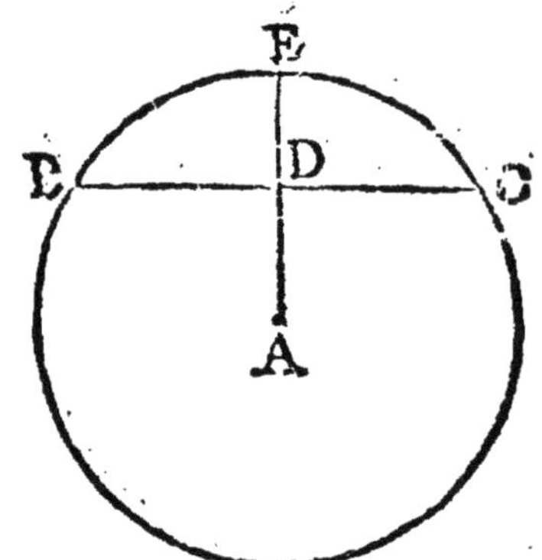

Premier Cas. Si la ligne droite *E A*, perpendiculaire à la corde *B C*, la coupe en deux parties égales au point *D*, elle passe necessairement par le centre. Car puisque la ligne *E A*, est perpendiculaire, & que le point *D*, l'un de ses points est supposé également éloigné des points *B*, *C*, il faut que tout autre point de cette perpendiculaire soit également éloigné des points *B*, *C*; & que cette même perpendiculaire comprenne tous les points qui sont également éloignés des points *B*, *C*; or le centre est un point également éloigné des points *B*, *C*, qui sont en la circonference. Donc la perpendiculaire *E A*, passera par le centre.

Second Cas. Si la ligne est perpendiculaire à la corde, & qu'elle passe par le centre *A*, elle la coupe en deux parties égales au point *D*.

Car puisque le point *A*, qu'on suppose être le centre, est également éloigné des points *B*, *C*, & que la ligne *E A*, est perpendiculaire, il faut que tout autre point de cette même perpendiculaire soit

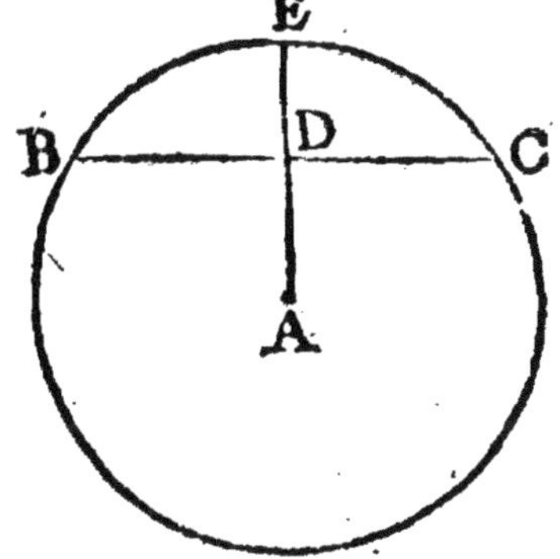

également éloigné des points *B C*. Or le point *D*, est un point de cette perpendiculaire, donc il est également éloigné des points *B*, *C*. Donc la corde est divisée en deux parties égales.

Troisiéme Cas. Si la ligne *E A*, passe par le centre, & qu'elle coupe la corde par la moitié ; elle est perpendiculaire à la corde.

Car le centre & le point *D*, étant chacun à égale distance des points *B*, *C*, la ligne *E A*, sera perpendiculaire par la définition.

SECONDE PROPOSITION.

Par trois points quelconques, comme *A*, *B*, *C*, pourvû qu'ils ne soient point dans une même ligne droite, faire passer une circonference.

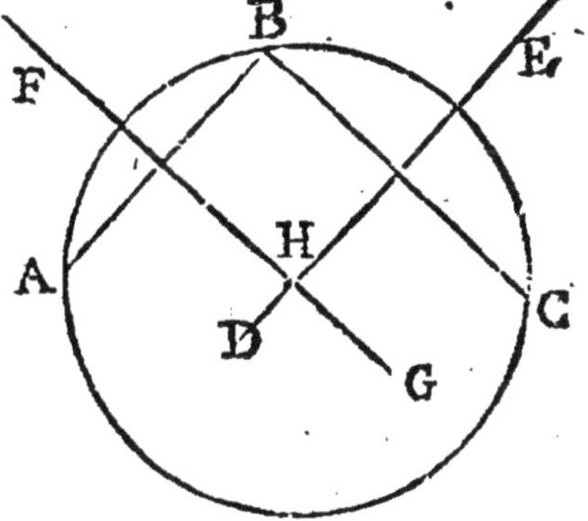

Soient joints par une ligne droite les points *A*, *B* ; & par une autre ligne droite, les points *B*, *C*. Soient divisées perpendiculairement & par la moitié, les lignes *A B*, *B C*, par les lignes *FG*, *ED*. Le point *H*, intersection des deux perpendiculaires, sera le centre de la circonference que l'on décrira de l'intervale *H A*, ou *H B*, ou *H C*.

Car par le premier cas de la précedente Proposition, les lignes *F G*, *E D*, coupant les lignes *A B*, *B C*, qui doivent être des cordes du cercle requis, perpendiculairement & par la moitié ; l'une & l'autre passe par le centre. Donc le centre doit être necessairement dans l'une & l'autre de ces deux lignes, qui ne pouvant avoir qu'un seul point commun, comme *H*, le determinent à être le centre du cercle. On feroit la même chose, si l'on proposoit de trouver le centre d'un cercle donné, il n'y auroit qu'à marquer à discretion, trois points dans sa circonference, & faire comme cy-dessus.

COROLLAIRE.

Quand on a trois points d'une circonference, on a toute la circonference : Car ayant trois points, on a le centre par la précedente Proposition, & le centre avec un des points donnés déterminent le raïon.

COROLLAIRE II.

Si deux circonferences ont trois points communs, elles les ont tous, c'est à dire, que c'est la même circonference.

COROLLAIRE III.

Il est impossible que deux circonferences se coupent en plus de deux points.

TROISIE'ME PROPOSITION.

La perpendiculaire qui coupe une corde en deux parties égales, divise en deux parties égales les arcs grands & petits, qui sont soûtenus par cette corde.

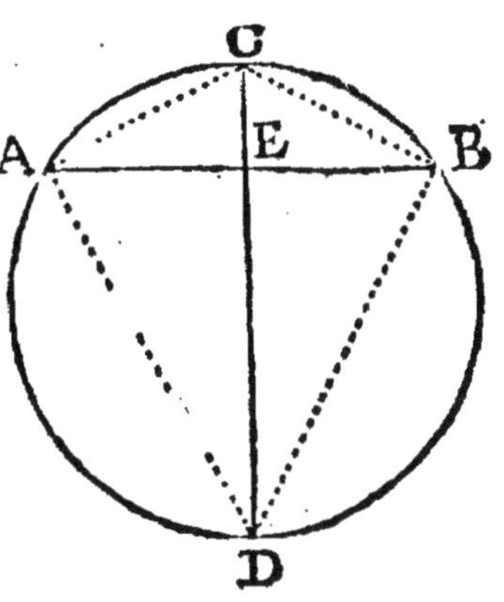

Soit la corde *A B*, divisée au point *E*, en deux parties égales par la perpendiculaire *C E D*. Je dis que l'arc *A C B*, est divisé par elle en deux parties égales au point *C*, & que l'arc *A D B*, est divisé en deux parties égales au point *D*. Soient menées les cordes *A C*, *C B*, *A D*, *D B*.

Si la corde *A C*, est égale à la corde *C B*, & que la corde *A D*, soit égale à la corde *D B*, les arcs *A C*, *C B*, seront égaux entre eux, & les arcs *A D*, *D B*, pareillement, puisque suivant les Axiomes que nous avons supposés, dans le même cercle ou dans les cercles égaux, les cordes égales soutiennent des arcs égaux. Or l'égalité des cordes *A C*, *C B*, est manifeste, aussi-bien que celle des cordes *A D*, *D B*. Car la ligne *C E D*, étant perpendiculaire à la corde *A B*, & le point *E*, étant supposé également éloigné des extremités *A B*. Tout autre point de cette perpendiculaire, comme les points *C*, *D*, sera également éloigné des extremités *A B*, donc la ligne *A C*, qui mesure la distance des points *A*, *C*, est égale à la ligne *C B*, qui mesure la distance des points *C*, *B*, & la ligne *A D*, égale à la ligne *D B*; donc l'arc *A C*, égal à l'arc *C B*; & l'arc *A D*, égal à l'arc *D B*.

COROLLAIRE.

Tout raïon perpendiculaire sur le diametre, partage la demi circonference en deux parties égales: car le diametre est pour lors consideré comme une corde qui ſoutient la demi circonference.

QUATRIE'ME PROPOSITION.

Si de l'extremité de l'un des raïons qui comprennent un arc, l'on meine une perpendiculaire ſur l'autre raïon, elle s'appelle le Sinus de l'arc, & ſi cette perpendiculaire eſt prolongée juſqu'à la circonference, elle deviendra corde d'un arc double de l'arc donné.

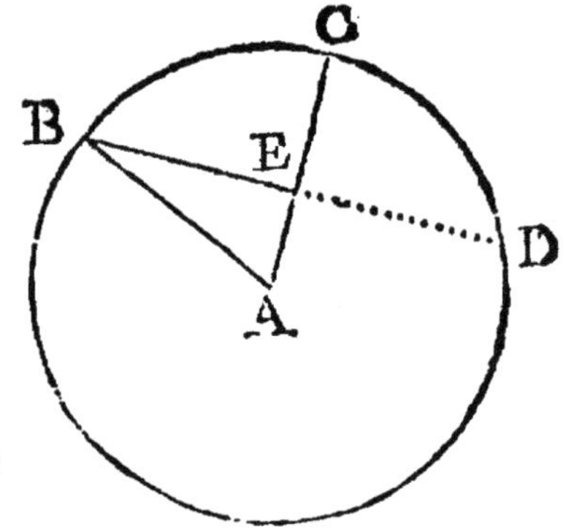

Soit l'arc donné *B C*, compris par les raïons *A B*, *A C*. De l'extremité de l'un des raïons, comme *B* : ſoit menée ſur un point de l'autre raïon, la perpendiculaire *B E*, elle ſera par la définition le Sinus de l'arc *B C*. Soit à preſent prolongé ce Sinus *B E*, juſqu'au point *D*. Je dis que l'arc *B C D*, ſoûtenu par la corde *B E D*, eſt double de l'arc *B C*.

Car la ligne *C A*, paſſant par le centre, & étant par la conſtruction, perpendiculaire ſur la ligne *B D*, il s'enſuit par les précedentes Propoſitions, que non-ſeulement elle coupe cette ligne ou corde *B D*, en deux parties égales au point *E*, mais qu'elle coupe auſſi l'arc *B C D*, en deux parties égales au point *C*. D'où s'enſuit que l'arc *B C D*, eſt double de l'arc donné *B C*, & que la corde *B D*, eſt double du Sinus *B E*. Ainſi l'on peut encore donner cette autre définition du Sinus.

Le Sinus d'un arc eſt la moitié de la corde qui ſoûtient le double de l'arc dont il eſt Sinus. Ces Propoſitions & définitions ſont d'une extrême conſequence pour la ſuite.

CINQUIE'ME PROPOSITION.

Dans le même cercle, ou dans les cercles égaux, les Sinus égaux donnent des arcs égaux, & les arcs égaux, donnent des Sinus égaux.

Car *B F*, Sinus de l'arc *B D*, étant égal à *C G*, Sinus de l'arc *C E*, *B I*, double du premier Sinus, sera égale à *C H*, double du second Sinus. Or les deux cordes *B I*, *C H*, étant égales, elles soûtiennent des arcs égaux ; sçavoir, l'arc *I D B*, & l'arc *C E H*. Donc leurs moitiés *D B*, *C E*, seront égales. On démontrera de même l'autre cas de la Proposition.

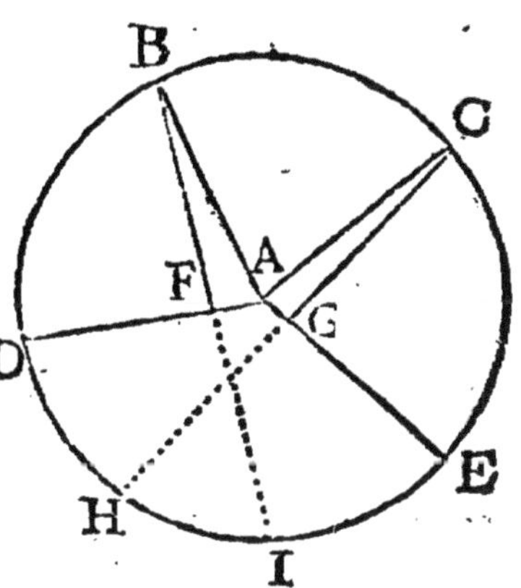

SIXIE'ME PROPOSITION.

Si plusieurs circonferences sont concentriques, c'est à dire, si elles ont le même centre, & que l'on tire du centre des raïons terminés à la grande circonference, ces raïons couperont dans les autres circonferences des arcs qui auront chacun même rapport à leur circonference, que l'arc de la grande aura à la sienne.

Car si l'on considere la ligne *A L*, tournant de telle sorte, que son point *A*, tournant en lui-même son extremité *L*, décrive la grande circonference, il est évident que chacun des points intermediaires,

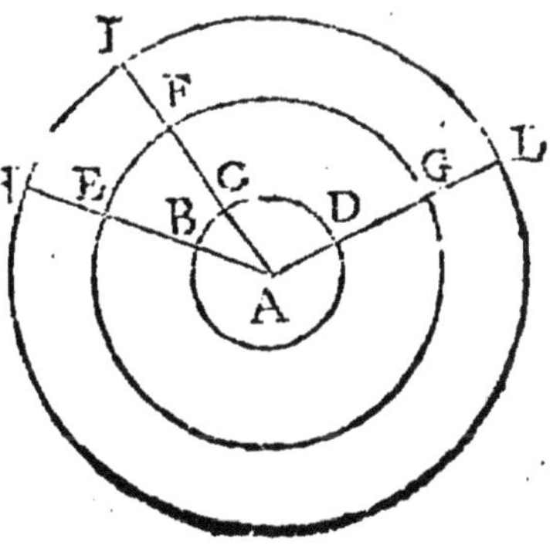

comme *G D*, décrira une circonference concentrique : & que lorsque le raïon *A L*, sera parvenu au point *I*, le point *D*, sera parvenu en *C*, & le point *G*, en *F*, en sorte que si *L I*, est par exemple, la cinquiéme partie de la grande circonference, *G F*, sera la cinquiéme partie de la moïenne, & *C D*, de la petite. De même quand le point *L*, sera arrivé en *H*, les points *G*, *D*, seront arrivés aux points *E B*, & ainsi du reste.

DES SECANTES EXTERIEURES.

SEPTIE'ME PROPOSITION.

De toutes les Secantes exterieures, la plus courte est celle qui étant prolongée passeroit par le centre.

Car si *B D*, Secante est supposée passer par le centre *A*, en la prolongeant ; du même centre *A*, soit tiré le raïon *C A*, au point *C*, où aboutit toute autre secante comme *B C*. Il est évident que *A C B*, pris ensemble enferme *A B*, donc *A C B*, est plus long que *A B*. Si donc de ces deux quantités inégales, on en retranche les raïons *A C*, *A D*, qui sont égaux, le reste *B C*, sera plus grand que le reste *B D*.

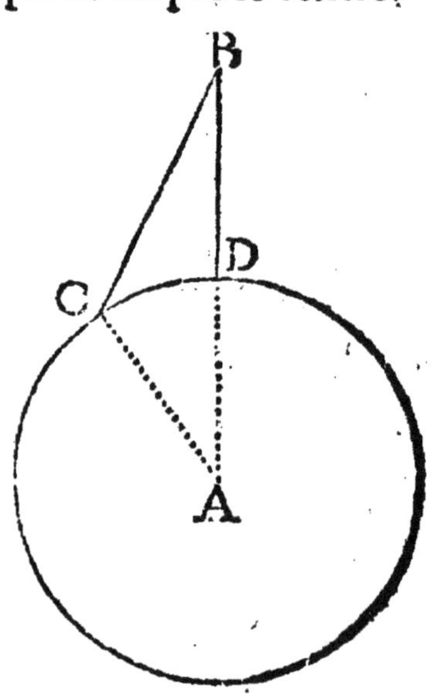

HUITIE'ME PROPOSITION.

De toutes les Secantes exterieures, la plus longue est celle qui passe par le centre.

Je dis, par exemple, que la Secante *A D*, qui passe par le centre *B*, est plus longue que la Secante *A C*. Soit tiré le raïon *B C*. La Secante *A D*, est égale aux deux lignes *A B*, *B C*, puisque c'est une même quantité ; sçavoir, *B D*, *B C*, ajoûtée à la quantité *A B*. Or *A B B C*, est plus grand que la ligne *AC* qu'il renferme, donc *AD*, est plus grand que *A C*.

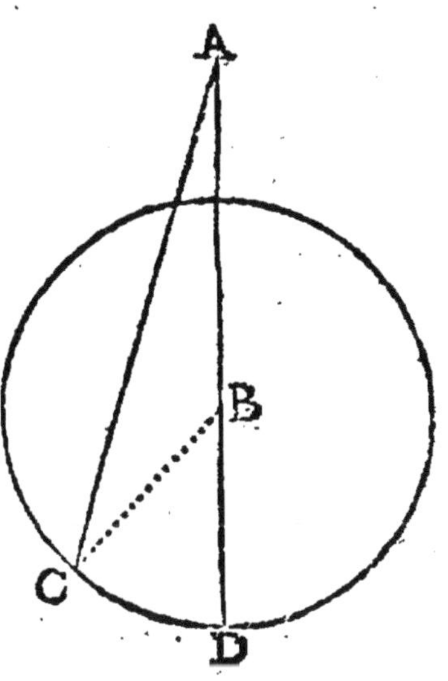

DES SECANTES INTERIEURES.

NEUVIE'ME PROPOSITION.

La plus longue de toutes les Secantes interieures, est celle qui passe par le centre.

Car la Secante *A B D*, qui passe par le centre *B*, est égale aux deux lignes *A B*, *B C*, prises ensemble, à cause de l'égalité des raïons *B D*, *B C*. Or *A B*, *B C*, contient *A C*, & par consequent est plus grand que *A C*.

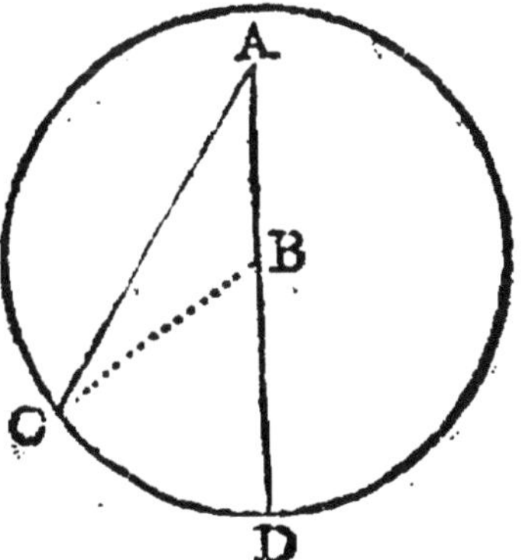

DIXIE'ME PROPOSITION.

La plus courte de toutes les Secantes interieures, est celle qui prolongée passeroit par le centre.

Soit la Secante *B D*, prolongée jusqu'au centre *A*, & du centre *A*, soit mené le raïon *A C*, au point *C*, où aboutit la Secante *B C*; je dis que *B D*, est plus courte que *B C*; car la toute *A D*, qui est un raïon, est égale au raïon *A C*. Or *A B C*, contient *A C*, donc *A B C*, est plus grand que *A D*. Donc si l'on retranche *A B*, qui leur est commun, le reste *B D*, sera plus court que le reste *B C*.

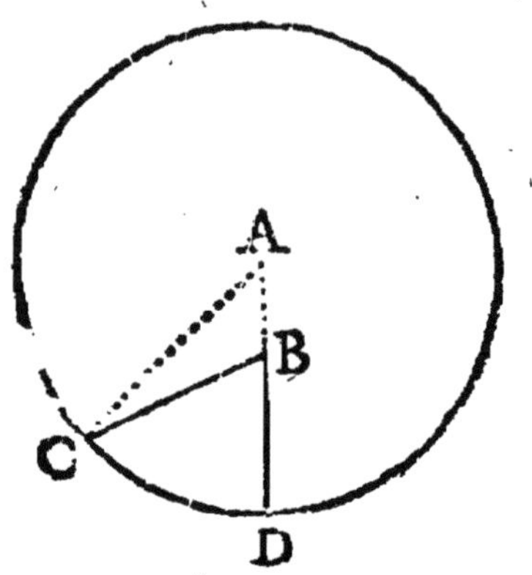

DES TANGENTES.

ONZIE'ME PROPOSITION.

Toute ligne perpendiculaire sur l'extremité d'un raïon, touche le cercle, & ne le touche qu'en un seul point.

Sur le point *B*, extremité du raïon *A B*, soit menée la ligne *D B E*, perpendiculaire. Il est déja bien certain qu'elle touche le cercle, puisque le point *B*, est commun à son raïon *A B*, & à la ligne *D B E*. Pour prouver qu'elle ne le peut toucher en aucun autre point comme *C*. Soit menée du centre *A*, la ligne *A C*. Il est certain qu'elle sera oblique sur la Tangente, puisque du point *A*, l'on ne peut mener

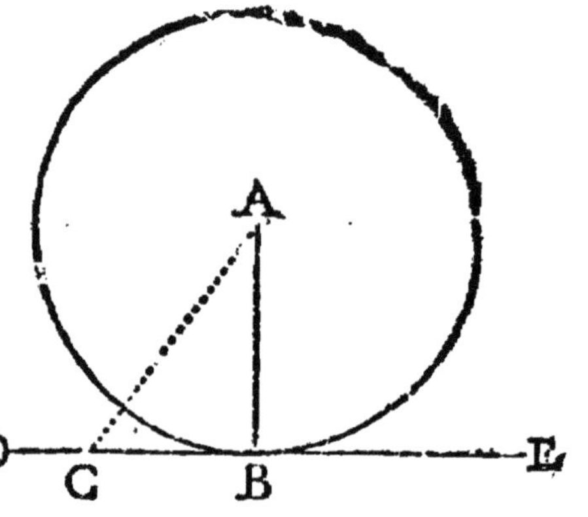

qu'une seule perpendiculaire. Or par la 4 Proposition du I. Livre, la perpendiculaire est la plus courte de toutes les lignes, qu'on peut mener sur la Tangente *DE*; donc l'oblique *AC*, sera plus longue que la perpendiculaire *AB*, qui est un raïon ; donc son extremité *C*, est hors du cercle & par consequent le point *C*, n'est pas commun au cercle & a la Tangente.

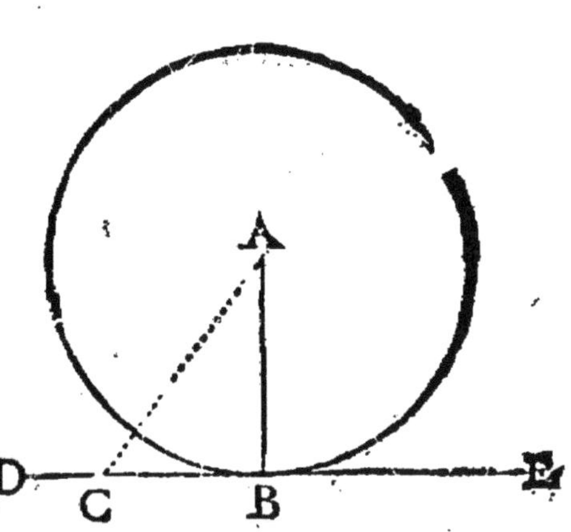

DOUZIE'ME PROPOSITION.

Il est impossible de faire passer une seule ligne droite entre la Tangente & le cercle, quoyqu'on y en puisse faire passer une infinité de circulaires, qui ne se rencontreront toutes qu'au seul point de contingence.

1°. Ayant mené la Tangente *DBE*. Si vous dites qu'on puisse faire passer entre elle & le cercle, la ligne, *BF*, sans qu'elle coupe le cercle; voici comme je démontre l'impossibilité du cas.

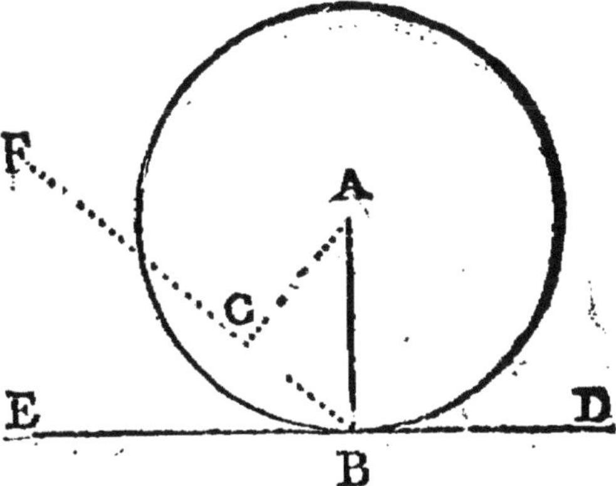

La ligne Tangente *ED*, est perpendiculaire sur l'extremité du raïon *AB*, donc la ligne *FB*, est oblique sur le raïon *AB* ; & réciproquement le raïon *AB*, est oblique sur la ligne *FB*. On peut donc du centre *A*, mener sur *FB*, une perpendiculaire comme *A C*. Cette perpendiculaire *A C*, sera plus courte que le raïon *A B*, par la 4. Proposition du I. Livre ; donc le point *C*, extremité de la perpendiculaire *A C*, sera au dedans du cercle, & n'ira pas jusqu'à la circonference ; donc la ligne *B C F*, entre necessairement au dedans du cercle.

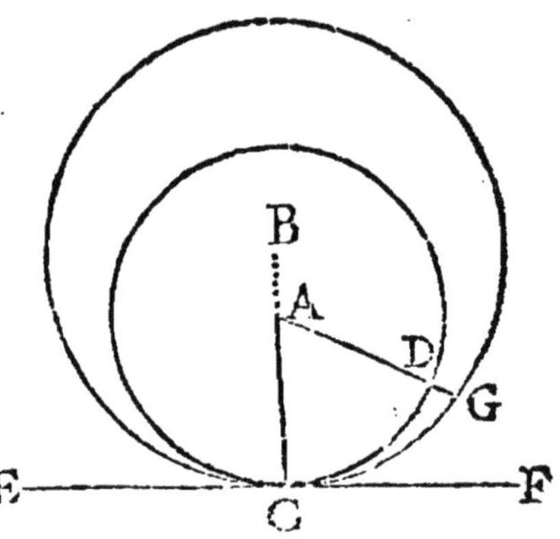

2°. Ayant le petit cercle dont le raïon est *A C*, & la Tangente *E C F*. Si le raïon *A C*, est prolongé à l'infini, & que dans ce raïon prolongé, l'on choisisse une infinité de points, comme *B*, pour servir de centre à de nouvelles circonferences, dont le raïon soit *B C*. Je dis que toutes ces circonferences n'ont aucun point commun, que le seul point *C*, point de contingence. Car par exemple, si l'on dit que le point *G*, est commun aux deux circonferences de la figure ; du point *A*, centre du petit cercle, soit mené au point *G*, la ligne *AG*.

La ligne *A C*, est raïon du petit cercle ; elle est Secante interieure à l'égard du grand cercle, & passeroit par son centre *B*, si elle étoit continuée. La ligne *A G*, est encore une Secante interieure à l'égard du grand cercle. Or par la 10. Proposition de ce Livre, la ligne *A C*, est necessairement plus courte qu'aucune Secante interieure menée du point *A* ; donc la ligne *A C*, est plus courte que la ligne *A G* ; donc la ligne *A G*, est plus longue que le raïon du petit cercle. Donc son extremité *G*, est hors de la circonference du petit cercle ; donc le point *G*, & le point *D*, ne sont pas le même point. On demontrera la même chose de tout autre point choisi à discretion dans toutes les circonferences possibles, qui auront leur centre dans la ligne *C B*, prolongé à l'infini, & la ligne *E C F*, pour Tangente.

COROLLAIRE.

Il est impossible d'un autre point que le centre, de mener trois lignes égales, jusqu'à la circonference.

Car on a démontré que la Secante interieure, qui passe par le centre, est plus longue qu'aucune autre menée du même point, & que la Secante interieure, qui continuée, passeroit par le centre, est plus courte qu'aucune autre. D'où suit manifestement que toutes les intermediaires sont inégales, & par consequent qu'on peut avoir tout au plus deux Secantes interieures égales entre elles dont l'une sera d'un côté, & l'autre sera de l'autre côté, à l'égard de celle qui passe par le centre.

II. COROLLAIRE.

Le point d'où l'on peut mener jusques à la circonference trois lignes égales est necessairement le centre du cercle.

TREIZIE'ME PROPOSITION.

D'un point donné comme *A*, hors du cercle *BCD*, tirer deux Tangentes à ce cercle, & démontrer qu'elles sont égales.

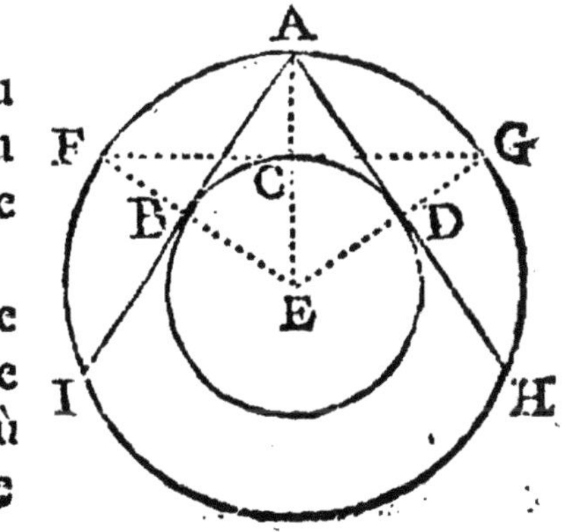

Du point *E*, centre du cercle, soit tirée jusqu'au point donné *A*, la ligne *E A*.

Du centre *E*, intervale *E A*, soit décrit le cercle *I A H*. Au point *C*, où le raïon *E A*, coupe le petit cercle, ſoit menée la perpendiculaire *FCG*, terminée par la circonference aux points *FG*, cette perpendiculaire ſera Tangente à l'égard du petit cercle, & corde à l'égard du grand. Soit priſe avec le compas, la longueur *FG*, qui ſoit portée du point donné *A*, juſques aux points de la grande circonference *IH*. Soient menées les lignes *AI*, *AH*. Je dis qu'elles ſont Tangentes à l'égard du petit cercle.

Par la conſtruction *FG*, eſt Tangente ; *FG*, *AI*, *AH*, ſont cordes égales auſſi par la conſtruction. Donc elles ſont également éloignées du centre *E*. Or la diſtance du centre *E*, juſques à la corde *FG*, eſt meſurée par le raïon *EC*, qui lui eſt perpendiculaire ; donc la diſtance des deux autres cordes *AI*, *AH*, également éloignées de ce centre, ſera meſurée par les raïons *EB*, *ED*. Donc ces deux raïons leur ſont perpendiculaires, autrement ils n'en meſureroient pas la diſtance à l'égard du centre. Donc les deux cordes *AI*, *AH*, ſont elles-mêmes perpendiculaires chacune à leur raïon. Donc par la onziéme Propoſition de ce Livre, elles touchent le cercle aux points *DB*.

Il s'enſuit de la même démonſtration, que les deux Tangentes priſes du point donné, juſqu'aux points de contingence, ſont égales, puiſqu'elles ſont moitié de cordes égales par la premiere Propoſition de ce Livre.

AVERTISSEMENT.

Avant que de paſſer à autre choſe, il ne ſera pas inutile de faire quelques reflexions ſur la douziéme Propoſition de ce Livre. Elle eſt trés-propre à humilier l'eſprit humain, en le convainquant qu'il y a des verités trés claires, quand on les conſidere chacune en particulier, dont il eſt cependant impoſſible de concevoir la liaison, & qui sont de telle nature, que l'une semble détruire l'autre.

On démontre qu'une ligne droite, qui n'a aucune largeur, ne sçauroit passer entre la Tangente & le cercle. Donc l'espace qui est entre la Tangente & le cercle, est infiniment petit ; & toutefois cet espace infiniment petit en lui-même, peut être divisé en une infinité dautres plus petits puisqu'on peut faire passer entre le cercle & la Tangente, une infinité de circonferences, qui ne se rencontrent qu'au seul point de contingence. Voilà donc bien certainement un infiniment petit, divisé en une infinité d'autres. Cela est démontré ; mais cela se conçoit-il bien clairement ?

Pour aider l'imagination, representés-vous une boule parfaite, posée sur un plan. Cette boule porte sur un seul point qui n'a aucune étenduë. Autrement la Tangente & le cercle auroient plus d'un point commun.

Representés-vous maintenant une boule beaucoup plus grosse que la premiere, posée sur le même plan. Cette grosse boule porte comme la premiere sur un seul point, & cependant, il est trés-certain que la courbure de la grosse boule, est moindre que la courbure de la petite, & par conséquent, qu'à compter du point de contingence, la circonference de la grosse boule s'éloigne moins de la Tangente, que la circonference de la petite ne s'éloigne de la sienne ; quoiqu'il soit démontré que l'espace qui est entre la circonference de la petite boule & sa Tangente est si petit, qu'une grandeur infiniment petite en largeur, telle qu'est une ligne droite n'y sçauroit passer. C'est à dire que cet espace est infiniment petit, & que cependant il en renferme une infinité d'autres.

Tout ce qui se démontre dans les hautes speculations de Geometrie sur les asymptotes, les espaces asymptotiques, les Infiniment Petits de Messieurs de Leibnitz & de l'Hospital, dont les principes sont si feconds ; en un mot, tout ce qui se démontre sur l'infini, est de même nature. L'esprit humain est convaincu de certaines verités : mais il est obligé d'avouer sa foiblesse, quand il veut comprendre, pour ainsi dire, le comment, c'est à dire, comment il est possible que ces verités subsistent ensemble ? Mais comme l'esprit humain est borné, & que le Createur de nos ames, ne leur a pas donné des lumieres infinies, c'est à nous à nous souvenir de nôtre condition. Rien ne seroit plus déraisonnable, que de vouloir nier des verités dont nous sommes convaincus d'ailleurs, parce que nous n'en comprenons pas la liaison. Nous les comprenons ces verités, parce que nous avons une certaine mesure de raison ; nous n'en comprenons pas la liaison, parce que nous ne sommes pas Dieu, & que nôtre raison n'est pas infinie. On a donc grand tort de vouloir attaquer la Geometrie des Infiniment Petits, & celle des Indivisibles, parce qu'il y a de certaines choses qu'on ne comprend pas dans la nature de l'infini, qui en effet doit être incomprehensible ; mais autre chose est de le comprendre, autre chose de se convaincre qu'il existe. J'avouë de bonne foy, que je suis pleinement convaincu de la verité de la douziéme Proposition ; mais j'avouë en même temps que je ne la comprends pas.

Que si je me vois obligé de reconnoître des verités incompatibles en Geometrie, où l'esprit humain se pique de voir plus clair qu'ailleurs, à plus forte raison dois-je avoir de la soumission pour des verités d'un ordre superieur à ma raison, & me souvenir toûjours que celuy qui l'a créée n'étoit pas obligé de la rendre capable de tout.

QUATRIE'ME LIVRE.

Des Angles.

APRE'S avoir parlé des Lignes perpendiculaires, des Obliques, des Paralleles, & de celles qui sont terminées à une circonference, l'ordre naturel demande que nous parlions des Angles, qui sont une espece de surface.

DE'FINITION.

L'Angle est une surface indéterminée suivant sa longueur, qui est celle des lignes qui le comprennent; & déterminée par la rencontre de ces deux lignes en un point qu'on appelle le Sommet, & par la partie d'une circonference qui a ce sommet pour centre.

Ainsi l'espace *DBACE*, est un angle dont le sommet est le point *A*, les lignes *DBA*, *ACE*, en sont les côtés; & la portion de circonference *DE*, qui est d'un certain nombre de degrés, est la mesure de cet angle.

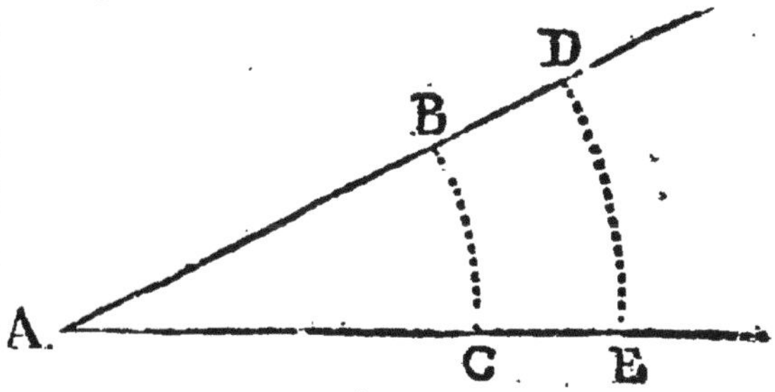

L'angle se designe ordinairement par trois lettres, dont celle du milieu marque le sommet. Mais il est important de bien remarquer que pour mesurer cet angle on peut se servir de la portion de la circonference *BC*, laquelle a autant de degrés que la portion *DE*, & qu'ainsi l'angle *BAC*, entant qu'Angle, n'est n'est point different de l'angle *DAE*; les côtés du dernier, sont à la verité plus longs, mais la mesure de l'angle est la même, & contient pareil nombre de degrés. De sorte que si l'angle *DAE*, contient 25 degrés, l'angle *BAC* est pareillement un angle de 25 degrés, & il n'arriveroit aucun changement à sa mesure, qui seroit toûjours de 25 degrés, quand les côtés *DA*, *AE*, seroient prolongés à l'infini.

Si les deux côtés d'un angle sont pris égaux, l'angle s'appelle Isoscelie. En ce cas, si l'on joint les extremités de ces deux côtés par une ligne droite, il est visible que cette ligne sera la corde d'un arc, qui aura pour raïons les côtés de l'angle.

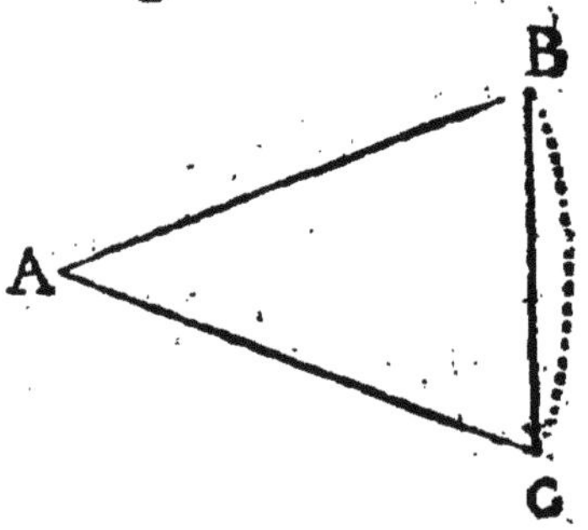

Si les côtés sont inégaux, & que de l'un, l'on mene une perpendiculaire sur l'autre, cette ligne sera pour lors Sinus de l'angle; ainsi dans cette seconde figure, la ligne *BC*, est Sinus, & dans la premiere, la ligne *BC*, est corde.

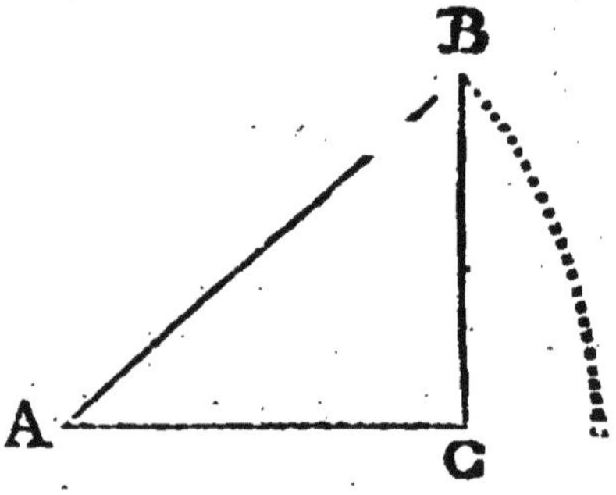

Que si cette ligne qui joint les côtés, n'est ni Corde ni Sinus, comme en cette derniere figure, on l'appelle simplement la Base de l'angle, qui est un nom commun à toutes les lignes qui joignent les côtés.

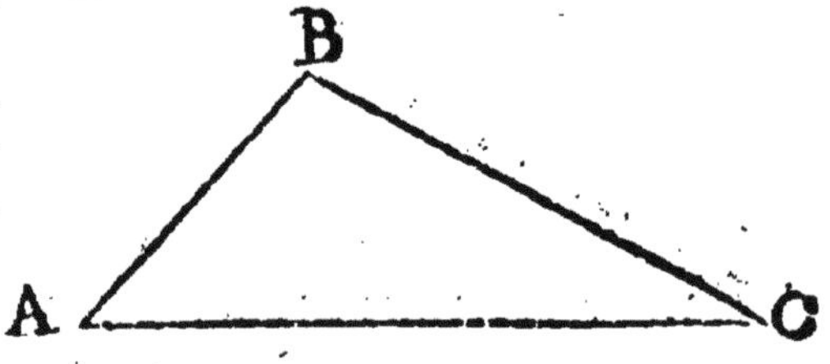

Cela donne trois manieres de mesurer les angles, par les Arcs, par les Sinus, par les Cordes; mais il est évident que la maniere absoluë & naturelle de mesurer les angles, est de considerer la grandeur de l'arc, c'est à dire, le nombre de degrés qu'il contient. C'est par là qu'on a divisé l'angle en droit, aigu, obtus.

L'angle droit est un angle de 90 degrés, d'où s'ensuit qu'une ligne qui tombe perpendiculairement sur une autre, fait deux angles droits; par exemple, la ligne *AC*, tombant perpendiculairement sur *BD*, fait d'une part l'angle *ACD*, & de l'autre l'angle *ACB*, qui sont chacun un angle de 90 degrés, puisque du point *C*, décrivant une demi circonference, elle se trouvera divisée en deux parties égales; c'est à dire en deux arcs de 90 degrés chacun, par la troisiéme Proposition du Livre precedent.

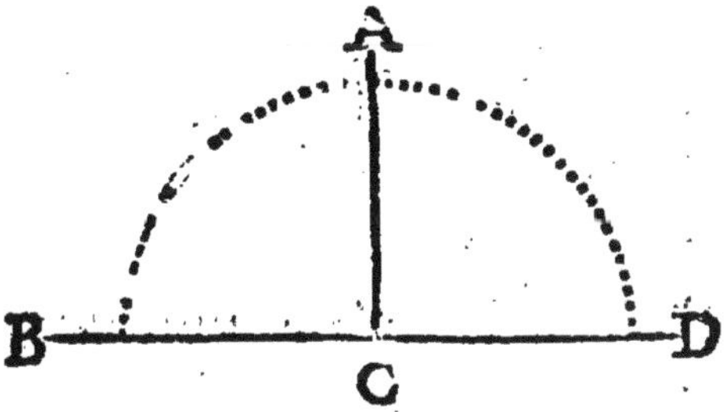

Que si la ligne *AC*, tombe obliquement sur la ligne *BD*, comme en cette seconde figure, elle fait deux angles inégaux: *ACD*, qui a moins de 90 degrés, & qui se nomme Angle aigu, & *ACB*, qui a plus de 90 degrés, & qui se nomme Angle obtus. Mais il est bien visible que ces deux angles inégaux pris ensemble, valent la demi circonference, c'est à dire autant que deux angles droits. Ou si vous voulés, 180 degrés, qui font la moitié des 360 degrés de la circonference entiere.

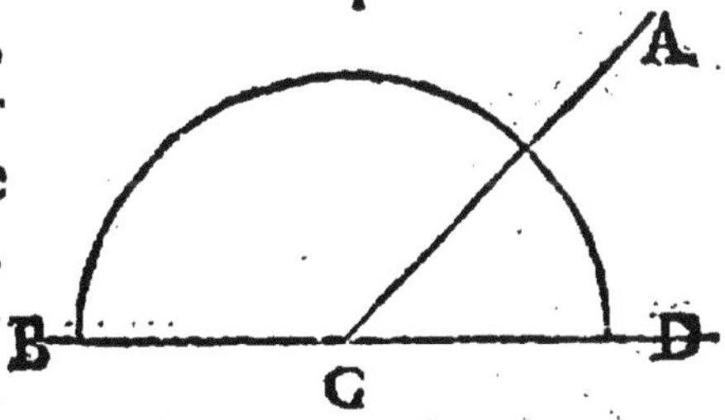

PREMIERE PROPOSITION.

Les angles opposés au sommet sont égaux.

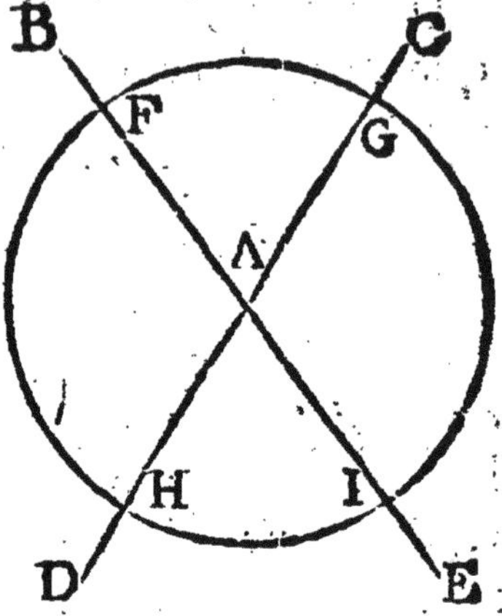

Soient les deux lignes *BAE*, *CAD*, qui se coupent au point *A*. Les angles *BAC*, *DAE*, sont dits opposés au sommet, & de même les angles *BAD*, *CAE*.

Il faut démontrer que l'angle *BAC*, est égal à l'angle *DAE*, & que l'angle *BAD*, est égal à l'angle *CAE*. Du centre *A*, soit décrit un cercle de tel intervalle qu'on voudra. Il n'y a qu'à faire voir que l'arc *FG*, est égal à l'arc *HI*. Or cela est visible de soi-même : car *GFH*, est une demi circonference, ou 180 degrés ; *FHI*, autre demi circonference ; l'une & l'autre a l'arc *FH*, commun : ainsi si l'on le retranche, reste d'une part l'arc *GF*, & de l'autre *HI*, qui ne peuvent manquer d'être égaux. On démontre avec la même facilité, l'égalité des deux autres angles.

SECONDE PROPOSITION.

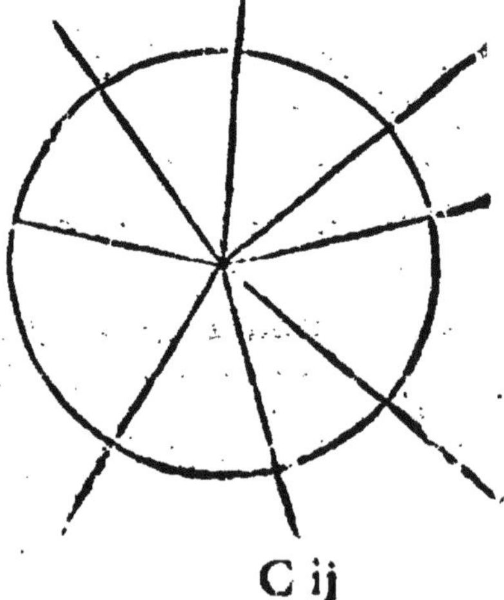

Si l'on meine de differens côtés plusieurs lignes aboutissant toutes au même point, en quelque nombre qu'elles soient, tous les angles qu'elles comprendront, vaudront ensemble quatre angles droits.

Car du point de rencontre décrivant une circonference, elle sera la mesure de tous ces different angles, & par consequent tous ensemble vaudront 360 degrés, ou quatre fois 90 degrés, c'est à dire quatre angles droits.

I. SECTION.

De la maniere de considerer les Angles par leurs Sinus.

Quand on compare deux angles l'un avec l'autre, on peut considerer l'égalité des angles mêmes, l'égalité de leurs Sinus, & l'égalité des côtés que l'on choisit pour raïon. Or deux de ces égalités données, donnent la troisiéme.

TROISIE'ME PROPOSITION.

Si deux angles ont le raïon égal, & le Sinus égal, ils sont eux-mêmes égaux.

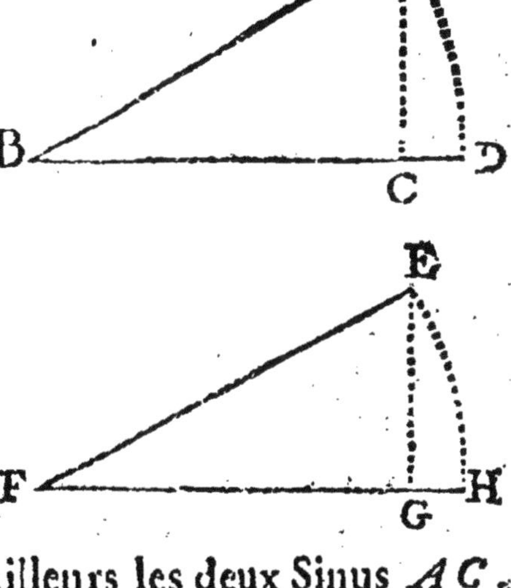

Soient deux angles *A B D*, *E F H*. Soient les raïons *B A*, *F E*, égaux, & soient aussi égaux les Sinus *A C*, *E G*. Il faut démontrer que les arcs *A D*, *E H*, sont égaux, d'où s'ensuit l'égalité des angles.

Puisque les deux raïons sont égaux, les deux cercles qui ont les points *B*, *F*, pour centres sont égaux. D'ailleurs les deux Sinus *A C*, *E G*, étant égaux & étant moitiés de cordes égales, le double de la ligne *A C*, sera égal au double de la ligne *E G*. Or le double de la ligne *A C*, & le double de la ligne *E G*, seront deux cordes égales de deux cercles égaux ; donc elles soûtiendront des arcs égaux ; donc le double de l'arc *A D*, sera égal au double de l'arc *E H* ; donc l'arc *A D*, est égal à l'arc *E H* ; donc l'angle égal à l'angle.

Les deux autres cas de la Proposition, qui ne sont pas de grand usage se démontrent avec la même facilité.

QUATRIE'ME PROPOSITION.

Si une ligne oblique est entre paralleles, elles forment deux angles aigus & deux obtus. L'aigu à l'égard de l'aigu s'appelle alterne, & l'obtus à l'égard de l'obtus de même, & ces angles alternes sont égaux.

Soient les paralleles *C B A*, *DEF*, l'oblique *A D*. Il faut démontrer que l'angle *C A D*, est égal à l'angle *ADF*, qui est son alterne.

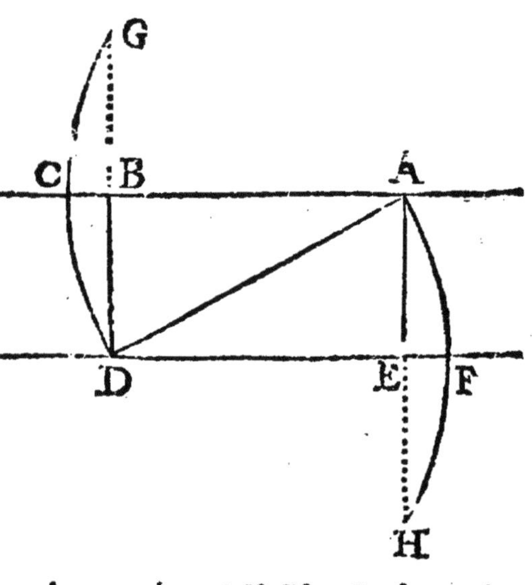

Pour le prouver. Du point *D*, pris pour centre, intervalle *D A*, soit décrite la portion de cercle *A F H*, & du point *A*, pris pour centre, intervalle *A D*, soit décrite la portion *DCG*. Il est certain que les deux cercles sont égaux, puisqu'ils ont même raïon. De plus, ayant mené du point *D*, la ligne *D B*, perpendiculaire sur la ligne *C A* ; *D B*, sera le Sinus de l'arc *DC* : de même ayant mené du point *A*, la ligne *A E*, perpendiculairement sur *D F*; *A E*, sera Sinus de l'arc *AF*. Or ces deux Sinus étant deux perpendiculaires entre mêmes paralleles, seront necessairement égaux. Voilà donc le raïon égal au raïon; c'est à dire *AD*, égal à *DA*,

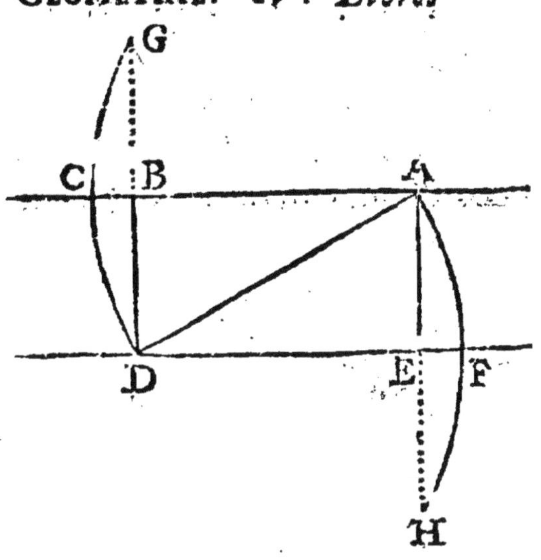

& le Sinus égal au Sinus; donc l'arc égal à l'arc, & l'angle égal à l'angle, par la precedente Proposition. Cela est encore plus visible, en considerant que la perpendiculaire *D B*, est la moitié de la corde *D G*, comme la perpendiculaire *A E*, est la moitié de la corde *A H*. Donc la corde est égale à la corde. Or par la nature du cercle, les cordes égales dans les cercles égaux soutiennent des arcs égaux; donc l'arc *DCG*, égal à l'arc *A F H*; donc la moitié *D C*, égale à la moitié *A F*; donc les angles sont égaux.

CINQUIE'ME PROPOSITION.

Tout angle, y compris les deux angles que ses côtés font avec sa base, vaut deux angles droits, c'est à dire 180 degrés.

Soit l'angle donné *BAC*, dont le sommet est *A*, la base *BC*. Il faut prouver que l'angle donné *B A C*, l'angle *A B C*, & l'angle *A C B*, pris ensemble, valent 180 degrés.

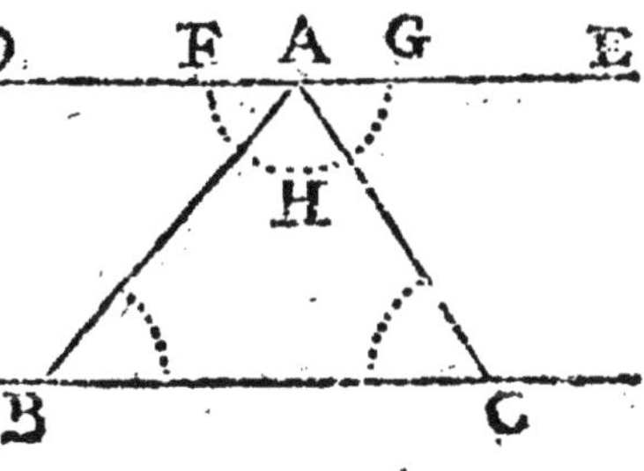

Par le ſommet *A*; ſoit menée *DAE*, parallele à la baſe *BC*. Il eſt viſible que les deux côtés *AB*, *AC*, font avec la ligne *DAE*, trois angles qui valent deux droits, puiſqu'ils ſont meſurés par la demi circonference *FHG*, dont le centre eſt *A*. Or par la précedente Propoſition, l'angle *DAB*, eſt égal à l'angle de la baſe *ABC*, & par la même Propoſition, l'angle *EAC*, eſt égal à l'angle *ACB*, Donc c'eſt la même choſe de prendre la valeur des deux angles *DAB*, *EAC*, ou celle des deux angles de la baſe *ABC*, *ACB*. Or les deux premiers avec l'angle du ſommet *BAC*, valent deux droits. Donc les deux derniers, c'eſt à dire les deux angles de la baſe avec l'angle donné *BAC*, valent deux angles droits.

COROLLAIRE.

Qui connoît deux de ces angles, connoît neceſſairement le troiſiéme; car, par exemple, ſi deux de ces angles pris enſemble, valent 130 degrés il faut que le troiſiéme en vaille cinquante, pour faire 180 degrés avec les deux autres.

II. COROLLAIRE.

Si l'angle du ſommet eſt un angle droit, les deux de la baſe pris enſemble vaudront un angle droit.

SIXIE'ME PROPOSITION.

Si l'on prolonge une ligne priſe pour la baſe d'un angle, elle formera du côté qu'elle ſera prolongée, un angle avec l'un des côtés de l'angle donné, & ce nouvel angle s'appelle Angle exterieur, qui eſt toûjours égal aux deux oppoſés interieurs; c'eſt à dire, à l'angle du ſommet, & à l'autre angle de la baſe.

Car ayant prolongé *B C*, priſe pour baſe, juſqu'en *D*, il ſe forme l'angle *A C D*, lequel avec l'angle *A C B*, vaut deux angles droits, ſuivant les définitions de ce Livre. Or le même angle *A C B*, vaut deux angles droits avec l'angle du ſommet, & l'autre angle de la baſe. Donc l'angle du ſommet *A*, avec l'angle ſur la baſe en *B*, valent autant, pris enſemble que l'angle exterieur *A C D*.

SEPTIE'ME PROPOSITION.

Si une même ligne coupe pluſieurs paralleles, elle les coupe toutes avec la même obliquité.

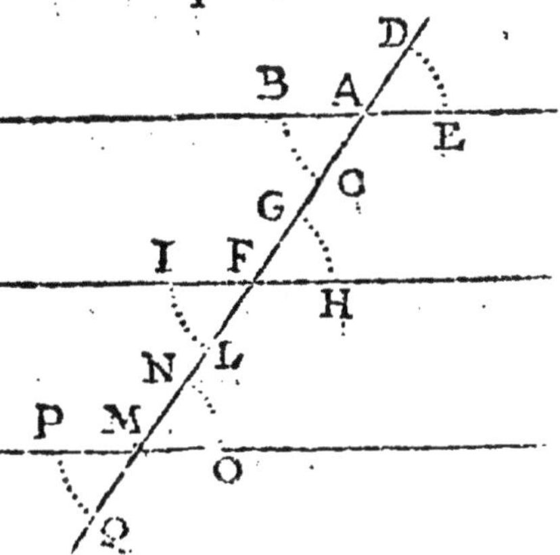

Car l'angle *D A E*, eſt égal à l'angle *B A C*, puiſqu'il lui eſt oppoſé au ſommet. L'angle *B A C*, eſt alterne de l'angle *G F H*, & par conſequent égal à ce dernier, qui eſt oppoſé au ſommet de l'angle *I F L*. L'angle *I F L*, eſt alterne de l'angle *N M O*, qui eſt oppoſé au ſommet de l'angle *P M Q*. S'il y avoit mille paralleles, on démontreroit la même choſe, & tous les angles aigus ſeroient égaux auſſi-bien que tous les obtus.

II. SECTION.

De la maniere de conſiderer les baſes comme cordes.

HUITIE'ME PROPOSITION.

Afin que les baſes puiſſent être conſiderées comme

cordes, on a déja remarqué qu'il faut que les deux côtés qui comprennent l'angle ſoient égaux, puiſqu'ils ſont raïons d'un même cercle. Cela poſé. Si un tel angle eſt comparé avec un autre angle Iſoſcele comme lui, on peut conſiderer trois égalités; l'égalité des côtés, l'égalité des angles, l'égalité des baſes. Deux de ces égalités données, donnent la troiſiéme.

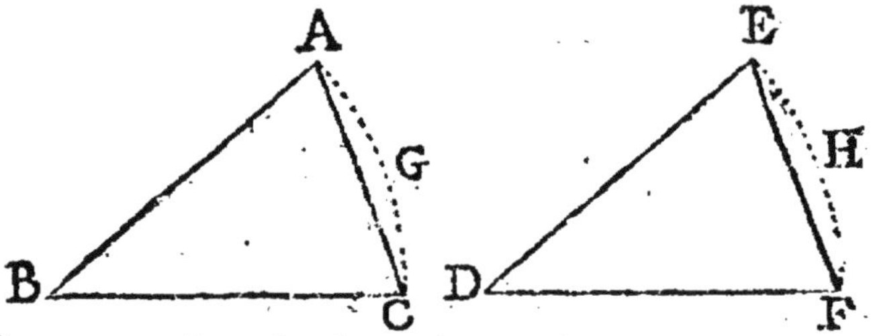

Premier Cas. Si le côté *A B* eſt égal au côté *D E*, & que la baſe *A C*, ſoit égale à la baſe *E F*, l'angle *A B C*, ſera égal à l'angle *E D F*.

Car puiſque les raïons ſont égaux aux raïons, le cercle eſt égal au cercle, & puiſque la corde eſt égale à la corde, elles ſoutiennent des arcs égaux; donc l'arc *AGC*, égal à l'arc *EHF*, donc l'angle *ABC*, égal à l'angle *E D F*.

Second Cas. Si le côté *A B*, eſt égal au côté *D E*, & que l'angle *A B C*, ſoit égal à l'angle *E D F*, la baſe *A C*, ſera égale à la baſe *E F*.

Car puiſque les raïons *A B*, *E D*, ſont égaux, le cercle eſt égal au cercle. Or les angles étant ſuppoſés égaux, l'arc *A G C*, doit être égal à l'arc *E H F*; donc la baſe ou corde *A C*, eſt égale à la baſe *E F*.

Troiſiéme Cas. Si l'angle *A B C*, eſt égal à l'angle *E D F*, & que la baſe *A C*, ſoit égale à la baſe *E F*, le côté *A B*, ſera égal au côté *E D*.

Car les angles étant égaux, l'arc *A G C*, eſt égal à l'arc *E H F*. Or la corde *A C*, étant ſuppoſée égale à la corde *E F*, il faut bien que le raïon *AB*, ſoit égal au raïon *E D*, autrement les cercles ſeroient inégaux ; & dans deux cercles inégaux, deux cordes égales ne ſoutiendroient pas des arcs égaux, ce qui eſt contre la ſuppoſition.

III. SECTION.

De la baſe conſiderée ſimplement comme baſe, c'eſt à dire, quand elle n'eſt ni corde ni ſinus de l'angle.

NEUVIE'ME PROPOSITION.

Si l'on ſuppoſe un angle, comme *A B C*, égal à un angle, comme *D F G*, le côté *A B*, égal au côté *F D*, le côté *B C*, égal au côté *F G*. La baſe *A C*, ſera égale à la baſe *D G*.

Il n'y a qu'à concevoir que l'une de ces figures ſoit poſée ſur l'autre, il faut bien par neceſſité que les trois points *A*, *B*, *C*, correſpondent aux trois points *D*, *F*, *G*, en ſorte que cela ne differe que de poſition, & que chacune des trois lignes correſponde à chacune des trois autres.

On prouve de même que ſi les côtés ſont égaux aux côtés chacun à chacun, & la baſe égale à la baſe, les angles ſont égaux.

CINQUIEME LIVRE.

De la maniere de meſurer les angles, dont le ſommet n'eſt point au centre du cercle.

JUSQU'A preſent nous avons conſideré les angles, comme ayant leur ſommet au centre d'un cercle, en ſorte que leur meſure eſt déterminée par l'arc de ce cercle compris entre les deux côtés de l'angle. Maintenant nous allons conſiderer les angles par rapport à un cercle, au centre duquel leur ſommet ne ſera pas.

DE'FINITIONS.

En ſuppoſant une corde, comme *C E*, il eſt viſible qu'elle coupe le cercle en deux portions inégales. La portion *CAE* ſe nomme le petit Segment, & la portion *C B E*, le grand Segment.

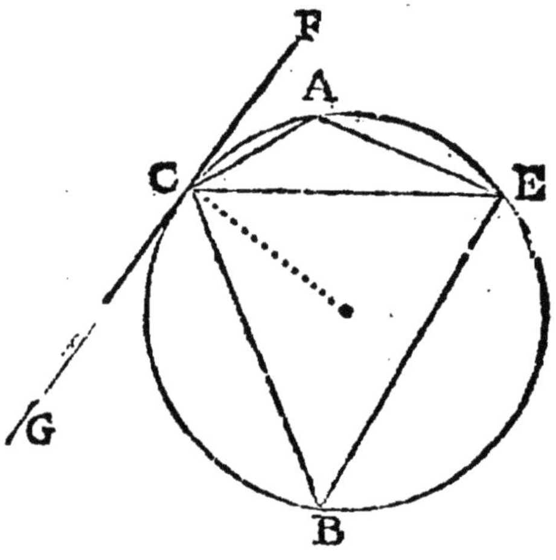

L'Angle *F C E*, que je ſuppoſe formé par la tangente *F G*, & par la corde *C E*, s'appelle l'angle du petit Segment.

L'Angle *G C E*, formé par la même corde & par la même tangente, s'appelle l'angle du grand Segment.

L'Angle *C A E*, qui a son sommet en un point de la circonference du petit Segment, comme *A* & qui a ses côtés terminés par la corde, s'appelle l'Angle dans le petit Segment.

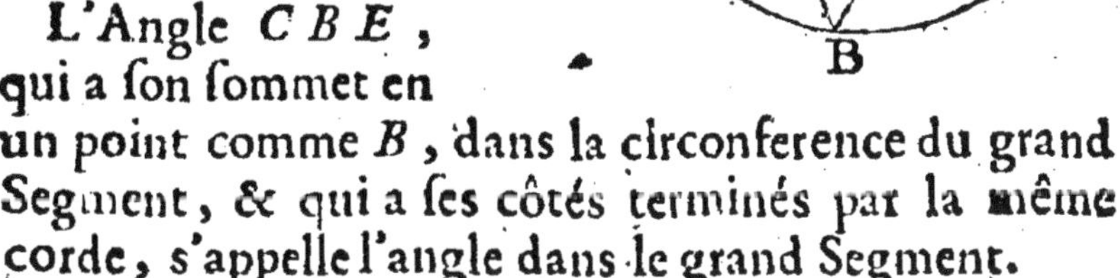

L'Angle *C B E*, qui a son sommet en un point comme *B*, dans la circonference du grand Segment, & qui a ses côtés terminés par la même corde, s'appelle l'angle dans le grand Segment.

Tout Angle soit dans le grand, soit dans le petit Segment, s'appelle du nom general Angle inscript.

PREMIERE PROPOSITION FONDAMENTALE.

De cette Mesure des Angles.

L'Angle du petit Segment a pour mesure la moitié de l'arc soûtenu par la corde.

Soit la corde *B F*, la tangente au point *B*, soit la ligne *D B C*. Il faut prouver que l'angle *C B F*, a pour mesure la moitié de l'arc *B A F*.

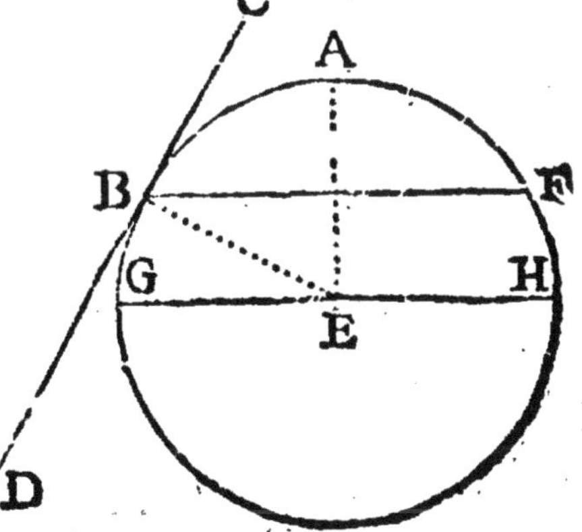

Du point de contingence *B*, soit mené le raïon *B E*, & par le point *E*, centre du cercle, soit mené le diametre *GH*, parallele à la corde que l'on coupera perpendiculairement & par la moitié, par la ligne *AE*; il s'ensuit que cette derniere ligne *AE*, passera par le centre, & qu'elle coupera l'arc *BAF*, en deux parties égales au point *A*.

Par la construction l'angle *CBE*, est droit, puisqu'il est formé par la tangente & un raïon. De même l'angle *AEG*, est droit, puisque le diametre étant parallele à la corde qui est coupée perpendiculairement par la ligne *AE*, est lui-même coupé perpendiculairement par cette ligne *AE*. Voila donc deux angles droits *CBE*, *AEG*. D'ailleurs l'angle *FBE*, est alterne de l'angle *BEG*, & par consequent lui est égal. Si donc l'on ôte les deux alternes, chacun de son angle droit, restera d'un côté l'angle du petit Segment *CBF*, égal à l'angle *BEA*. Or l'angle *BEA*, ayant son sommet en *E*, centre du cercle, a pour mesure l'arc *BA*, moitié de l'arc *BAF*. Donc l'angle du petit Segment son égal, à pour mesure la même moitié de l'arc *BAF*, soûtenu par la corde.

COROLLAIRE.

Si plusieurs cercles ayant un seul point commun, ont une tangente commune, & que du point de contingence, l'on meine une corde jusques à la circonference du plus grand cercle, cette corde coupera dans tous les cercles, des arcs tous de pareil nombre de degrés, au nombre de degrés de l'arc du plus grand cercle.

Car ces trois cercles, par exemple, ayant pour leurs centres les points *B*, *C*, *D*, & se touchant au

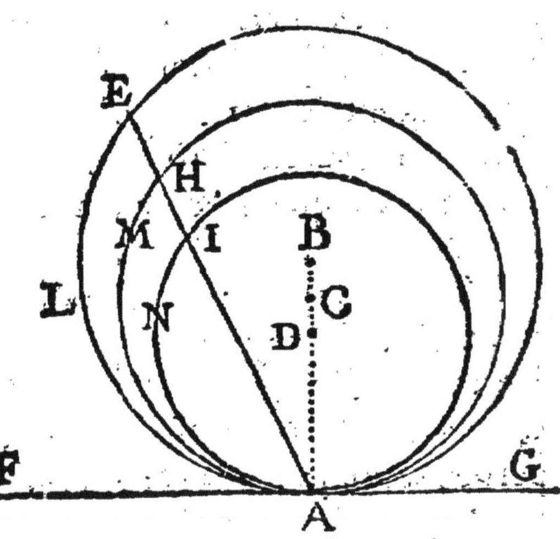

point *A* ; si par ce point *A*, l'on meine la tangente *F A G*, & que du point *A*, l'on meine la corde *A E*, cette corde soûtient dans le grand cercle, l'arc *E L A* ; dans le moïen, sa portion *H A*, soûtient l'arc *H M A* ; & dans le petit cercle sa portion *I A*, soûtient l'arc *I N A*. Or ces trois arcs sont necessairement égaux, puisque l'angle *E A F*, angle du petit Segment, n'est pas different de l'angle *H A F*, ni de l'angle *I A F*, & que par la precedente Proposition, il a pour mesure la moitié de celui de ces trois arcs que l'on voudra choisir.

SECONDE PROPOSITION.

L'Angle dans le Segment, ou Angle inscript, a pour mesure la moitié de l'arc sur lequel il est appuyé.

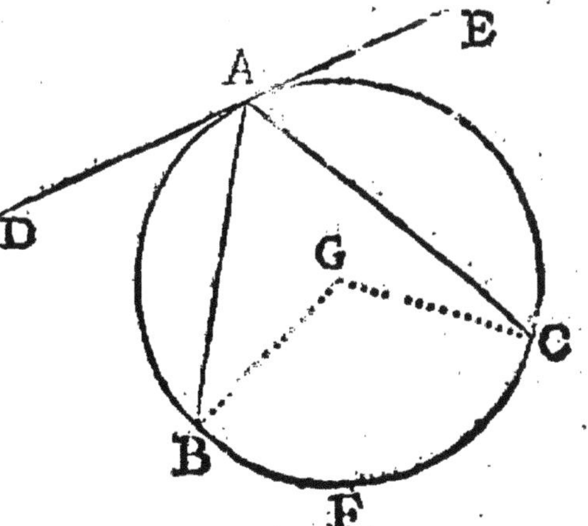

Il faut prouver que l'angle *B A C*, a pour mesure la moitié de l'arc *B F C*. Par le point *A*, soit menée la tangente *D A E*. Les trois Angles *D A B*, *B A C*, *C A E*, pris ensemble, valent deux angles droits, suivant les définitions du Livre precedent, c'est à dire, 180 degrés ou la demi circonference. Or l'angle *DAB*, par la précedente Proposition vaut la moitié de l'arc *AB*, l'angle *EAC*, vaut la moitié de l'arc *AC*, reste donc pour la valeur de l'angle *BAC*, la moitié de l'arc *BFC*.

COROLLAIRE.

Si l'on prend le point *A*, pour centre d'un cercle, l'arc de ce cercle compris par les côtés de l'angle *BAC*, sera la moitié de l'arc *BFC*; parce que l'arc de ce nouveau cercle, sera la mesure de l'angle, & que l'autre arc sur lequel cet angle est appuyé, est le double de sa mesure.

II. COROLLAIRE.

Si du centre du cercle *G*, l'on meine deux lignes au point *B*, *C*, l'angle *BGC*, sera double de l'angle inscript *BAC*. C'est ce qui s'exprime souvent ainsi : L'angle au centre est double de l'angle en la circonference, quand ils sont appuyés sur le même arc. Car l'angle *BGC*, a pour mesure tout l'arc *BFC*, & l'angle *BAC*, n'en a que la moitié.

III. COROLLAIRE.

L'angle du petit Segment est égal à l'angle dans le grand Segment.

Car l'angle du petit Segment *CAD*, a pour mesure la moitié de l'arc *AHD*, par la 1. Proposition de ce Livre, & cette même moitié est la mesure de l'angle inscript *AED*, par la précedente.

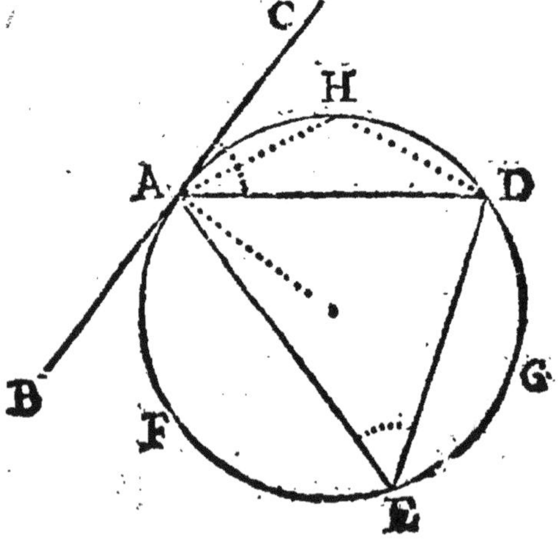

IV. COROLLAIRE.

Tous les angles dans un même Segment sont égaux entr'eux, car ils ont tous la même mesure, qui est la moitié de l'arc sur lequel ils sont appuyés.

V. COROLLAIRE.

L'angle du petit Segment *CAD*, & l'angle dans le petit Segment *AHD*, valent ensemble deux angles droits. Car l'un a pour mesure la moitié de l'arc *AHD*, & l'autre la moitié de l'arc *AFEGD*, c'est à dire la demi circonference.

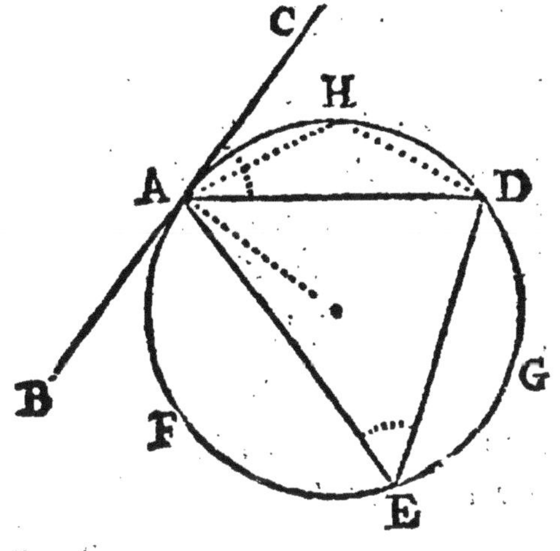

TROISIE'ME PROPOSITION.

L'angle formé par une corde, & par la partie d'une autre corde prolongée hors du cercle, a pour mesure la moitié des deux arcs soûtenus par les deux cordes.

Il faut prouver que l'angle *BAF*, a pour mesure la moitié de l'arc *EGA*, plus la moitié de l'arc *AHF*. Soit par le point *A*, tirée la tangente *DAC*, l'angle *BAF*, est égal aux deux angles *BAC*, *CAF*. Or l'angle *BAC*, est égal

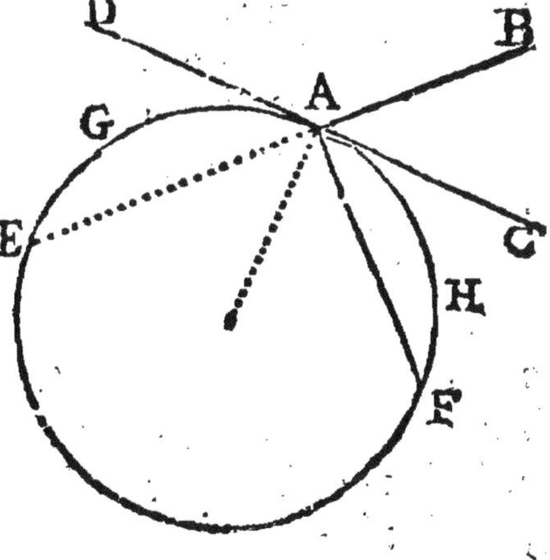

à l'angle *D A E*, parce qu'il lui eſt oppoſé au ſommet ; & les deux angles *D A E*, *C A F*, étant angles de petit Segment, ont chacun pour meſure la moitié de leurs arcs. Donc l'angle total *B A F*, a pour meſure la moitié des deux mêmes arcs *E G A*, *A H F*.

QUATRIE'ME PROPOSITION.

Tout angle dont le ſommet eſt entre le centre, & la circonference, a pour meſure la moitié de l'arc ſur lequel il eſt appuyé, plus la moitié de celuy qui eſt compris entre ſes côtés prolongés.

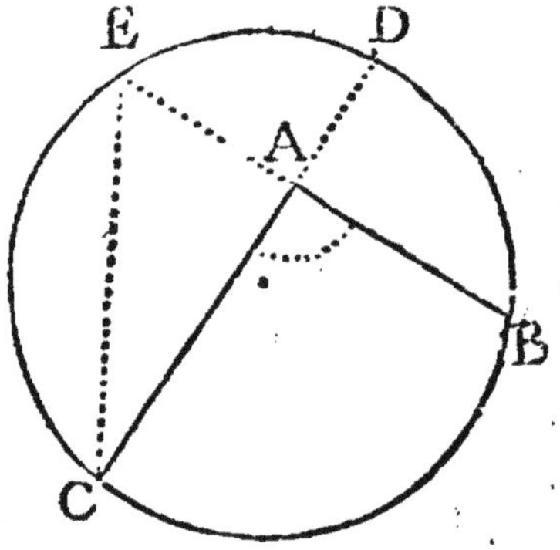

Il faut démontrer que l'angle *B A C*, a pour meſure la moitié de l'arc *B C*, plus la moitié de l'arc *D E*, ſoit tirée la ligne *E C*.

E D A B C

L'angle *A C E*, a pour meſure la moitié de l'arc *E D*, par la ſeconde Propoſition de ce Livre. L'angle *B E C*, a pour meſure la moitié de l'arc *B C*, par la même raiſon. Or l'angle *B A C*, eſt exterieur à l'égard de ces deux angles inſcripts ; donc il eſt égal à tous les deux, par la ſixiéme Propoſition du quatriéme Livre ; donc il a pour meſure la moitié de l'arc *B C*, plus la moitié de l'arc *D E*.

CINQUIE'ME PROPOSITION.

L'angle qui a ſon ſommet hors du cercle, a pour meſure la moitié de l'arc concave, moins la moitié de l'arc convexe ſur lequel il eſt appuyé.

Il faut démontrer que l'angle *B A C*, a pour mesure la moitié de l'arc *B C*, moins la moitié de l'arc *E D*; soit tirée la ligne *B D*.

L'angle *B D C*, angle exterieur est égal aux deux angles *A B D*, *D A B*. Or l'angle *A B D*, a pour mesure la moitié de l'arc *E D*, par la seconde Proposition de ce Livre. Donc pour avoir la mesure de l'autre angle, c'est à dire, de l'angle *B A D*, ou *B A C*, il faut ôter la moitié de l'arc *E D*, de la moitié de l'arc *B C*, qui est la mesure de l'angle exterieur *B D C*.

SIXIÉME PROPOSITION.

Si l'on prolonge le diametre d'un cercle, & que sur ce diametre prolongé, l'on meine plusieurs perpendiculaires, une ligne oblique menée de l'extremité du diametre, opposée au côté prolongé, & coupant ces perpendiculaires, formera avec chacune d'elles, un angle qui aura pour mesure la moitié de l'arc soutenu par l'oblique.

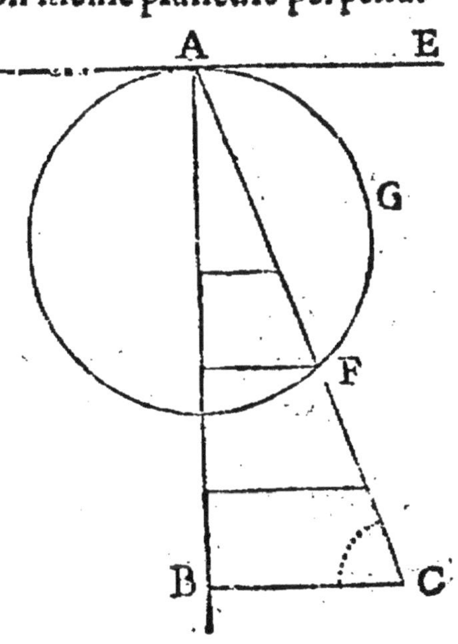

Il n'y a qu'à prouver que l'angle *ACB*, a pour mesure la moitié de l'arc *A G F*. Car tous les autres formés par les autres perpendiculaires & l'oblique lui sont égaux. Soit menée la tangente *D A E* ; les lignes *D A E*, *B C*, sont paralleles par construction ; donc l'angle *A C B*, est alterne de l'angle *C A E*, ou *F A E*. Or l'angle *F A E*, est un angle du petit Segment, qui a pour mesure la moitié de l'arc *A G F* ; donc son égal ou alterne *A C B*, a la même mesure.

SEPTIE'ME PROPOSITION.

L'Angle formé par deux tangentes, se nomme l'Angle circonscript au cercle, & a pour mesure la demi circonference, moins l'arc compris entre les deux tangentes.

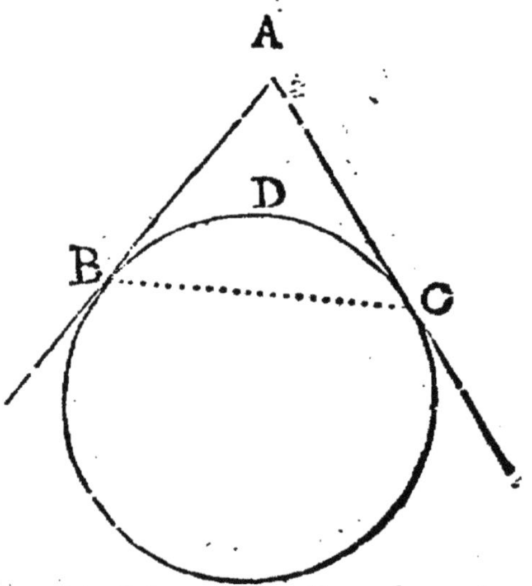

Il faut prouver que l'angle *B A C*, a pour mesure la demi circonference, moins l'arc entier *B D C*.

Les trois angles *B A C*, *C B A*, *B C A*, pris ensemble, valent deux angles droits ou la demi circonference; par la 5. Proposition du IV. Livre. Or l'angle qui a son sommet en *B*, est un angle du petit Segment, aussi-bien que l'angle qui a son sommet en *C* : ils ont chacun pour mesure la moitié de l'arc *B D C* ; ils l'ont donc tout entier à eux deux pour leur mesure ; reste donc pour le troisiéme angle, qui est l'angle circonscript, le nombre de degrés, qui avec l'arc *B D C*, acheve la demi circonference ; donc si l'on ôte l'arc *B D C*, de la demi circonference, le reste sera la mesure de l'angle circonscript *B A C*.

SIXIEME LIVRE.

Des Proportions.

NOus n'avons pû jusqu'à present parler des Proportions, parce qu'elles supposent la connoissance des Lignes Droites, Perpendiculaires, Obliques, Paralleles, & celle des Angles.

DE'FINITIONS.

Quand on compare deux grandeurs d'un même genre comme deux nombres, deux lignes, deux surfaces, deux corps ; le rapport de l'une de ces grandeurs à l'autre s'appelle raison. Par exemple, le rapport de 2 à 4, ou de 8 à 11, est une raison. Le premier terme de la raison se nomme l'Antecedent ; le second se nomme le Consequent. Ainsi dans la raison de 8 à 11, 8 est l'Antecedent, & 11 le Consequent.

Cette comparaison se peut faire en deux manieres. Par exemple, étant donnés les nombres 9, 3.

Si je considere combien de fois l'un est contenu dans l'autre, cela se nomme rapport geometrique.

Si je considere seulement l'excés de l'un sur l'autre, alors on nomme ce rapport, rapport arithmetique.

Mais il faut sçavoir que lorsqu'on parle en Geometrie d'une raison, sans ajouter de quelle nature elle est, c'est toujours de la raison geometrique qu'on veut parler.

Il faut ici rappeller quelques axiomes que nous avons posés en commençant.

Un tout se peut diviser en plusieurs parties égales ou inégales.

Un tout est égal à toutes ses parties prises ensemble.

Si une partie prise un certain nombre de fois est égale au tout, elle se nomme partie Aliquotte. Ainsi 2 est partie aliquotte de 30, parce que 2 est une partie, qui prise quinze fois est égale à son tout qui est 30.

5. est une partie Aliquotte de 30, parce que prise six fois, elle est égale a son tout; mais 7, qui pris un certain nombre de fois, est toûjours moindre ou plus grand que le tout 30, s'appelle partie Aliquante de 30.

En un mot, partie Aliquotte est celle qui mesure exactement son tout.

Partie Aliquante est celle qui ne le mesure point exactement.

Aliquottes pareilles de deux grandeurs, sont celles dont chacune est autant de fois contenuë dans son tout, que l'autre l'est dans le sien. Ainsi 2 & 4 sont Aliquottes pareilles de 6 & de 12; parce que comme 2 est contenu trois fois dans le tout 6, de même 4 est contenu trois fois dans le tout 12.

Il est donc clair que ce qu'on appelle Raison, est la maniere dont l'Antecedent est contenu ou contient le consequent. Par exemple, la Raison de 2 à 4 n'est autre chose, que la maniere dont 2 est contenu dans 4, c'est à dire deux fois; de même la raison de 12 à 4, n'est autre chose que la maniere dont 12 contient 4, c'est à dire trois fois.

Il est évident que l'Antecedent est quelquefois partie Aliquante de son Consequent, comme dans la Raison de 8 à 11, mais cela n'empêche pas qu'on ne puisse remarquer la maniere dont 8 est contenu dans 11; c'est à dire remarquer qu'il y est contenu une fois, avec un reste qui est 3, & cette consideration nous apprend qu'elle est la Raison de 8 à 11.

Il suit encore de ce que nous venons d'expliquer, que si l'on multiplie l'Antecedent & le Consequent d'une même Raison par une même grandeur, la Raison demeure toûjours la même. Par exemple, étant donnée la Raison de 3 à 6; si l'on multiplie 3 & 6 par un nombre quelconque, comme 4, il viendra 12 & 24, qui est une Raison pareille à celle de 3 à 6.

Tous les nombres ont une commune mesure qui est l'unité; ou si l'on veut, l'unité est partie Aliquotte de tout nombre. Le rapport qui est entre deux nombres, s'appelle Raison de nombre à nombre.

Il y a des lignes qui ont entre elles le même rapport que de certains nombres; par exemple, si l'on suppose qu'une ligne soit le tiers d'une autre. La plus petite sera à l'égard de la plus grande, comme 1 est à 3; & pour lors, on dira que ces deux lignes sont commensurables, c'est à dire qu'elles ont une commune mesure, ou bien qu'elles sont entre elles comme nombre à nombre.

Mais on verra dans la suite, que quoique deux certaines lignes ayent chacune une infinité d'Aliquottes, jamais telle Aliquotte de l'une que l'on voudra choisir, ne pourra être l'Aliquotte de l'autre, & pour lors ces deux lignes se nomment incommensurables. L'on dit que leur Raison est sourde, ou irrationnelle, ou que ce n'est pas une Raison de nombre à nombre; parce qu'en effet, il est impossible de trouver deux nombres, qui ayent entre eux même rapport que celuy de ces deux lignes.

Non seulement l'on peut comparer deux grandeurs entre elles; l'on peut comparer deux Raisons: & lorsque les Raisons que l'on compare sont égales entre elles, cela s'appelle Proportion. Par exemple, si l'on compare la Raison de 2 à 4, avec la Raison de 6 à 12, on voit clairement que ces deux Raisons sont égales; car de même que 2 est la moitié de 4, ainsi 6 est la moitié de 12, & cela se marque ainsi, 2, 4 :: 6, 12. C'est à dire deux est à quatre, comme six est à douze.

En cet exemple, 2 s'appelle Antecedent de la premiere Raison; 4 s'appelle Consequent de la premiere Raison. 6 est l'Antecedent de la seconde Raison; 12 est le Consequent de la seconde Raison. 2 & 12 s'appellent les Extrêmes de la Proportion; 4 & 6 s'appellent les Moyens; mais il faut remarquer qu'un même terme peut être le Consequent de la premiere Raison, & l'Antecedent de la seconde; & pour lors il s'appelle, Moyen Proportionnel, comme en l'exemple qui suit. 2 est à 4, comme 4 est à 8; cela se marque ainsi 2, 4, 8 ÷ pour abreger.

Que si l'on comparoit deux Raisons arithmetiques, comme par exemple la Raison de 2 à 5, avec la Raison de 8 à 11, alors parce que le nombre 5 surpasse le nombre 2 par trois unités, comme le nombre 11 surpasse le nombre 8, ces deux Raisons arithmetiques seroient dites égales; & ces deux Raisons égales feroient une Proportion Arithmetique. Mais tout ce qui suit regarde la Proportion Geometrique.

Comme la définition de la Proportion est importante, il faut se la rendre familiere par une autre expression. L'on connoît qu'il y a Proportion entre quatre termes, quand les Aliquottes pareilles des Antecedens sont contenuës autant de fois dans leurs Consequents; soient les quatre termes 9, 27 :: 18, 54.

3 6

3 est le tiers de l'Antecedent 9, comme 6 est le tiers de l'Antecedent 18. Ainsi 3 & 6 sont Aliquottes pareilles des deux Antecedens. Si donc 3 est au-

tant de fois contenu dans le Consequent 27, que 6 dans le Consequent 54; il y aura Proportion entre ces quatre termes. Or 3 est neuf fois dans 27, comme 6 est neuf fois dans 54. Ainsi les quatre termes sont Proportionels.

Que si les Aliquottes pareilles des Antecedens ne mesurent pas exactement leurs Consequens, c'est à dire, si elles y sont contenuës un certain nombre de fois avec un reste, pour qu'il y ait Proportion, il faut que les deux restes soient entre eux, comme les Aliquottes pareilles. Par exemple, soit la Proportion 9, 20 :: 27, 60.

Soit 3 l'Aliquotte de l'Antecedent 9; soit 9 l'Aliquotte de l'Antecedent 27. Elles sont Aliquottes pareilles, parce que 3 est le tiers de l'Antecedent 9, comme 9 est le tiers de l'Antecedent 27. Mais 3 ne mesure point exactement le Consequent 20, car il y est contenu six fois avec le reste 2. Afin donc qu'il y ait Proportion, il faut que 9 soit contenu six fois dans le Consequent 60 avec un reste qui soit 6. Or il est visible que 2, premier reste du Consequent 20, est à 6, reste du Consequent 60, comme 3 est à 9, c'est à dire, comme les Aliquottes pareilles des Antecedens; & par consequent la Proportion subsiste entre les quatre termes 9, 20 :: 27, 60.

Si au lieu de prendre pour les Aliquottes pareilles des Antecedens, les deux nombres 3, 9, l'on prend 1, 3; il arrivera la même chose: car 1 est contenu neuf fois dans l'Antecedeut 9; 3 est contenu neuf fois dans l'Antecedent 27, donc 1, 3 sont Aliquottes pareilles des Antecedens. Or 1 est contenu vingt fois dans 20, Consequent de la premiere Raison, & 3 est contenu vingt fois dans 60, Consequent de la seconde Raison; donc les quatre termes sont proportionnels.

Mais il faut un peu s'accoûtumer à considerer la Proportion par les Aliquottes pareilles, qui laissent des restes dans les Consequents ; parce qu'autrement on ne pourroit se former une idée bien distincte de la Proportion qui se trouve entre quatre grandeurs incommensurables.

Car si deux lignes sont incommensurables entre elles, jamais l'Aliquotte de l'une ne pourra être Aliquotte de l'autre. Il ne laisse pas d'y avoir entre ces deux lignes un certain rapport ; & si deux autres lignes ont entre elles le même rapport, il y aura Proportion, parce que les Aliquottes pareilles des Antecedens, seront également contenuës dans les Consequents, avec un reste de part & d'autre, & que ces restes seront entre eux comme les Aliquottes pareilles des Antecedens.

En un mot, Proportion est la comparaison de deux Raisons égales, soit que ces Raisons soient de nombre à nombre, soit qu'elles soient sourdes.

La plus importante proprieté de cette Proportion, qu'on appelle par excellence Proportion Geometrique, c'est que le produit des Extrêmes est toûjours égal au produit des Moyens ; & pour le démontrer d'une maniere universelle, je suppose

1°. Que toute grandeur se puisse exprimer ou designer par une lettre ainsi $A, B :: C, D$, veut dire, la grandeur que j'appelle A, est à celle que j'appelle B ; comme la grandeur que j'appelle C, est à celle que j'appelle D, soit que ces grandeurs soient des nombres, ou que ce soient des lignes.

Ce signe $+$ veut dire *plus*.

Ce signe $-$ signifie *moins*.

Deux caracteres placés sans virgule l'un auprés de l'autre, comme AB, signifient la grandeur A, multipliée par la grandeur B, ou le produit d'A par B.

AB == *CD*, signifie, le produit d'*A*, par *B*, est *égal* au produit de *C*, par *D*.

Cela supposé. Soit une Proportion Geometrique *A*, *B* :: *C*, *D*. Il faut démontrer que le produit des Extrêmes *AD*, est égal au produit des Moyens *BC*, c'est à dire, *AD* == *BC*.

Souvenons nous d'abord que deux grandeurs sont égales, quand elles sont en même Raison avec une même grandeur. Par exemple, si une ligne quelconque est le tiers ou le quart d'une ligne que j'appellerai *Z*, toute autre ligne qui sera le tiers ou le quart de *Z*, sera égale à la premiere.

Il faut se souvenir en second lieu, que deux Raisons égales à une même Raison sont égales entre elles. Cela est évident par soi-même.

De plus il est évident que *AD*, *BD* :: *A*, *B*. C'est à dire, que le produit de *A*, par *D*, est au produit de *B*, par *D*, comme *A*, est à *B*. Parce que la premiere de ces deux raisons *AD*, *BD*, n'est autre chose que la Raison *A*, *B*, multipliée par une même grandeur, qui est *D*. Nous l'avons expliqué cy-dessus en nombres.

Suivant le même raisonnement, *CB*, *BD* :: *C*, *D*, parce que la raison de *CB*, à *BD*, n'est autre chose que la Raison de *C*, à *D*, multipliée par la même grandeur, qui est *B*.

Il est donc démontré que *AD*, *BD* :: *A*, *B*.

Il est encore démontré que *CB*, *BD* :: *C*, *D*.

Voilà donc quatre Raisons, qui sont necessairement égales ; car la premiere vient d'être démontrée égale à la seconde, & la troisiéme égale a la quatriéme ; or par la supposition, la seconde & la quatriéme sont égales, puisqu'elles constituent la Proportion *A*, *B* :: *C*, *D*. Donc la premiere Raison, *AD*, *BD*, est aussi égale à la troisiéme Raison, *CB*, *BD*,

& ces deux Raisons font une nouvelle Proportion *AD, BD :: CB, BD.*

Dans cette derniere Proportion, les deux Consequents sont égaux, ou si vous voulés sont la même grandeur *BD*; donc les deux Antecedens *AD, CB*, qui ont le même rapport avec cette même grandeur *BD*, sont necessairement égaux; c'est à dire, *AD* = *BC*, ou *CB*, ce qui signifie *A*, multiplié par *D*, est égal à *B*, multiplié par *C*, ou *C*, multiplié par *B*, ce qui est la même chose; donc le produit des Extrêmes d'une Proportion est toûjours égal au produit des Moyens.

AVERTISSEMENT.

Pour encourager ceux qui commencent, & leur faire connoître, par un exemple illustre, de quoy un bon esprit est capable, quand il veut se rendre attentif, l'on croit devoir rapporter ici une merveille, dont M. de Malezieu est témoin. Madame la Duchesse du Maine, n'ayant pas encore seize ans accomplis, avoit déja un goust surprenant pour les Sciences & les Belles Lettres. Elle se faisoit entretenir tous les jours pendant deux heures par M. de Malezieu, & l'engageoit même à aller de deux jours l'un, la trouver à Marly, quand la Cour y étoit. Dans ces premiers commencemens, & pendant l'un de ces voyages, elle voulut apprendre l'Arithmetique. La Regle de trois la frappa elle en demanda le fondement. Cela engagea M. de Malezieu à lui dire que c'étoit une suite de la proprieté de ce qu'on appelle Proportion Geometrique, dont il lui donna simplement un exemple sur les quatre nombres suivans, 3, 4 :: 6, 8, *en lui ajoûtant que lorsque quatre nombres quelconques avoient entre eux ce rapport, le produit des Extrêmes étoit toûjours égal au produit des Moyens. Cette explication redoubla la curiosité de la*

Princesse. Elle demanda la raison de cette proprieté : M. de Malezieu luy répondit qu'il n'y falloit pas songer, & que cette démonstration étoit la suite de plusieurs principes dont elle n'avoit jamais oüy parler, & qui viendroient à leur tour. Mais il fut bien surpris de recevoir le lendemain matin un Billet de Madame la Duchesse du Maine, qui l'exhortoit à venir sur le champ, pour examiner avec elle, si dés reflexions qu'elle avoit faites pendant la nuit sur cette merveilleuse proprieté, pouvoient être de quelque usage. Il partit aussi-tôt, & fut bien payé de son voyage, par le plaisir qu'il eut de voir que cette jeune Princesse avoit parfaitement demêlé tout le fond de la démonstration, & l'avoit mis dans une évidence plus parfaite que tout ce qu'il avoit jamais vû sur cette matiere. Voici precisément ce qu'elle dit à M. de Malezieu.

Je considere les quatre nombres 2, 4. 3. 6, qui sont en Proportion, parce que le premier est la moitié du second, comme le troisiéme est la moitié du quatriéme; & je veux trouver pourquoy le produit de 2 par 6, est égal au produit de 4 par 3.

Pour cela, je vois d'abord que si je multiplie 2 par 6, ce produit, qui est le produit des Extrêmes, doit être double du produit de 2 par 3, parce que 6 est double de 3.

Mais si au lieu de prendre ce produit de 2 par 3, ou 3 par 2, qui n'est que la moitié du produit des Extrêmes, je m'avise de prendre le produit de 3 par 4; il faudra bien que ce produit de 3 par 4, soit double du produit de 3 par 2, puisque 4 est le double de 2, de même que 6 est le double de 3; donc le produit de 3 par 4, étant double du produit de 3 par 2, qui n'est que la moitié du produit des Extrêmes, ce produit de 3 par 4, sera necessairement égal au produit des Extrêmes, c'est à dire que le produit des Extrêmes sera égal au produit des Moyens.

Pour faire voir que cette admirable démonstration trouvée par Madame la Duchesse du Maine, ne laisse rien à desirer, & qu'elle revient à la démonstration generale que nous avons donnée par lettres, il n'y a qu'à nommer les quatre nombres qu'elle avoit choisis & suivre la démonstration.

A B C D
2, 4 :: 3, 6

2 multiplié par 6, est à 2 multiplié par 3, comme 6 est à 3, ou *AD*, *AC* :: *D*, *C*.

3 multiplié par 4, est à 3 multiplié par 2, comme 4 est à 2, ou *CB*, *CA* :: *B*, *A*.

Or par la supposition, 4 est a 2, comme 6 est à 3, ou *B*, *A* :: *D*, *C*.

Donc 2 multiplié par 6, est à 2 multiplié par 3, comme 3 multiplié par 4, à 2 multiplié par 3, ou *AD*, *AC*, ou *CA* :: *CB*, *CA*.

Donc 2 multiplié par 6, égal à 3, multiplié par 4, ou *AD* = *CB*.

Il suit de cette Proposition, que si quatre termes quelconques sont tels, que le produit des Extrêmes soit égal au produit des Moyens, ces quatre termes seront proportionels; puisque ces deux produits, comme *AD*, *BC*, auront necessairement même rapport à une grandeur qui sera *BD*, & en remontant par degrés, la démonstration prêcedente, on trouvera que *A*, *B* :: *C*, *D*.

Cela étant, quand une proportion me sera donnée, je puis y faire tels changemens qu'il me plaira sans la détruire, toutes les fois que je conserverai l'égalité du produit des Moyens & des Extrêmes.

Ainsi, si *A*, *B* :: *C*, *D*, il s'ensuivra que *A*, *C* :: *B*, *D*, parce que les deux produits demeurent necessairement les mêmes. Il a plû aux Geometres d'appeller ce changement : *Alternondo*.

Maintenant si l'on ajoûte le Consequent de la premiere Raison à son Antecedent, pour comparer cette somme au Consequent, & qu'on fasse la même chose à l'égard de la seconde Raison. C'est à dire, si ayant *A*, *B* :: *C*, *D*, l'on dit *A* + *B*, *B* :: *C* + *D*, *D*, il est aisé de voir que le produit des Extrêmes sera égal au produit des Moyens ; car le produit des Extrêmes est *A D* + *B D* ; le produit des Moyens est *C B* + *B D*. Or il est visible que *AD* + *B D* = *C B* + *B D*, puisque *A D*, est égal à *B C*, à cause de la premiere Proportion. Cela s'appelle *Componendo*. En nombres, si 2, 4 :: 3, 6, je dis que 2 + 4, 4 :: 3 + 6, 6. C'est à dire, 6 est à 4, comme 9 est à 6.

Que si au lieu d'ajoûter les Consequents à leurs Antecedens, pour en faire la comparaison avec les Consequents, on les ôte des Antecedens, c'est à dire, si ayant *A*, *B* :: *C*, *D*, l'on dit *A* — *B*, *B* :: *C* — *D*, *D*. L'on prouvera par le même raisonnement, que le produit des extrêmes sera égal au produit des Moyens, & qu'ainsi la Proportion ne sera point blessée. Cela s'appelle *Dividendo*. En nombres, si 9, 4 :: 27, 12, je dis que 9 — 4, 4 :: 27 — 12, 12. C'est à dire, 5 est à 4, comme 15 est à 12.

Voilà les changemens essentiels & les plus ordinaires qu'on fait dans la Proportion, car à proprement parler, ce n'est point en faire un, lorsqu'ayant la Proportion 2, 4 :: 3, 6, l'on dit 6, 3 :: 4, 2, puisqu'on ne fait, que prendre les termes à rebours, qu'ils gardent le même ordre entre eux ; & qu'ainsi il n'y peut avoir aucun changement, cela s'appelle pourtant *Invertendo*.

De même, si l'on dit 3, 6 :: 2, 4, ce n'est pas un vrai changement, puisqu'on fait simplement changer de place .. ..eux Raisons égales pour les comparer. Cela s'appelle *Permutando*.

Il faut parler maintenant des Raisons composées.

Lors qu'ayant deux Raisons, comme *A*, *B*, l'une, & *C*, *D*, l'autre ; l'on multiplie les deux Antecedens l'un par l'autre, & les deux Consequents aussi l'un par l'autre ; ces deux produits font une nouvelle Raison, comme *A C*, *B D* ; c'est à dire, la grandeur *A*, multipliée par *C*, comparée avec la grandeur *B*, multipliée par *D*. Cette nouvelle Raison est dite composée de la Raison de *A*, à *B*, & de la Raison de *C*, à *D*. Exemple en nombres.

Premiere Raison, 2, 4.
Seconde Raison, 9, 15.

2, multiplié par 9, donne 18 ; 4, multiplié par 15, donne 60. La Raison de 18 à 60, est dite, Raison composée de la Raison de 2 à 4, & de la Raison de 9 à 15.

Si les deux Raisons composantes sont égales, c'est à dire, si elles constituent une Proportion ; la Raison composée est dite, Raison doublée de la premiere Raison. Par exemple, 2, 4 :: 6, 12. Je multiplie les deux Antecedens, vient 12, & les deux Consequents, vient 48 ; la Raison de 12 à 48, qui est la Raison composée de ces deux Raisons égales, est dite, Raison doublée de la Raison de 2 à 4, ou de la Raison de 6 à 12, qui est son égale.

Il ne faut pas confondre la Raison double avec la Raison doublée : car par exemple, on dit que 4 est en Raison double de 2 ; c'est à dire, que 4 est double de 2, mais n'est pas en Raison doublée. On doit s'imprimer fortement toutes ces définitions dans l'esprit.

Il faut sur tout bien remarquer qu'une même Raiſon peut être exprimée d'une infinité de manieres. Par exemple,

	A,	*B*.
	A D,	*B D*.
	A D C,	*B D C*.

C'eſt toûjours la même Raiſon *A*, *B*, puiſque la Raiſon du produit *A D*, au produit *B D*, n'eſt autre choſe que la Raiſon *A*, *B*, multipliée par la même grandeur *D*; & de même la Raiſon *A D C*, *BDC*, n'eſt autre choſe que la Raiſon *A*, *B*, multipliée par le même produit ou même grandeur *DC*; en nombres.

	1,	2.
	2,	4.
	8,	16.
	32,	64.
	100,	200.

C'eſt toûjours la même Raiſon, étant viſible que l'Autecedent eſt toûjours la moitié du Conſequent dans ce dernier exemple; ou ſi vous voulés, la ſeconde Raiſon 2, 4, n'eſt autre choſe que la premiere Raiſon 1, 2, multipliée par une même grandeur, qui eſt 2, & de même la derniere Raiſon 100, 200, n'eſt autre choſe que la premiere Raiſon 1, 2, multipliée par une même grandeur, qui eſt 100.

Les plus petits termes qui expriment une Raiſon, ou ſi vous voulés les plus ſimples termes d'une Raiſon, s'appellent les Expoſans de la Raiſon. Par exemple, dans la Raiſon cy-deſſus exprimée en lettres, *A*, *B*, en ſont les Expoſans, & dans l'exemple en nombre 1, 2, en ſont les Expoſans, & le ſeront toûjours, par quelque nombre que l'on puiſſe multiplier 1, 2, car la Raiſon de 10000, 20000, aura toûjours 1, 2, pour Expoſans, & ſera toûjours la Raiſon de 1 à 2.

On tire de là une conſequence fort importante pour la ſuite; ſçavoir, que la Raiſon doublée d'une Raiſon

ſon de nombre à nombre, a neceſſairement pour Expoſans des nombres quarrés.

Car ayant une Raiſon de nombre à nombre, comme 3, 6, ſi j'en veux avoir la Raiſon doublée, il faut que je mette à côté de celle-là, une raiſon qui lui ſoit égale. Par exemple, 3, 6 :: 4, 8.

Puis multipliant les deux Antecedens l'un par l'autre, & les deux Conſequents pareillement, pour avoir la Raiſon doublée, il viendra la Raiſon 12, 48.

Reduiſant cette Raiſon 12, 48, aux moindres termes, qui ſont 1, 4, & qui en ſont par conſequent les Expoſans, on voit que ce ſont deux nombres quarrés, & cela ne peut jamais manquer d'arriver, dont voici la Raiſon.

Je diſpoſe les deux Raiſons égales en Proportion, 3, 6 :: 4, 8.

Je les reduits aux plus ſimples termes, 1, 2 :: 1, 2.

En cette derniere Proportion, il eſt évident que les deux Antecedens ſont le même nombre, & les deux Conſequents auſſi le même nombre. Si donc je multiplie les deux Antecedens l'un par l'autre, & les deux Conſequens l'un par l'autre, pour avoir la Raiſon doublée, j'auray neceſſairement deux nombres quarrés, puiſque chacun de ces nombres, ſera le produit d'un nombre multiplié par ſoi-même.

De cette conſequence j'en tire une autre, qui eſt le fondement des incommenſurables, comme nous le verrons dans la ſuite; ſçavoir, que

Si l'on me donne une raiſon doublée, qui n'ait pas pour Expoſans des nombres quarrés, la Raiſon dont elle eſt doublée n'eſt pas Raiſon de nombre à nombre.

Ayant que de quitter ces reflexions generales ſur les Proportions, il eſt bon de conſiderer que ce que nous avons dit cy-dessus de l'égalité du produit des Extrêmes, & de celui des Moyens, est le fondement de ce que les Arithmeticiens appellent la Regle de trois. Car dans cette Regle, il ne s'agit que de trouver le quatriéme Proportionnel à trois nombres donnés. Par exemple, j'ay 2, 4 :: 6,

Je veux trouver un quatriéme nombre qui finisse la Proportion; c'est à dire, auquel 6, soit en même Raison que 2 est à 4; il est bien certain que ce quatriéme nombre, quel qu'il puisse être, étant multiplié par le premier, me donnera un produit égal au produit de 4 par 6, puisque le premier nombre & lui inconnu, sont les Extrêmes d'une Proportion, dont 4 & 6, sont les Moyens; ainsi multipliant 4 par 6, il me viendra 24, & je suis seur que 24, est aussi le produit de mon nombre inconnu par 2; donc si je divise 24 par 2, il me viendra necessairement le nombre inconnu 12 que je cherchois.

2, 4 :: 6, 12.

Au reste, il ne faut pas laisser ignorer la proprieté de la Proportion Arithmetique dont on peut avoir quelque fois à faire. 4, est à 7, comme 9 est à 12; c'est-à-dire, 4 est surpassé de trois unités par 7, comme 9 est surpassé de trois unités par 12.

En toute Proportion Arithmetique la somme des Extrêmes est égale à la somme des Moyens, comme ici 4 + 12 est égal à 7 + 9.

Pour le démontrer d'une maniere generale A est à $A + x$, comme B est à $B + x$. x exprime l'excés du Consequent sur l'Antecedent, qui est égal dans les deux Raisons.

Ajoûtant les deux Extrêmes, vient $A + B + x$.

Ajoûtant les deux Moyens, vient $A + x + B$, qui est la même chose.

PREMIERE PROPOSITION FONDAMENTALE.

Des Lignes Proportionelles.

Les Lignes également inclinées dans deux differens espaces enfermés par des paralleles, sont entre elles en même Raison que les perpendiculaires de ces espaces.

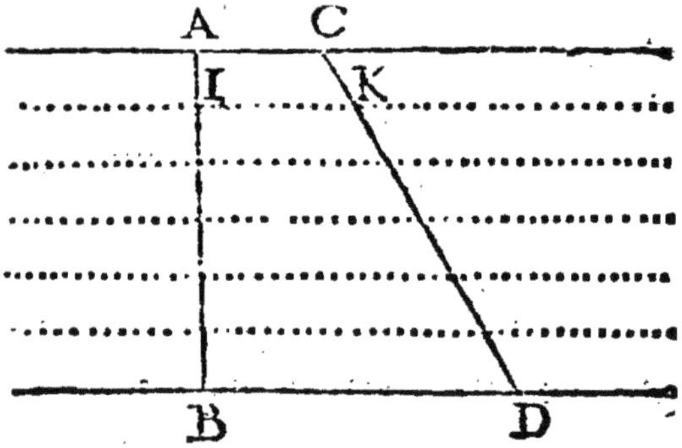

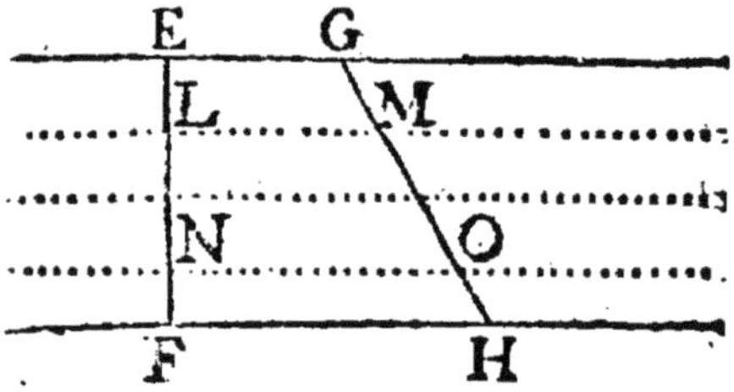

Soient supposées les deux lignes *CD*, *GH*, chacune antant inclinée dans son espace; c'est à dire, l'angle *CDB*, égal à l'angle *GHF*. Il faut démontrer que la ligne *CD*, est à la ligne *GH*, comme la perpendiculaire *AB* est à la perpendiculaire *EF*.

A C I K B D E G L M N O F H

Pour céla, je divise la ligne *CD*, en telles Aliquottes qu'il me plaira. Ici, par exemple, je la divise en six parties égales comme *CK*. Par les points de division je meine dés paralleles à l'espace, c'est à dire à la ligne *AC*. Ces paralleles divisent l'espace total en six petits espaces paralleles égaux entre eux; & la perpendiculaire *AB*, se trouve divisée de telle sorte que la ligne *AI*, est sa sixiéme partie, de même que la ligne *CK*, est la sixiéme partie de la ligne *CD*. Voilà donc les lignes *CK*, *AI*, Aliquottes pareilles des lignes *CD*, *AB*. Je prens maintenant la petite ligne *AI*, pour mesurer l'autre perpendiculaire *EF*. Je trouve qu'elle y est contenuë trois fois avec un reste. Par les points de division je meine des paralleles à la ligne *EG*. Il s'ensuivra de là que la ligne *GH*, sera divisée de telle sorte, que la petite ligne *GM*, sera contenuë trois fois avec un reste dans la ligne *GH*; de même que la ligne *AI*, ou plûtôt son égale *EL*, est contenuë trois fois avec un reste dans la perpendiculaire *EF*. Il s'ensuivra de plus que *GM*, sera necessairement égale à la petite ligne *CK*, par la cinquiéme Proposition des paralleles. Cette préparation faite, il est visible que *CK*, sixiéme partie de *CD*, est contenuë trois fois avec un reste dans la ligne *GH*, & que *AI*, sixiéme partie de *AB*, est contenuë pareillement trois fois avec un reste dans la ligne *EF*. D'ailleurs, les deux restes *OH*, *NF*, sont entre eux comme les Aliquottes pareilles *CK*, *AI*, ou leurs égales *GM*, *EL*; ce qu'on démontrera de même, en divisant l'espace parallele *EGLM*, en telles Aliquottes qu'on voudra, & en se servant de ces Aliquottes pour mesurer le petit espace *NOFH*, qui renferme les deux restes; donc les lignes *CK*, *AI*, Aliquottes pareilles des Antecedens *CD*, *AB*, sont également contenuës dans les Consequents *GH*,

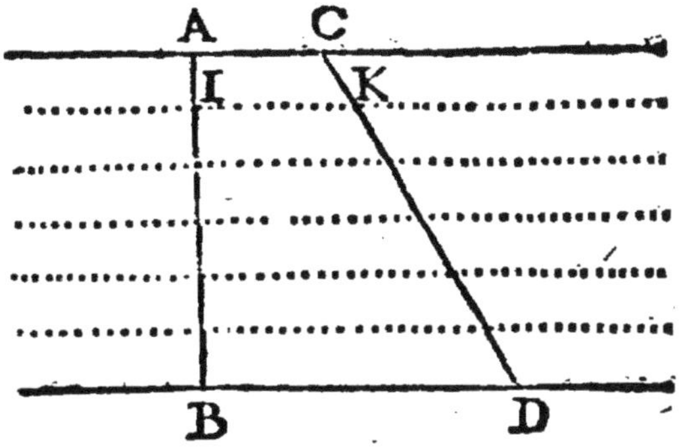

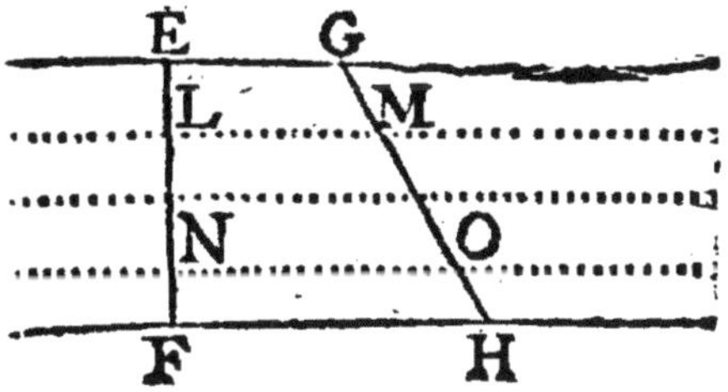

EF ; donc *CD*, *GH* :: *AB*, *EF*. *Ce qu'il falloit démontrer.*

Si au lieu de diviser la ligne *CD*, en six parties égales, je l'avois divisée en cent mille parties égales ; je me serois servi de ces cent milliêmes parties pour mesurer la ligne *GH*, chacune de ces cent milliêmes parties auroit été contenuë dans la ligne *GH*, ou précisément un certain nombre de fois, ou avec un reste ; de même une cent milliême partie de la ligne *AB*, auroit été contenuë dans la ligne *EF*, ou précisément le même nombre de fois, ou le même nombre de fois avec un reste ; & de là s'ensuivroit la Proportion des quatre lignes, comme cy-dessus.

SECONDE PROPOSITION.

Si deux lignes sont autant inclinées dans leur espace parallele, que deux autres lignes dans le leur, les quatre lignes sont Proportionnelles.

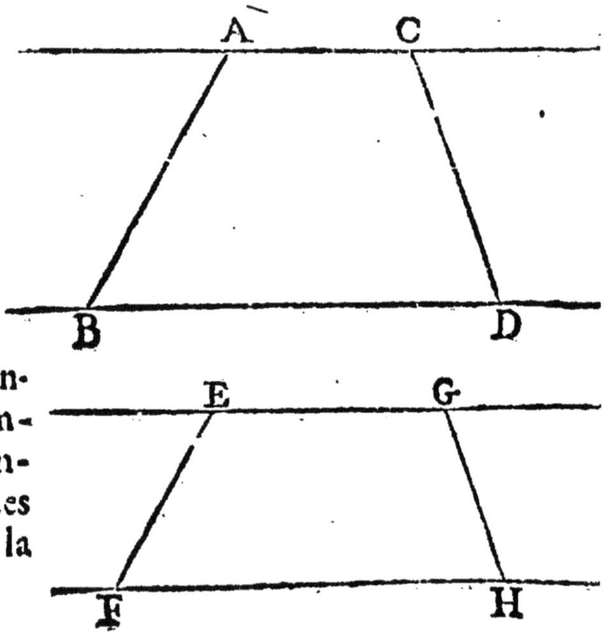

Si la ligne *AB*, est autant inclinée dans son espace, que la ligne *EF*, l'est dans le sien, ces deux lignes seront entre elles, comme les perpendiculaires des espaces par la Proposition precedente.

A C B D E G F H

De même, si les lignes *CD*, *GH*, sont autant inclinées chacune dans leur espace, elles seront entre elles comme les mêmes perpendiculaires de ces espaces. Or deux Raisons égales à une même Raison, sont égales entre elles ; donc la Raison des deux premieres inclinées *AB*, *EF*, est égale à la Raison des deux autres *CD*, *GH*, ce qui fait leur Proportion.

TROISIE'ME PROPOSITION.

Si un même angle a deux bases paralleles, ses côtés, selon une base sont proportionnels à ses côtés, selon l'autre ; & les bases elles-mêmes sont en même Raison que les côtés de même part, appellés côtés Homologues.

Soit l'angle *DAE*, ou *BAC*, ayant les deux bases *DE*, *BC*. Il faut démontrer que le côté *AB*, est au côté *AD*, son Homologue, comme le côté *AC*, est au côté *AE*, son Homologue ; & que la base *BC*, est à la base *DE*, aussi com-

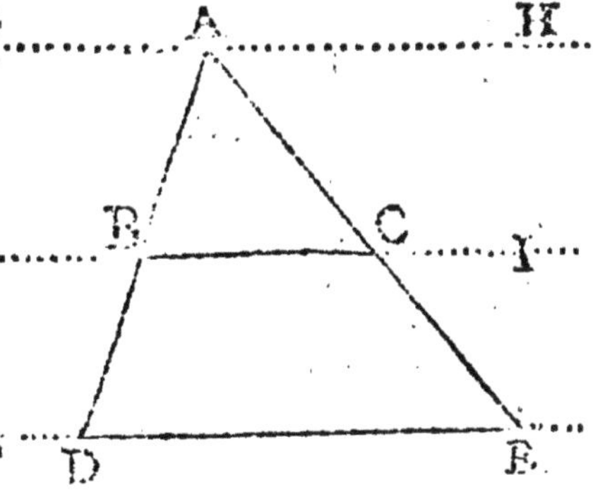

me le côté *AB*, eſt au côté *AD*, ou comme le côté *AC*, eſt à ſon Homologue *AE*.

Par le Sommet *A*, ſoit menée une parallele aux deux baſes, cette parallele forme avec les deux baſes, deux eſpaces paralleles, dont le plus grand eſt *GAHFDE*, & le moindre *GAHBCI*; les deux baſes étant paralleles, la ligne *AD*, qui les coupe, les coupe avec la même obliquité. L'angle qui a ſon Sommet en *B*, eſt donc égal à l'angle qui a ſon Sommet en *D*; par la même Raiſon, l'angle qui a ſon Sommet en *C*, eſt égal à l'angle qui a ſon Sommet en *E*; donc la ligne *AB*, eſt autant inclinée dans ſon petit eſpace, que la ligne *AD*, l'eſt dans le grand; & la ligne *AC*, autant inclinée dans le petit eſpace, que la ligne *AE*, dans le grand; donc par la précedente Propoſition, ces quatre lignes *AB*, *AD*, *AC*, *AE*, ſont proportionnelles.

Pour démontrer preſentement que la baſe *BC*, eſt à la baſe *DE*, comme le côté *AC*, eſt au côté Homologue *AE*.

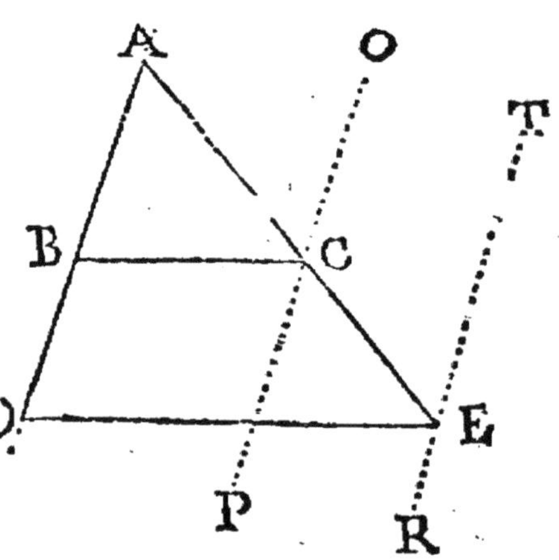

Soit menée par le point *E*, la ligne *RT* parallele au côté *AD* & par le point *C*, la ligne *OCP*; il ſe forme par-là deux nouveaux eſpaces paralleles, le plus grand compris par les lignes *TER*, *ABD*, & le petit compris par les lignes *OCP*, *ABD*. Or la ligne *AC*, eſt autant inclinée dans le petit eſpace, que la ligne *AE*, l'eſt dans le grand, & la ligne *BC*, autant inclinée dans le petit eſpace, que la ligne *DE*, dans le grand, à cauſe du paralleliſme des baſes; donc la base *BC*, est à la base *DE*, comme le côté *AC*, est au côté *AE*, par la precedente Proposition.

COROLLAIRE.

Cette Proposition est le fondement d'une partie du Compas de Proportion, qu'on appelle les Parties égales. Car ce n'est autre chose en effet que deux lignes égales, divisées en 100, 200, &c. parties égales à la discretion du diviseur ; ces deux lignes tournent par leur extrémité sur un même centre, en sorte qu'elles forment tel angle que l'on veut. Voilà la machine faite.

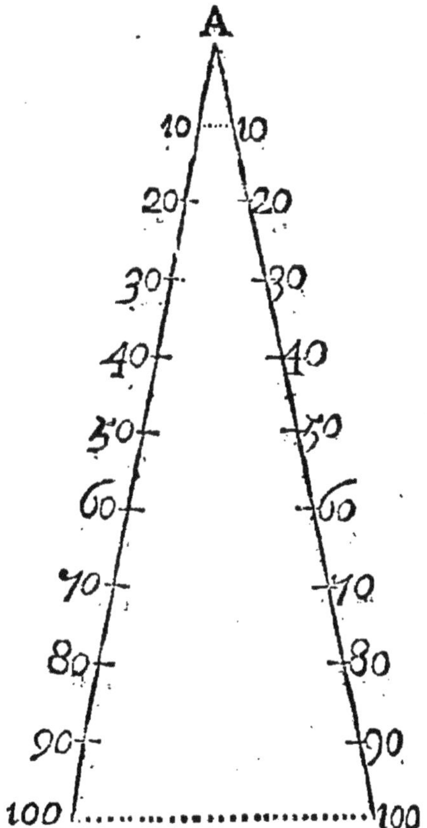

Si je veux diviser une ligne donnée, comme *BC*, en dix parties égales, j'ouvre l'instrument composé de mes deux lignes divisées en 100 parties égales, de telle sorte que l'angle que ces deux lignes formeront, ait pour base la ligne à diviser *BC* ; ensuite de quoy portant un compas ordinaire sur les divisions, de maniere que ses pointes soient appliquées de part & d'autre de 10 en 10, la ligne 10, 10, comprise par les pointes du compas sera la dixiéme partie de la ligne *BC* ; puisque toute cette operation aboutit à donner deux bases paralleles à un même angle, & que de même que le côté

A 10, eſt la dixiéme partie du côté *A* 100, ainſi la baſe 10, 10, eſt la dixiéme partie de la baſe *B C*.

II. COROLLAIRE.

Cette même Propoſition eſt le fondement de toutes les operations que l'on fait avec le Bâton de Jacob. Cet inſtrument eſt composé de deux Regles, chacune diviſée en parties égales. Ces deux Regles ſe coupent à angles droits, & on les diſpoſe de telle maniere que la hauteur du bâton *AB*, poſée perpendiculairement ſur le terrain *B C*, que l'on veut meſurer, & le raïon viſuel conduit du haut du bâton *A*, juſques au point d'éloignement *C*, font un angle qui a deux baſes paralleles; ſçavoir, la diſtance *B C*, & la partie *D E*, de la Regle tranſverſalle de l'inſtrument. Ainſi l'on connoît la diſtance *B C*, en conſiderant que comme *A D*, eſt à *A B*, de même *DE*, eſt à la diſtance *B C*, que je ſuppoſe, par exemple, être la largeur d'une riviere que l'on veut meſurer du bord *B*.

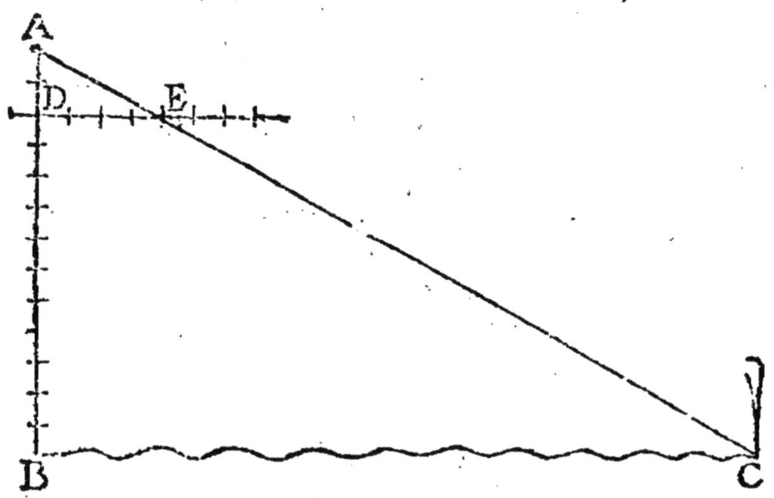

QUATRIE'ME PROPOSITION.

Quand deux angles égaux ont chacun une baſe, & que les angles formés ſur les baſes par les côtés ſont égaux chacun à chacun ; c'eſt à dire, un angle formé ſur une des baſes, égal à un angle formé ſur l'autre baſe ; tels angles ſont appellés angles ſemblables, & les côtés de l'un ſont proportionnels aux côtés de l'autre, auſſi-bien que la baſe à la baſe.

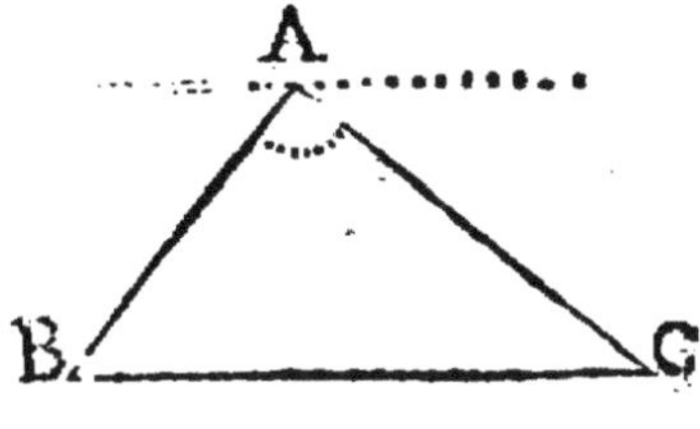

Soit l'angle dont le ſommet eſt en *A*, égal à l'angle dont le ſommet eſt en *D*. Soit l'angle *A B C*, formé ſur la baſe *B C*, par le côté *A B*, égal à l'angle *D E F*, formé ſur la baſe *E F*, par le côté *D E*. Les angles *A C B*, *D F E*, ſeront par conſequent égaux, le côté *B A*, en ce cas eſt appellé Homologue a l'égard du côté *D E*, & le côté *A C*, Homologue par rapport au côté *D F*. Il faut démontrer que le côté *A B*, eſt au côté *D E*, comme le côté *A C*, eſt au côté *D F*, & comme la baſe *B C*, eſt à la baſe *E F*.

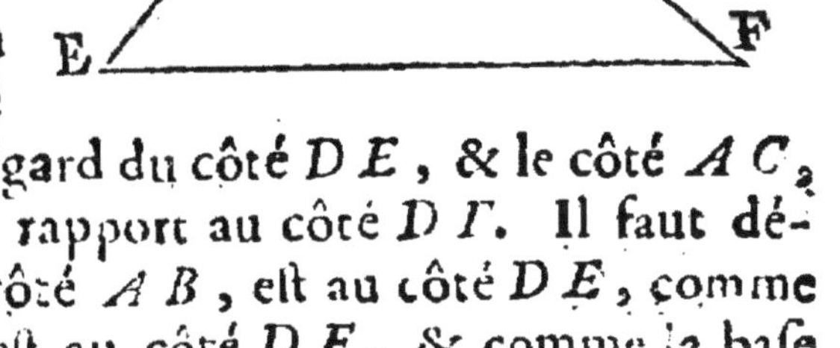

1°. Il eſt évident que ce n'eſt preſque que la précedente Propoſition énoncée autrement : Car en appliquant le ſommet *A*, ſur le ſommet *D*, viendra un angle ayant deux baſes paralleles, puiſque l'angle en *B*, eſt ſuppoſé égal à l'angle en *E*. Mais pour démontrer la choſe immediatement, il n'y a qu'à mener par les deux ſommets *A*, *D*, deux paralleles aux baſes, l'on aura deux eſpaces paralleles la ligne *A B*, ſera autant inclinée dans ſon eſpace que la ligne *D E*, dans le ſien ; & la ligne *A C*, autant inclinée dans ſon eſpace, que la ligne *D F*, dans le ſien ; donc ces quatre lignes ſont propo tionnelles ; c'eſt à dire, le côté *AB*, eſt au côté *DE*, comme le côté *AC*, eſt au côté *DF*. L'on démontrera de même la proportion des baſes.

CINQUIE'ME PROPOSITION. PROBLEME.

Etant données trois lignes, trouver une quatriéme proportionnelle.

Soit les trois lignes données *AB*, *CD*. *EF*.

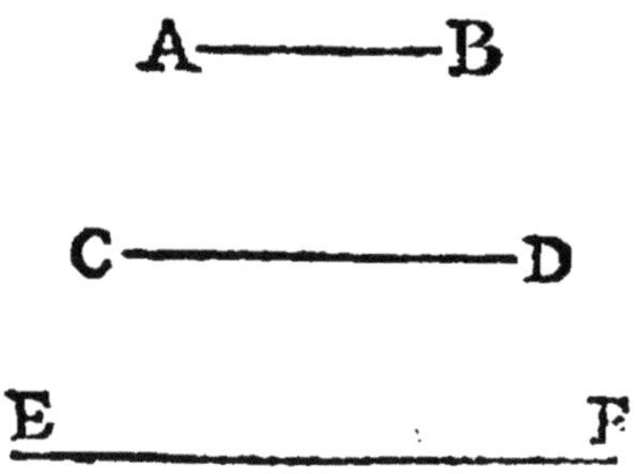

Soit du point *A*, fait le ſommet d'un angle dont la ligne *AB*, ſoit un côté.

Sur le point *B*. ſoit placé le point *C*. de la ligne *CD*, en ſorte que la ligne *CD*, ſoit baſe de l'angle dont le ſommet eſt en *A*. Au même point *A*, ſoit appliqué le point *E*, de la ligne *EF*, en ſorte que la ligne *EF*, ſoit couchée ſur la ligne *AB* ; par les points *A*,*D*, ſoit menée une ligne indefinie ; la ligne *FH*, menée parallelement à la premiere baſe *CD*, & déterminée au point *H*, par la ligne indefinie *AD*, ſera la quatriéme proportionelle cherchée. Car en cette figure, il eſt viſible que l'angle en *A*, a deux baſes *CD*, *FH*, paralleles, & qu'ainſi le côté *AB*, eſt à la baſe *CD*, comme le côté *EF*, eſt à la baſe *FH*, qui eſt la quatriéme proportionnelle que l'on cherche.

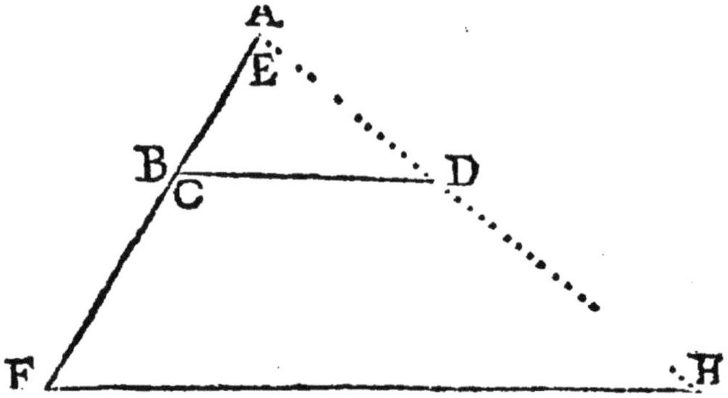

SIXIE'ME PROPOSITION.

Si deux angles ſont entre mêmes paralleles, & que l'on leur donne deux nouvelles baſes paralleles aux deux premieres, les nouvelles baſes ſont proportionnelles aux deux premieres.

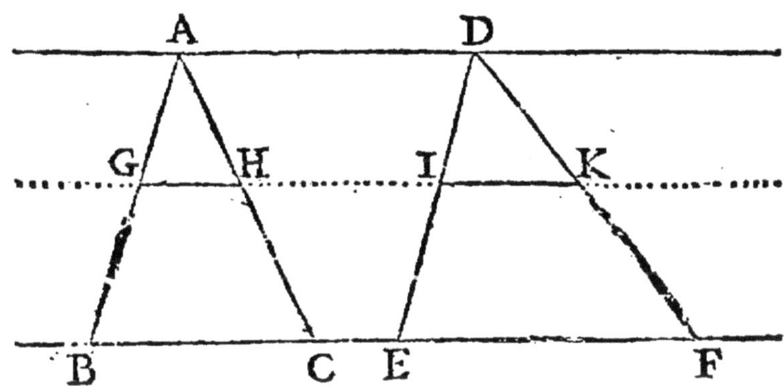

Soient les deux angles *BAC*, *EDF*, les deux baſes *BC*, *EF*; ſoit tirée la parallele *GK*, elle donne deux nouvelles baſes aux deux angles; ſçavoir, *GH*, *IK*; je dis que la baſe *GH*, eſt à la baſe *BC*, comme la baſe *IK*, a la baſe *EF*; car la Raiſon de *GH*, a *BC*, eſt égale la Raiſon de *AG*, à *AB*, qui eſt égale à la Raiſon de *DI*, à *DE*, qui eſt égale a la Raiſon de *IK*, à *EF*; donc la premiere Raiſon eſt égale à la derniere; c'eſt à dire, *GH*, *BC* :: *IK*, *EF*.

SEPTIE'ME PROPOSITION.

Etant donnés deux cercles inégaux; ſi l'on choiſit dans le petit deux cordes, qui ſoûtiennent un certain nombre de degrés. & que l'on prenne dans le grand cercle deux cordes, dont chacune ſoutienne le même nombre de degrés, que chacune du petit cercle, ces quatre cordes ſont proportionnelles.

Il n'y a qu'à diſpoſer les deux cordes du petit cercle ; en ſorte qu'elles comprennent un angle ; faire la même choſe des deux cordes du grand, enſuite donner une baſe à chacun des angles, l'on aura des angles ſemblables ; & par la quatriéme Propoſition, les côtés qui ſont les cordes, ſeront proportionnels.

Car la corde *AB* ſoûtenant autant de degrés que la corde *DE*. L'angle de la baſe en *C*, ſera égal à l'angle de la baſe en *F* ; puiſque ce ſont deux angles inſcripts ſur des arcs égaux ; & de même l'angle en *A*, ſera égal à l'angle en *D* ; donc les deux angles du ſommet *DEF*, *ABC*, ſeront auſſi égaux ; donc le côté *AB*, eſt au côté homologue *DE*, comme le côté *BC*, eſt au côté *EF*.

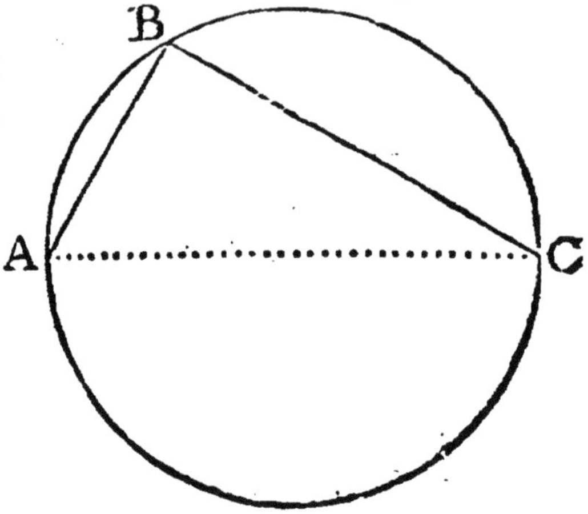

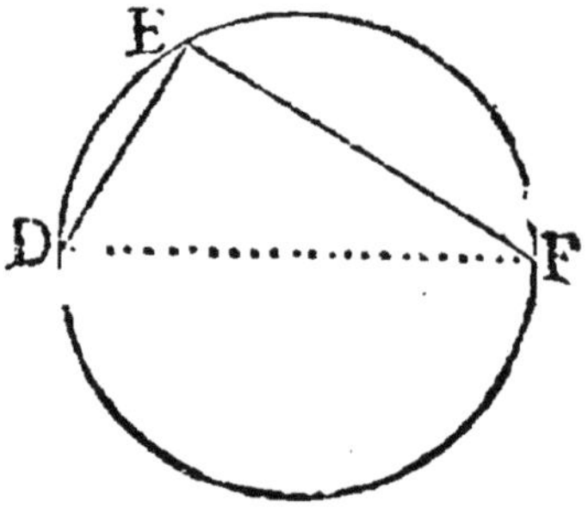

Si deux des cordes données ſont diametres chacune de ſon cercle, cela ne changera rien à la démonſtration, ainſi le diametre eſt au diametre, comme toute corde de l'un eſt à la corde de l'autre de pareil nombre de degrés.

COROLLAIRE.

Cette Propoſition eſt le fondement de la partie du Compas de Proportion qu'on appelle les Cordes. Pour le faire entendre, il faut expliquer la fabrique du Compas.

L'on fait un cercle que l'on divise en ses degrés; par exemple, celui-ci, depuis 1, jusques à 180. Ensuite ayant 2 lignes mobiles autour du centre *O*, pris pour centre du

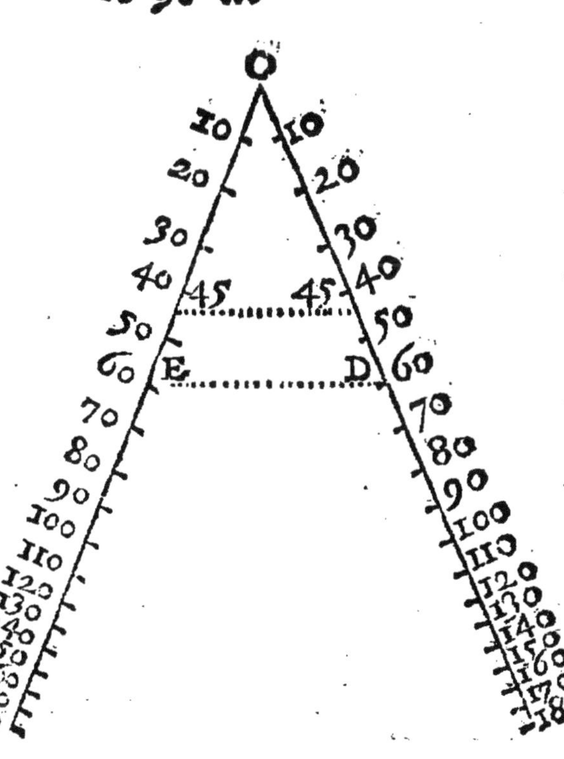

Compas de Proportion, l'on transporte toutes les cordes du cercle divisé sur les deux lignes mobiles de part & d'autre, à commencer du point *O*; par exemple, la longueur de la corde *B* 10, corde de 10 degrés, se transporte de *O*, en 10; la corde *B* 20, corde de 20 degrés, se transporte de *O*, en 20, sur les deux lignes; & ainsi du reste. L'instrument ainsi preparé l'usage n'en est pas difficile.

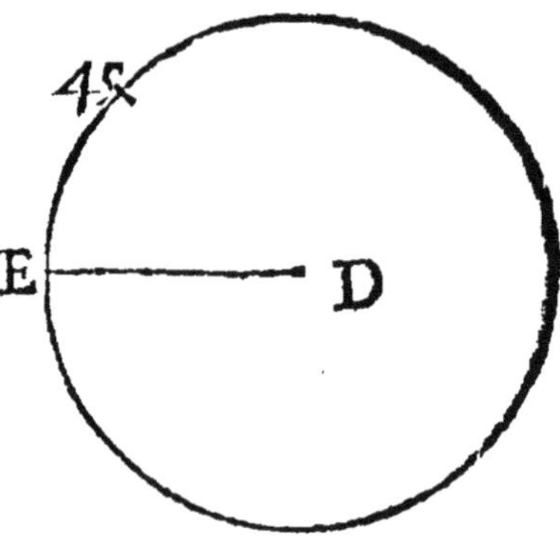

Soit donné un cercle de tel diametre que l'on voudra, & qu'il soit proposé de trouver dans ce cercle un arc de 45 degrés. J'ouvre les deux lignes qui font mon Compas de Proportion de telle sorte, que le raïon *ED*, soit porté de 60 en 60; ensuite cherchant l'intervalle qui est entre 45 & 45, je le porte dans mon cercle à diviser, & je dis que c'est un arc de 45d.

Car considerant mon Compas de Proportion dans la situation où je viens de le mettre, je remarque que j'ai un angle à deux bases paralleles, & par consequent que la ligne *O* 60, est à la ligne *O* 45, comme la base 60, 60, est à la base 45, 45, & *alternando*, la ligne *O* 60, est à la ligne 60, 60, comme la ligne *O* 45, est à la ligne 45, 45. Or la ligne *O* 60, est le raïon du cercle sur lequel mon Compas de Proportion a esté fait, parce que la corde de 60 degrés, est necessairement égale au raïon du cercle, ainsi qu'on va le démontrer fort aisément. La ligne 60, 60, est supposée prise égale à la ligne *ED*, raïon du cercle à diviser; donc en cette proportion, le raïon est au raïon, comme la corde de 45 degrés du premier, est à la corde de 45 degrés du second.

Ainſi portant cette longueur dans le cercle à diviſer du point *E* à 45, j'ay un arc en effet de 45 degrés.

Il eſt trés-viſible que la ligne *E G*, corde de l'arc de 60 degrés, eſt égale au raïon *E D* car l'angle *E D G*, eſt un angle de 60 degrés qui a ſon ſommet au point *D*, centre du cercle ; chacun des deux angles, que ſes côtés font ſur ſa baſe *E G*, eſt auſſi de 60 degrés ; par exemple, l'angle *E G F*, eſt un angle inſcript, qui ayant pour meſure la moitié de l'arc *E F*, de 120 degrés, eſt neceſſairement un angle de 60 degrés ; donc ces trois angles étant égaux, les trois lignes *E G*, *G D*, *E D*, ſont égales.

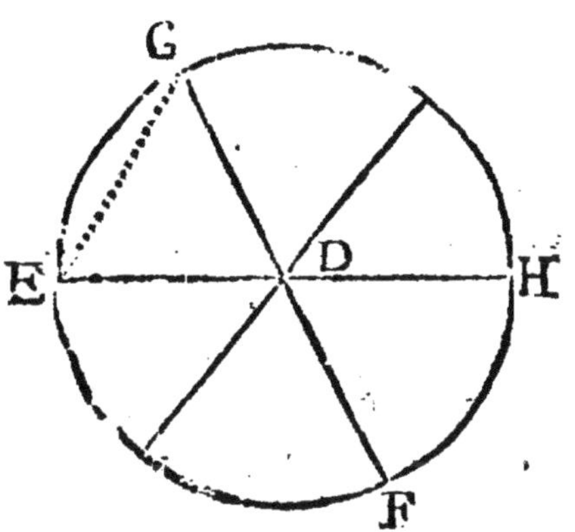

HUITIÉME PROPOSITION.

Si une ligne diviſant un angle quelconque en deux parties égales, tombe ſur la baſe de cet angle, elle la partage proportionnellement aux côtés de l'angle.

Soit l'angle *B A D* diviſé en deux parties égales par la ligne *A C*, qui coupe la baſe *B D*, au point *C* ; je dis que le côté *A B*, eſt a la portion *B C*, de la baſe, comme le côté *A D*, eſt à la portion *C D*.

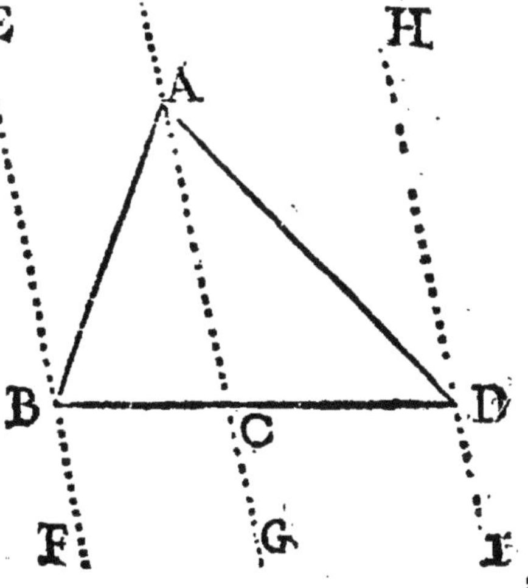

Par les points *B*, &

& D, soient menées les lignes *EF*, *HI*, paralleles à la ligne *AC*, prolongée en *G*. Il se forme par là deux espaces paralleles, & il est évident que la ligne *BA*, est autant inclinée dans son espace que la ligne *DA*, l'est dans le sien, puisque par la construction, l'angle *BAC*, est égal à l'angle *CAD*; de même la ligne *BC*, est autant inclinée dans le premier espace, où est renfermée la ligne *BA*, que la ligne *CD*, l'est dans le second espace, où est renfermée la ligne *AD*, puisque c'est une même ligne coupée par des paralleles; donc par la deuxiéme Proposition de ce Livre, la ligne *AB*, est à la ligne *AD*, comme la ligne *BC*, est à la ligne *CD*, & *alternando*, la ligne *AB*, est à la ligne *BC*, comme la ligne *AD*, est à la ligne *CD*.

NEUVIE'ME PROPOSITION.

Si du sommet d'un angle droit, l'on meine une perpendiculaire sur la base; cette perpendiculaire forme deux angles semblables entre eux & au total; d'où s'ensuivent plusieurs Proportions. Il faut relire soigneusement la quatriéme Proposition de ce Livre, pour bien entendre celle-ci qui est fort importante.

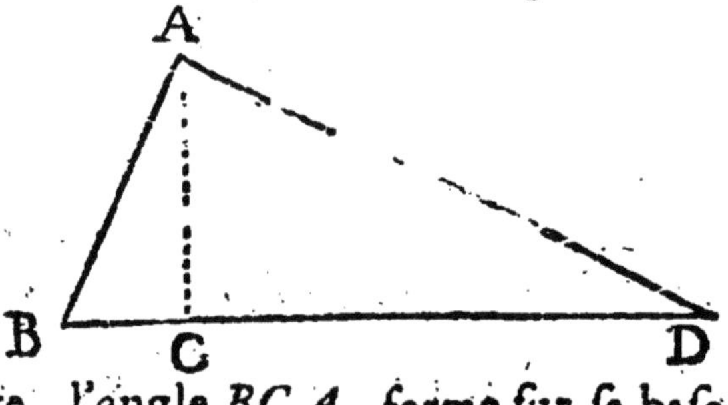

L'angle *BAD* est droit, l'angle *BCA*, est droit. Le premier forme sur sa base *BD*, l'angle *ABD*; le second, c'est à dire, l'angle *BCA*, forme sur sa base *BA*, le même angle *ABD*, ou *ABC*; donc l'angle *BAD*, est semblable à l'angle *BCA*, puisque les angles sur les bases sont égaux entre eux, & que

A
B
C
D

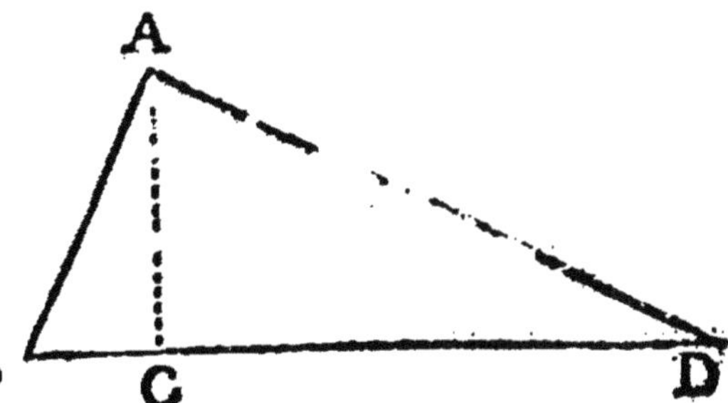

les angles *BAD* *BCA* étant tous deux droits, sont eux mêmes supposés égaux. On démontrera de même que l'angle *BAD*, est semblable à l'angle *DCA*, parce que outre qu'ils sont tous deux droits, ils forment par leurs côtés des angles égaux chacun à chacun sur leurs bases, car le premier forme sur sa base *BD*, l'angle *BDA*, & ce même angle *BDA*, ou *CDA*, est l'angle formé sur la base *AD*, par un côté de l'angle *DCA*. Les trois angles *BAD*, *BCA*, *DCA*, sont donc non-seulement égaux, mais semblables, ce qu'il ne faut pas confondre; c'est à dire, que les angles qu'ils forment par leurs côtés sur leurs bases sont égaux chacun à chacun; donc par la quatriéme Proposition de ce Livre les côtés homologues de ces trois angles semblables sont proportionnels, c'est à dire :

Le petit côté *BC*, est à sa base *AB*, comme le petit côté *AB*, est à sa base *BD*.

Le côté *CD* est à sa base *AD*, comme le côté *AD* est à sa base *BD*.

Le petit côté *BC*, de l'angle *BCA*, est à son autre côté *CA*, comme le petit côté *CA*, de l'angle *DCA*, est à son autre côté *DC*.

Pour prouver plus briévement ces proportions, on peut dire, que par la perpendiculaire *AC*, l'on a trois moyennes proportionnelles; sçavoir, *AB*, moyen proportionnel entre *BD*, & *BC*.

AD, moyen proportionnel entre *BD*, & *CD*.

AC, moyen proportionnel entre *BC*, & *CD*.

DIXIE'ME PROPOSITION.

Entre deux lignes données comme *AB*, *CD*, trouver une moyenne proportionnelle.

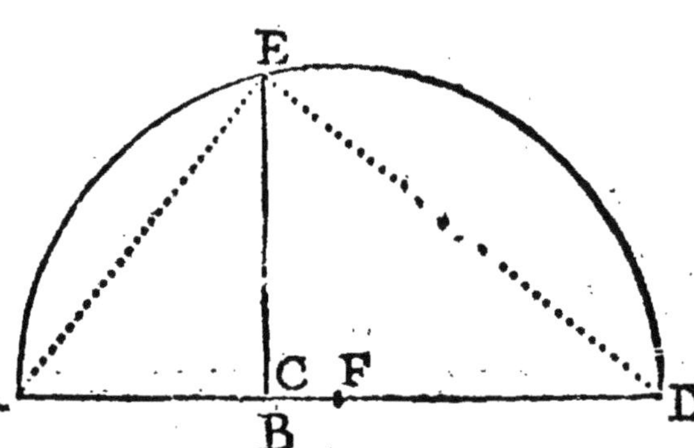

Je les dispose de telle sorte bout à bout, qu'elles ne fassent qu'une même ligne droite, telle qu'est la ligne *AD*, sur le point *B*, qui les joint j'éleve la perpendiculaire indefinie. Je divise la ligne *AD*, en deux parties égales au point *F*, & du point *F*, pris pour centre, intervalle *FD*, je décris le cercle, qui coupe la perpendiculaire au point *E*; je dis que la ligne *BE*, est la moyenne proportionnelle cherchée : car par la construction, l'angle *AED*, est un angle droit, puisqu'il a son sommet dans la circonference, & qu'il est appuyé sur un demi cercle ou 180 degrés; donc par la précedente Proposition, la perpendiculaire *EB*, est moyenne proportionnelle entre les deux segmens de la base *AB*, *BD*, ou *CD*, qui sont les deux lignes données.

SEPTIE'ME LIVRE.

Des Reciproques.

DE'FINITIONS.

LORSQUE quatre lignes ſont proportionnelles, les Extrêmes ſont dites Reciproques à l'égard des Moyennes.

Ainſi lorſque l'on dit, ces deux lignes-là ſont Reciproques à ces deux autres-cy ; c'eſt comme ſi l'on diſoit : la premiere de ces deux lignes-là, eſt à la premiere de ces deux lignes-cy, comme la ſeconde de ces deux lignes-cy, eſt à la ſeconde de ces deux lignes-là.

Lorſqu'un même angle a deux baſes, qui n'étant point paralleles, forment avec ſes côtés des angles égaux ; l'un d'un côté, l'autre de l'autre, telles baſes ſont dites Antiparalleles, & ces baſes peuvent être Antiparalleles, ſuivant trois diſpoſitions.

L'angle *C A E*, a deux baſes, qui ſe croiſent, & en ce cas, l'angle en *C*, doit être égal à l'angle en *E*, & par conſequent l'angle en *B*, égal à l'angle en *D*.

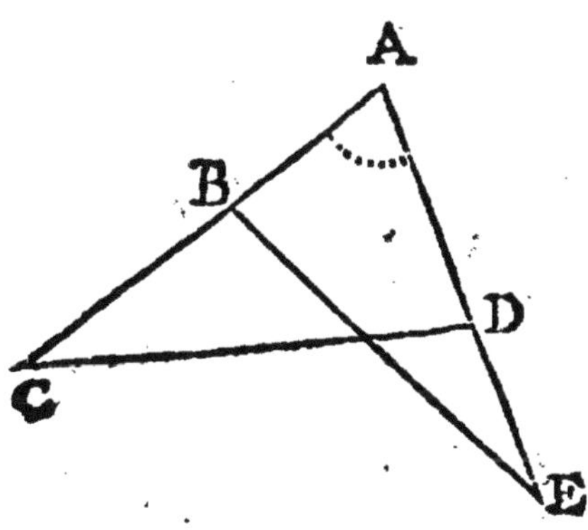

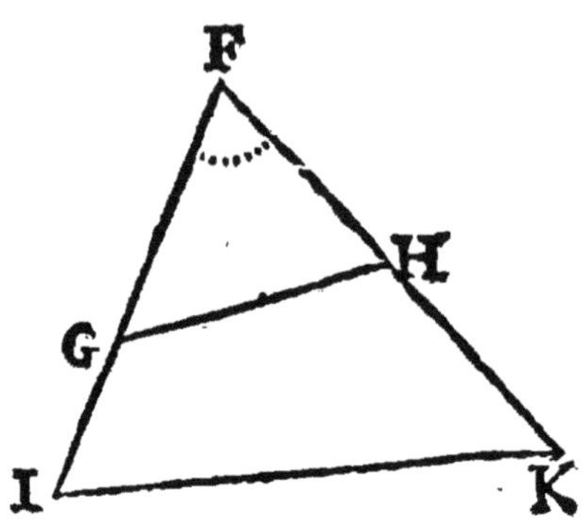

Dans la deuxiéme disposition, l'angle *IFK*, a deux bases *IK*, *GH*, entierement separées, & dans cette disposition, l'angle en *I*, doit être égal à l'angle *GHF*, & par consequent, l'angle en *K*, égal à l'angle *HGF*.

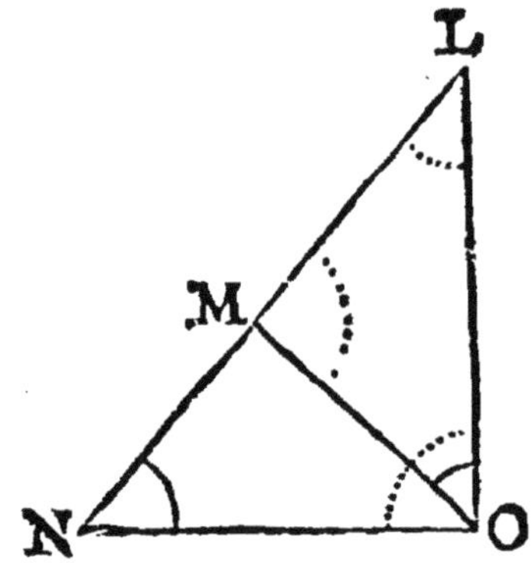

Dans la troisiéme disposition, l'angle *NLO*, a deux bases qui se joignent au point *O*, & en ce cas l'angle *LNO*, est égal à l'angle *LOM*, & l'angle *LMO*, est égal à l'angle *LON*.

Dans ces trois dispositions, les côtés totaux comparés avec les côtés partiaux, donnent des Reciproques ; car :

Dans la premiere disposition, le côté *AC*, est au côté *AD*, comme le côté *AE*, est au côté *AB*.

Dans la seconde, le côté *FI*, est au côté *FH*, comme le côté *FK*, est au côté *FG*.

Dans la troisiéme, le côté *LN*, est au côté *LO*, comme le côté *LO*, est au côté *LM*.

Pour le démontrer :

Par les trois sommets *A*, *F*, *L*, soient tirées des paralleles à chacune des deux bases ; chacune des trois dispositions donne deux espaces paralleles.

Dans la premiere disposition, la ligne *AC*, & la ligne *AD*, sont dans l'espace compris entre les paralleles *RS*, *TV*; la ligne *AE*, & la ligne *AB*, sont dans l'autre espace compris entre les paralleles *PQ*, *XY*. Or par la supposition, la ligne *AC*, est autant inclinée dans le premier espace, que la ligne *AE*, dans le second, & la ligne *AD*, autant inclinée dans le premier espace, que la ligne *AB*, dans le second; donc par la premiere Proposition des Proportionnelles, la ligne *AC*, est à la ligne *AE*, comme la ligne *AD*, est à la ligne *AB*.

Dans la seconde disposition, la ligne *FI*, & la ligne *FK*, sont dans l'espace compris entre les paralleles *Z&*, *56*, la ligne *FH*, & la ligne *FG*, sont dans l'autre espace compris entre les paralleles 12, 34. Or la ligne *FI*,

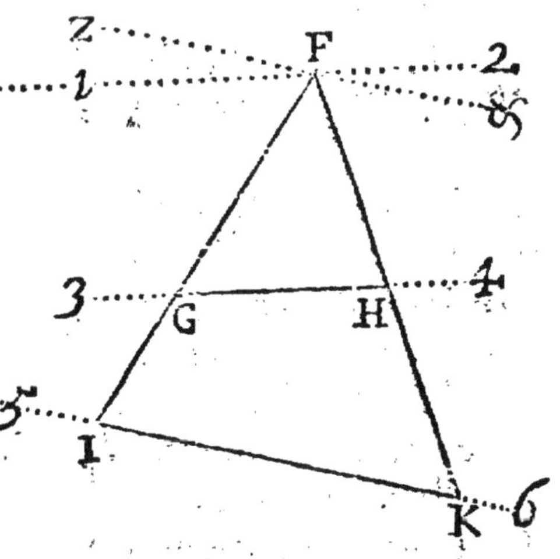

est autant inclinée dans le premier espace, que la ligne *FH*, dans le second; la ligne *FK*, est autant inclinée dans le premier espace, que la ligne *FG*, dans le second; donc la ligne *FI*, est à la ligne *FH*, comme la ligne *FK*, est à la ligne *FG*.

Dans la troisiéme disposition, il faut que la ligne *LN*, & la ligne *LO*, soient dans l'espace compris entre les paralleles 13, 14, 7, 8; & que la ligne *LO*, & la ligne *LM*, soient dans l'espace compris entre les paralleles 11, 12, 9, 10; en sorte que la ligne *LO*, se trouve dans les deux espaces paralleles, où elle forme differens angles avec les bases. Or la ligne *LN*, est autant inclinée dans le premier espace, que la ligne *LO*, dans le second, où elle fait un angle aigu en *O*, égal à l'angle aigu en *N*; & d'ailleurs, la ligne *LO*, fait dans le premier espace un angle égal à l'angle que la ligne *LM*, fait dans le second; donc la ligne *LN*, est à la ligne *LO*, comme la ligne *LO*, est à la ligne *LM*.

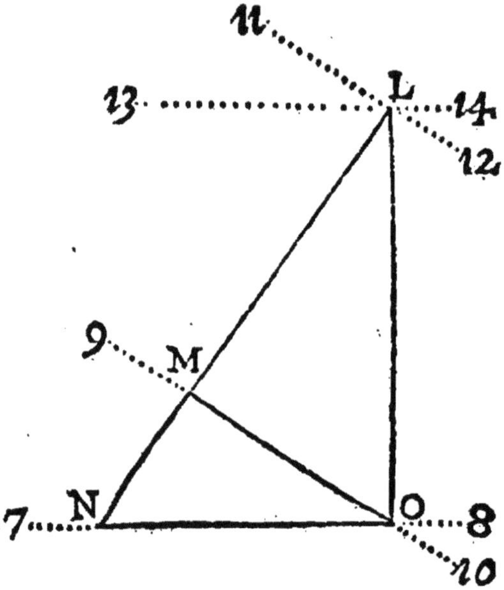

11 L 13 14 12 9 M N O 7 8 10

PREMIERE PROPOSITION GENERALE.

Pour les Reciproques.

Si l'on prolonge indefiniment le diametre d'un cercle, & que l'on coupe le diametre par une perpendiculaire, soit qu'elle entre dans le cercle, soit qu'elle touche le cercle, soit qu'elle soit hors du cercle; & que de l'extremité du diametre opposée au côté du prolongement, l'on tire deux lignes quelconques terminées par la circonference, ou par la perpendiculaire, & coupées par l'une ou par l'autre; chaque toute & sa partie, à prendre du point d'où elles sont tirées, sera Reciproque à chaque autre toute & sa partie. Voyez les figures.

Premier Cas. Lorsque la perpendiculaire coupe le cercle.

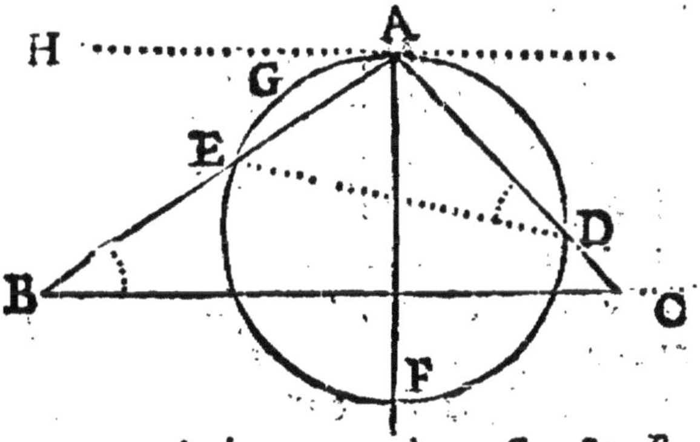

Soit le diametre *AF*, coupé par la perpendiculaire *BC*; du point *A*, soient tirées à discretion les lignes *AB*, *AC*, elles seront terminées aux points *C*, & *B*, par la perpendiculaire, & coupées par le cercle aux points *E*, & *D*; je dis que la ligne *AB*, est à la ligne *AC*, comme la portion *AD*, est à la portion *AE*. Pour le prouver, soient joints les points *E*, *D*, par la droite *ED*, il n'y a qu'à démontrer que les bases *BC*, *ED*, sont antiparalleles; or cela est aisé: car l'angle *EDA*, est inscript, & a pour mesure la moitié de l'arc *EGA*, de même l'angle *ABC*, a pour mesure la moitié de l'arc *EGA*, parce que c'est un angle alterne de l'angle *HAE*, angle du petit segment, qui a pour mesure la moitié de l'arc *EGA*, donc les bases sont antiparalleles.

Dans ce même premier cas, les bases se peuvent

croiser, comme l'on voit à la presente figure, ce qui ne change rien à la démonstration; puisque l'angle *E C A*, inscript est égal à l'angle *DBA*, par la même raison; donc la ligne *A B*, est toûjours à la ligne *A C*, comme la portion *A D*, à la portion *A E*.

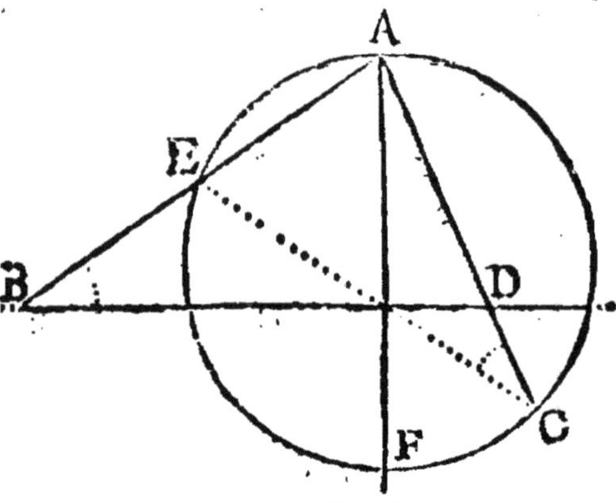

Second Cas. Lorsque la perpendiculaire touche le cercle.

Si l'on tire deux lignes, comme *A B* *A D*, terminées par la perpendiculaire aux points *B*, *D*, elles seront coupées réciproquement aux points *E*, *F*, par le cercle; c'est à dire, que la toute *A B*, sera à la toute *A D*, comme la portion *A F*, à la portion *A E*; soient joints les points *E F*, il n'y a qu'à démontrer que les bases *B D*, *E F*, sont antiparalleles; car ainsi qu'il a déja été dit deux fois, l'angle *C B A*, alterne de l'angle du petit Segment, a pour mesure la moitié de l'arc *E G A*, qui est aussi la mesure de l'angle inscript *E F A*.

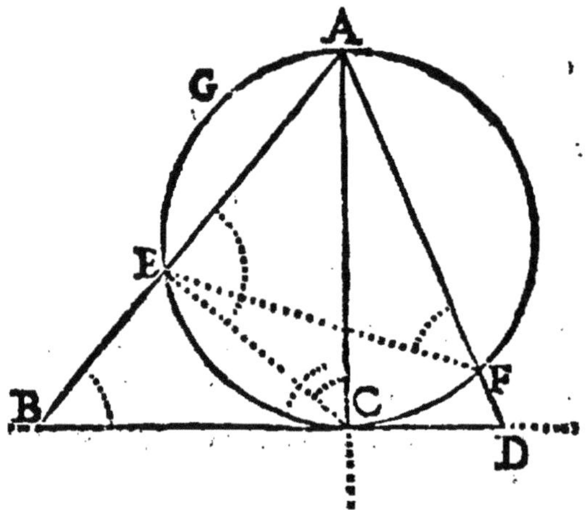

D'ailleurs dans ce second cas, le diametre est moyen proportionnel entre chaque toute, & sa partie dans le cercle. Soit tirée la ligne *E C*, il n'y a qu'à démontrer que les baſes *B C*, *E C*, baſes de l'angle *B AC* qui ſe joignent au point de contingence *C* ſont antiparalleles ſuivant la troiſiéme diſpoſition. Or cela n'eſt pas difficile : car l'angle *E C A*, eſt inſcript, & a pour meſure la moitié de l'arc *E G A*, qui eſt auſſi la meſure de l'angle *A B C* alterne de l'angle du petit ſegment ; & l'angle *A E C*, eſt un angle droit, puiſqu'il eſt appuyé ſur la demi circonference, & par conſequent égal à l'angle *BC A*, formé par une tangente & par le diametre ; donc la ligne *A B*, eſt au diametre *AC*, comme le diametre *AC*, à la portion *A E*, & ainſi de toute autre ligne & ſa partie dans le cercle.

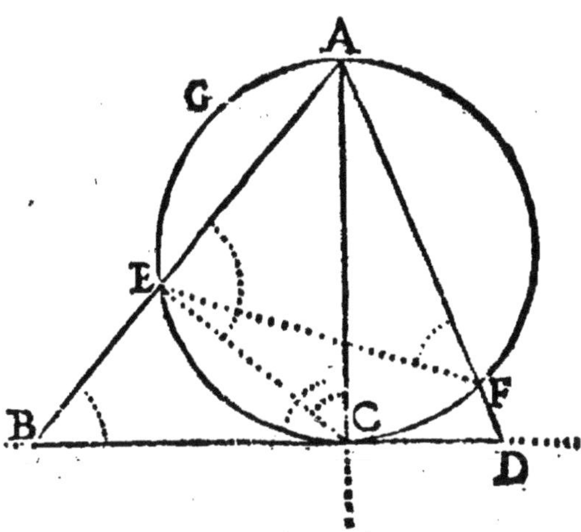

Troiſiéme Cas. Lorſque la perpendiculaire coupe le diametre prolongé hors du cercle.

En ce cas les deux lignes *AE*, *AC*, ſont l'une & l'autre terminées par la perpendiculaire aux points *E*, *C*, & coupées aux points *BD*, par le cercle, il faut prouver que la toute *A E*, eſt à la toute *A C*, comme la portion *AD*, eſt à

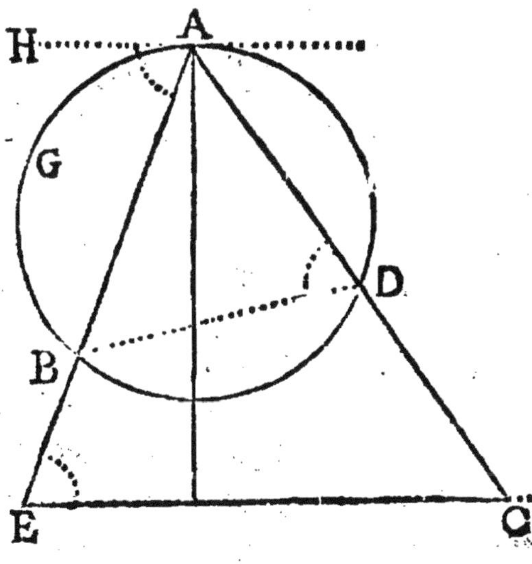

la portion *A B*, ſoient joints les points *B*, *D*, il n'y a qu'à démontrer que les baſes *E C*, *B D*. ſont antiparalleles ; cela eſt viſible, puiſque l'angle *B D A*, inſcript, a pour meſure la moitié de l'arc *B G A*, & que cette même moitié eſt la meſure de l'angle *C E A*, alterne de l'angle du petit ſegment *H A B*.

SECONDE PROPOSITION.

Si deux angles, oppoſés au ſommet, ont des baſes antiparalleles, l'on aura des lignes reciproques, comme l'on peut voir en la figure qui ſuit.

Je ſuppoſe que les deux angles *B A C*, *D A E*, oppoſés au ſommet *A*, ont leurs baſes *B C*, *D E*, tellement diſpoſées que l'angle dont le ſommet eſt en *D*, ſoit égal à l'angle dont le ſommet eſt en *B*, & par conſequent que l'angle dont le ſommet eſt en *C*, ſoit égal à l'angle dont le ſommet eſt en *E*. Dans cette diſpoſition l'on voit que ce ſont les angles de même côté qui ſont égaux, au lieu que ſi les baſes étoient paralleles, ce ſeroient les angles alternes qui ſeroient égaux, & je dis que la ligne *AC*, eſt à la ligne *AB*, comme la ligne *AE*, eſt à la ligne *A D* ; en ſorte que la ligne totale *D C*, eſt coupée réciproquement à l'égard de la totale *B E* ; c'eſt à dire que les portions *A C*, *A D*, ſont les Extrêmes d'une Proportion ; donc *A B*, *A E*, ſont les Moyens : Pour le démontrer.

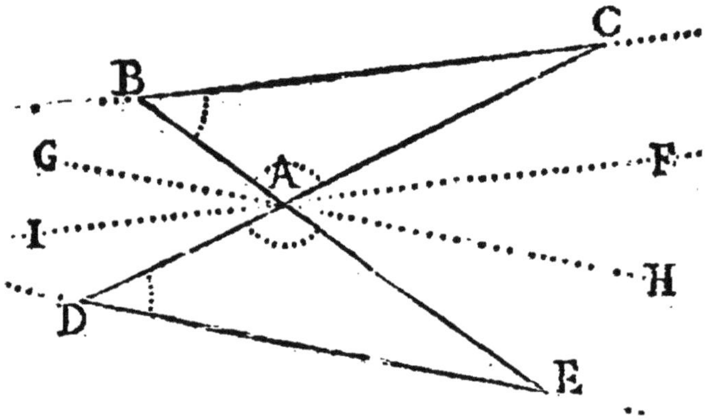

Soient menées par le ſommet *A*, les lignes *IF*, *GH*, paralleles aux baſes il ſe formera deux eſpaces paralleles, & il eſt évident par la conſtruction que la ligne *AC*, eſt autant inclinée dans ſon eſpace que la ligne *AE*, l'eſt dans le ſien, à cauſe de l'égalité des angles *AED*, *ACB*; de même la ligne *AB*, eſt autant inclinée dans le premier eſpace, que la ligne *AD*, l'eſt dans le ſecond; donc la ligne *AC*, eſt à la ligne *AE*, comme la ligne *AB*, eſt à la ligne *AD*.

COROLLAIRE.

Si deux cordes ſe coupent dans le cercle, elles ſe coupent reciproquement.

Soient les deux cordes *AB*, *CD*, qui ſe coupent dans le cercle au point *E*; je dis que *AE*, eſt à *ED*, comme *EC*, eſt à *EB*.

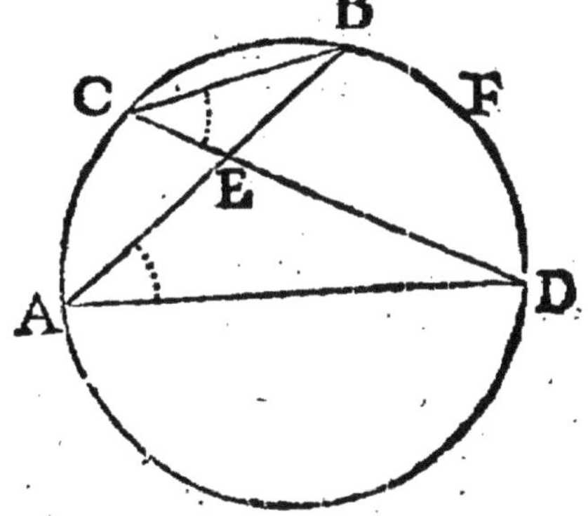

Cela eſt évident; car tirant les baſes *AD*, *CB*, elles ſont antiparalleles, puiſque l'angle *DCB*, & l'angle *DAB*, ſont appuyés ſur le même arc, *BFD*, dont la moitié fait leur meſure, cela donne une nouvelle démonstration pour trouver la moyenne proportionnelle entre deux lignes données ; car faisant des deux lignes données mises bout à bout, le diametre d'un cercle, & élevant une perpendiculaire au point où elles se joignent, cette perpendiculaire terminée par la circonference, sera la moitié d'une corde coupée reciproquement avec les parties du diametre, & par consequent moyenne proportionnelle, puisqu'elle sera coupée en deux parties égales.

TROISIE'ME PROPOSITION.

Si d'un point hors du cercle, l'on tire deux lignes terminées à la circonference concave ; chaque toute & sa partie hors du cercle est reciproque à chaque autre toute, & sa partie hors du cercle.

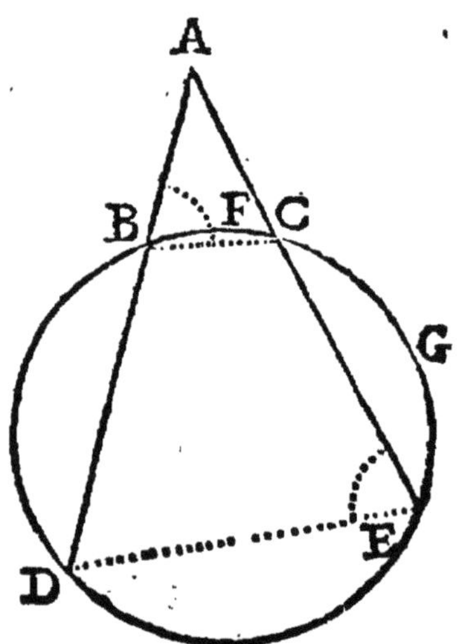

Il faut démontrer que la ligne *AD*, est à la ligne *AE*, comme la ligne *AC*, est à la ligne *AB*, & pour cela, il n'y a qu'à faire voir que les bases *DE*, *BC*, sont antiparalleles.

L'angle *EDB*, a pour mesure la moitié de l'arc *BCE*, & l'angle *BCA*, a pour mesure la moitié de l'arc *BFC*, plus la moitié de l'arc *CGE*, qui est la même chose, par la troisiéme Proposition du cinquiéme Livre.

QUATRIE'ME PROPOSITION.

Si l'une des deux lignes tirées du point *A*, est tangente, elle sera moyenne proportionnelle entre l'autre toute & sa partie hors du cercle.

Il n'y a qu'à faire voir que les bases *BC*, *BD*, bases de l'angle *BAD*, sont antiparalleles, suivant la troisiéme disposition.

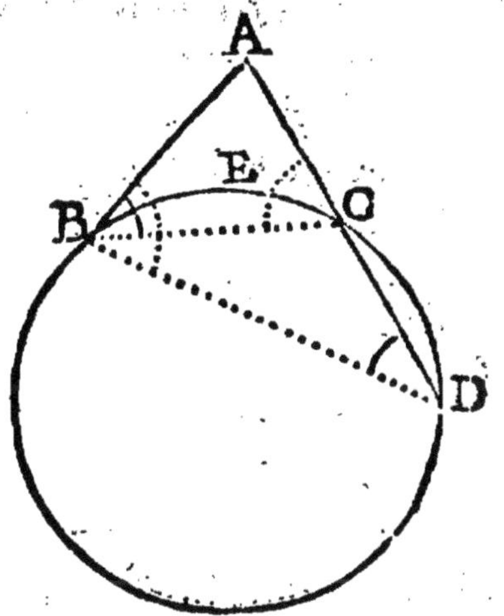

L'angle *CDB*, est inscript, & a pour mesure la moitié de l'arc *BEC*, laquelle est aussi la mesure de l'angle *CBA*, angle du segment. On démontrera de même que l'angle *DBA*, est égal à l'angle *BCA*.

PROBLEME.

COROLLAIRE.

Connoître la longueur du diametre de la terre sans observation astronomique.

Je suppose que le point *A*, soit le sommet d'une montagne située sur le bord de la mer *D*, & que l'on connoisse la ligne *AD*, qui est l'élevation du sommet de la montagne par dessus le plan de la mer. Je regarde du point *A*, en pleine mer, tant que la vûë peut s'étendre, en sorte que mon raïon visuel *AB*, fasse une tangente au point *B*, ensuite de quoy mesurant mécaniquement la longueur de

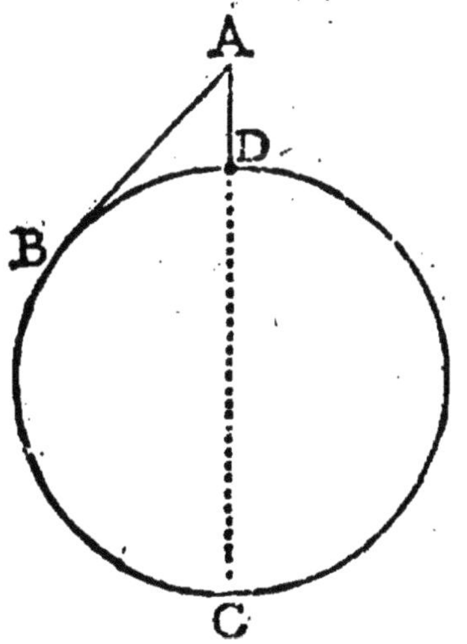

la tangente *A B*, je dis ſuivant la Propoſition précedente, comme la hauteur de la montagne eſt à la tangente, ainſi la tangente eſt à la ligne *A C*; d'où ôtant la hauteur de la montagne, reſte la ligne *DC*, diametre de la terre.

AUTRE PROBLEME.

CINQUIE'ME PROPOSITION.

Diviſer une ligne, comme *A B*, au point *C*, en moyenne & extrême Raiſon; c'eſt à dire en ſorte que la toute *A B*, ſoit à la portion *C B*, comme la portion *C B*, eſt à la portion *A C*.

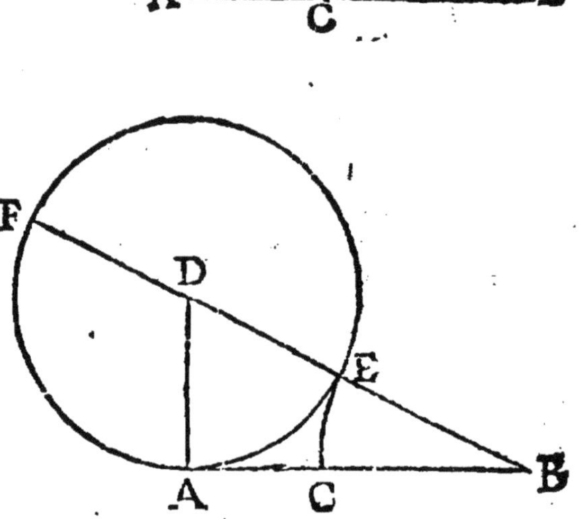

Sur l'extremité *A*, de la ligne *AB*, ſoit élevée la perpendiculaire *A D*, égale à la moitié de la ligne donnée *AB*; du point *D*, pris pour centre intervalle *D A*, ſoit décrit le cercle *A E F*, puis ſoit tirée la ligne *D B*, coupée par le cercle au point *E*; je dis que la ligne *B E*, étant portée de *B*, en *C*, le point *C*, diviſe la ligne donnée en moyenne & extrême Raiſon.

Pour abreger; que la ligne *AB*, ſoit appellée *M*.

La ligne *B E*, ſoit appellée *N*.

Par conſequent, la ligne *B C*, ſera auſſi *N*.

Et la ligne *FE*, diametre du cercle, qui eſt double de la ligne *D A*, ſera égale à la ligne *AB*, & ſera auſſi *M*.

La ligne *AC*, qui n'eſt rien autre choſe que la ligne *AB*, moins la ligne *CB*, ſera ſuivant ces noms *M* — *N*.

Il faut démontrer que *M* — *N*, *N* :: *N*, *M*.

Par la conſtruction la ligne *BF*, eſt *M* + *N*. Or par la précedente Propoſition, la ligne *BE*, eſt à la ligne *AB*, comme la ligne *AB*, eſt à la ligne *BF*; c'eſt à dire, *N*, *M* :: *M*, *M* + N.

Invertendo, *M*, *N* :: *M* + *N*, *M*.

Dividendo, *M* — *N*, *N* :: *M* + *N* — *M*, *M*.

Or *M* + *N* — *M*, n'eſt autre choſe que *N*;

Donc *M* — *N*, *N* :: *N*, *M*.

C'eſt à dire, la ligne *AC*, eſt à la ligne *CB*, comme la ligne *CB*, eſt à la ligne *AB*, qui eſt ce que l'on cherchoit.

PROBLEME.

SIXIE'ME PROPOSITION.

Etant donné le côté d'un angle iſoſcele, qui doive être un angle de 36 degrés trouver la baſe de cet angle.

Soit le côté donné *AD*, du point *A*, ſoit décrit, intervalle *AD*, un arc comme *DEF*. Soit par le Problême précedent, la ligne *AD*, diviſée en moyenne & extrême Raiſon au point *C*; la grande portion *AC*, ſoit portée de *D*, en *B*, ſur l'arc; je dis que la ligne *DB*, eſt la baſe cherchée; c'eſt à dire, que tirant l'autre côté *AB*, l'angle

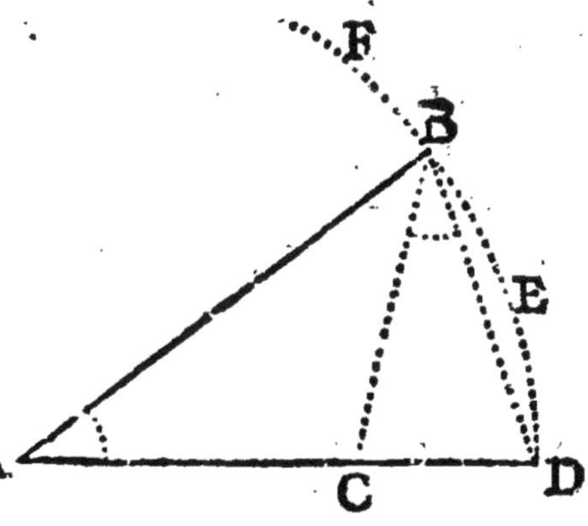

l'angle *D A B*, eſt un angle de 36 degres ; je l'aurai démontré, ſi je puis faire voir qu'il eſt la cinquiéme partie de deux angles droits, ou de 180 degrés : ſoit tirée la ligne *B C*.

Pour cela comme l'angle *D A B*, eſt iſoſcele, & par conſequent que les deux angles ſur ſa baſe *B D*, ſont égaux entre eux, je n'ay que deux choſes à faire voir. La premiere que l'angle *D A B*, eſt égal à l'angle *D B C*. La ſeconde, que cet angle *D B C*, eſt la moitié de l'angle ſur la baſe *D B A* ; car il s'enſuivra que l'angle *D A B*, ſera moitié de chacun des angles égaux qu'il fait ſur la baſe, & comme ces trois angles en valent deux droits, il faudra bien qu'il ſoit la cinquiéme partie de deux angles droits.

Preuve de la premiere Partie. Cela ſera tout prouvé, ſi l'angle *A D B*, a pour baſes antiparalleles les lignes *B C*, *B A* ; or elles ſont en effet baſes antiparalleles, puiſque, par la conſtruction, la ligne *AD*, eſt à la ligne *A C*, ou *B D*, ſon égale, comme la ligne *B D*, eſt à la ligne *D C*, ce qui eſt la troiſiéme diſpoſition des antiparalleles ; donc l'angle aigu *D A B*, eſt en effet égal à l'angle aigu *D B C*.

Preuve de la ſeconde Partie. Par la conſtruction, la ligne *CD*, eſt à la ligne *D B*, ou *A C*, comme la ligne *C A*, eſt à la ligne *A B* ; donc par la huitiéme Propoſition des Proportionnelles, l'angle *DBA*, eſt diviſé en deux parties égales par la ligne *B C* ; donc l'angle *C B D*, eſt la moitié de l'angle *ABD*, donc l'angle *BAD*, eſt la cinquiéme partie de deux droits, & par conſequent un angle de 36 degrés.

HUITIEME LIVRE.

Des Figures.

APRE'S avoir examiné les proprietés des lignes & des angles, l'ordre demande que l'on traite des figures.

DE'FINITIONS.

Figure, est un espace renfermé par des lignes.

L'espace renfermé par des lignes droites, s'appelle Rectiligne ; par une ou plusieurs courbes, Curviligne ; par courbe & droite, Mixte. Nous parlerons d'abord des figures rectilignes.

Dans les figures rectilignes l'on considere principalement trois choses ; les angles, les côtés, & l'aire.

L'on a donné aux figures rectilignes les plus simples, certains noms qu'il ne faut pas ignorer.

La figure de 3 côtés se nomme, Triangle.

de 4,	Quadrilatere.
de 5,	Pentagone.
de 6,	Hexagone.
de 7,	Heptagone.
de 8,	Octogone.
de 9,	Enneagone.
de 10,	Decagone.
de 11,	Endecagone.
de 12,	Dodecagone.
de 1000,	Kiliogone.
de 10000,	Myriogone.

de plusieurs côtés se nomme indéfiniment, Polygone.

Le Triangle se divise en plusieurs especes.

Rectangle, qui a un angle droit.

Ambligone, qui a un angle obtus.

Equilateral, qui a trois angles & trois côtés égaux.

Scalene, qui a ses trois côtés inégaux.

Isoscele, qui a ses deux côtés égaux.

Oxigone, qui a ses trois angles aigus.

Le quadrilatere se divise aussi en plusieurs especes.

Quarré, qui a 4 angles droits & 4 côtés égaux.

Rectangle, qui a 4 angles droits, d'où s'ensuit que tout quarré est rectangle.

Parallelograme, qui a ses côtés opposés paralleles.

Trapeze, qui a ses quatre côtés inégaux.

Rhombe, qui a ses quatre côtés égaux, & qui n'a pas ses angles droits.

Les figures sont regulieres ou irregulieres; les regulieres, sont celles dont tous les côtés & tous les angles sont égaux.

Quand les figures ont les côtés égaux, sans avoir leurs angles égaux, on les appelle simplement équilateres.

Quand on compare deux figures ensemble, si les angles de l'une sont égaux aux angles de l'autre, & que les côtés correspondans ou homologues sont proportionnels, on les appelle semblables; & si les côtés comparés sont égaux, aussi-bien que les angles, ces figures sont appellées toutes égales, & ne different que de position.

PREMIERE PROPOSITION.

Toute figure rectiligne se peut resoudre en autant de triangles qu'elle a de côtés.

Il n'y a qu'à choisir dans l'aire, c'est-à-dire,

dans l'espace renfermé par les côtés, un point à discretion, comme *A*, & en tirer des lignes à chacun des angles ; il est visible qu'il se formera autant de triangles, que la figure a de côtés.

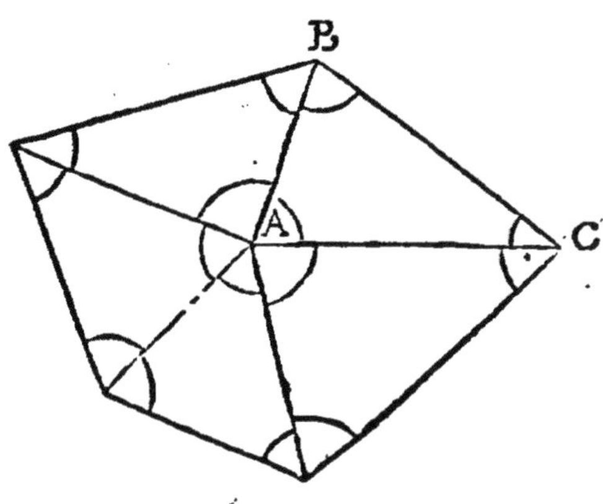

SECONDE PROPOSITION.

Tous les angles d'un Polygone quelconque sont égaux à autant d'angles droits, que le double de ses côtés moins quatre.

Car ayant choisi le point *A*, dans la figure, & l'ayant partagée en triangles, les trois angles de chacun de ces triangles, par exemple, du triangle *CAB*, valent deux angles droits par la cinquiéme Proposition du quatriéme Livre, par ce que le triangle ne differe pas d'un angle consideré avec sa base ; & que tout ce que l'on a démontré d'un angle avec sa base, est démontré pour le triangle. Donc tous les angles des triangles qui composent la figure, valent autant de fois deux angles droits, qu'il a de côtés ; & si l'on en ôte tous les angles qui ont leur sommet au point *A*, & qui valent ensemble quatre angles droits, par la seconde Proposition du quatriéme Livre, le reste sera la somme des angles formés par les côtés du Poligone ; donc &c.

TROISIE'ME PROPOSITION.

En deux figures ſemblables quelconques, le perimetre, c'eſt à dire, le circuit de l'une eſt au perimetre de l'autre, comme le côté de l'un eſt au côté homologue de l'autre.

Soit la figure *ABCDE* ſemblable à la figure *FGHIK*.

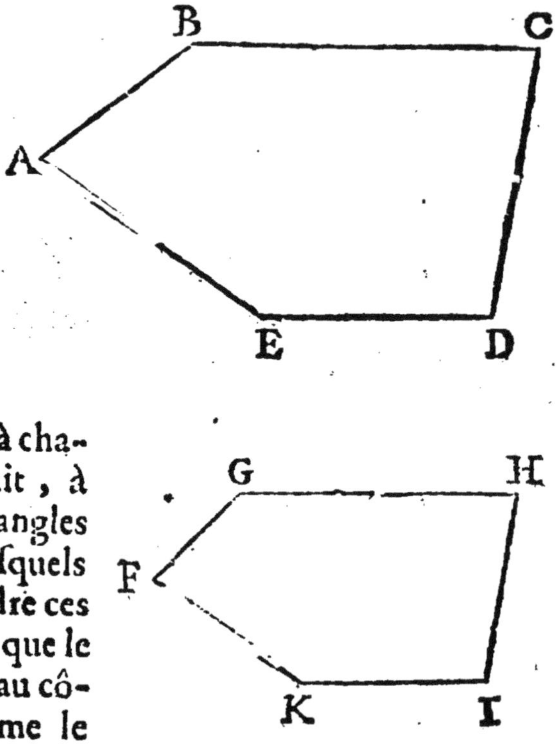

Puiſque ces figures ſont ſemblables, c'eſt à dire, que leurs angles ſont égaux chacun à chacun; il s'enſuit, à cauſe des triangles ſemblables, auſquels on peut reſoudre ces deux figures, que le côté *AB*, eſt au côté *FG*, comme le côté *BC*, eſt au côté *GH*, & comme le côté *CD*, eſt au côté *HI*, & comme le côté *DE*, eſt au côté *IK*, & comme le côté *EA*, eſt au côté *KF*; donc *componendo*, il s'enſuit que tous les côtés de l'un pris enſemble, ſont à tous les côtés de l'autre pris enſemble, comme le côté *AB*, eſt à ſon homologue *FG*.

QUATRIE'ME PROPOSITION.

Toute figure reguliere peut être inſcrite & circonſcrite au cercle.

Car, par exemple, l'hexagone *ACEGIL* peut être inscript au cercle, puisque l'on peut déja bien certainement faire passer un cercle par les 3 points *A C E*, par la seconde Proposition du troisiéme Livre; ce cercle aura pour centre, un point comme *N*, & passera necessairement par les autres angles du Polygone, puisque l'on suppose tous les côtés égaux, qui par consequent doivent être cordes égales du même cercle, & également éloignées du centre.

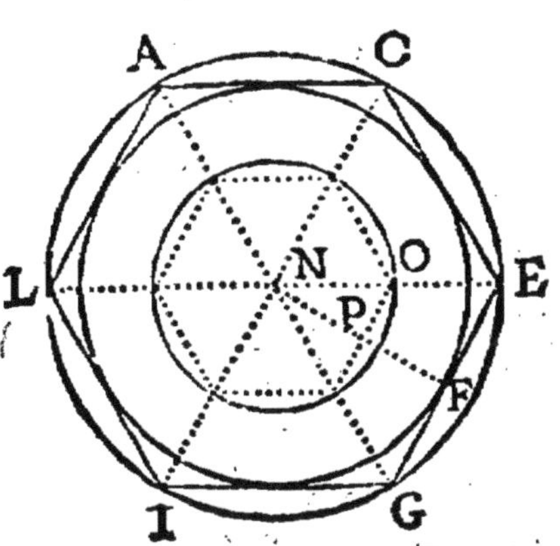

Ce même Polygone peut être circonscript, puisqu'on peut mener du centre *N*, des perpendiculaires sur chacun de ses côtés, comme *N F*, sur le côté *E G*, & que ces perpendiculaires étant toutes égales, parce qu'elles mesurent la distance des côtés égaux ou cordes égales à l'égard du centre *N*; l'on peut de ce centre *N*, décrire un cercle qui passera par les extremités des perpendiculaires, & qui aura pour tangentes les côtés, ou cordes de l'autre cercle.

CINQUIE'ME PROPOSITION.

En la figure ci-dessus, la ligne *N F*, par exemple, s'appelle Raïon droit de la figure, la ligne *N E*, s'appelle tout court, le Raïon de la figure. Or il est visible qu'en toutes figures regulieres comparées entre elles, le Raïon droit est au Raïon droit, comme le Raïon est au Raïon, & comme le côté est au côté, & comme le perimetre est au perimetre : Car les deux figures regulieres étant semblables, l'on a déja vû par la troisiéme Proposition, que le perimetre est au perimetre, comme le côté est au côté. A l'égard du Raïon droit comparé au Raïon droit, & du Raïon comparé au Raïon, la même proportion s'y doit trouver, parce qu'il se forme par tout des triangles semblables; par exemple, le triangle *ENF*, est semblable au triangle *ONP*, & par consequent tous les côtés sont proportionnels; donc *NE* est à *NO*, comme *NF* est à *NP*.

COROLLAIRE.

Les circonferences sont entre elles comme leurs raïons; car on les peut considerer commes les Polygones reguliers d'une infinité de côtés, & par la precedente Proposition, le perimetre est au perimetre, c'est à dire, la circonference à la circonference, comme le rayon est au rayon.

Ce Corollaire joint à la sixiéme Proposition du troisiéme Livre, est le principal fondement de la Statique. Je m'explique.

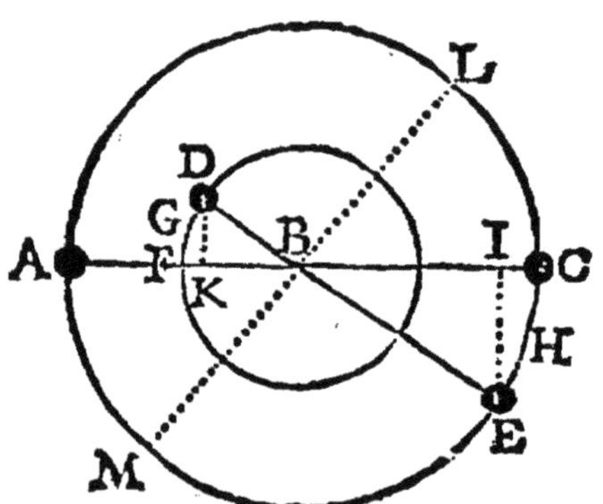

Je suppose une balance, comme *ABC*, dont le point fixe est *B*, & les deux branches *BA*, *BC*, égales, si l'on attache deux poids d'une livre chacun aux deux points *A*, & *C*, on conçoit clairement qu'ils doivent demeurer dans un parfait équilibre : car pour faire monter en une seconde de temps, si vous voulés, le poids

C, jusques en *L*, il faudroit que le poids *A*, descendît jusques en *M*; ainsi pendant le même temps que le corps *C*, pesant une livre, décriroit l'arc *CL*, le corps *A*, pesant une livre décriroit l'arc *AM*. Or ces deux arcs sont égaux

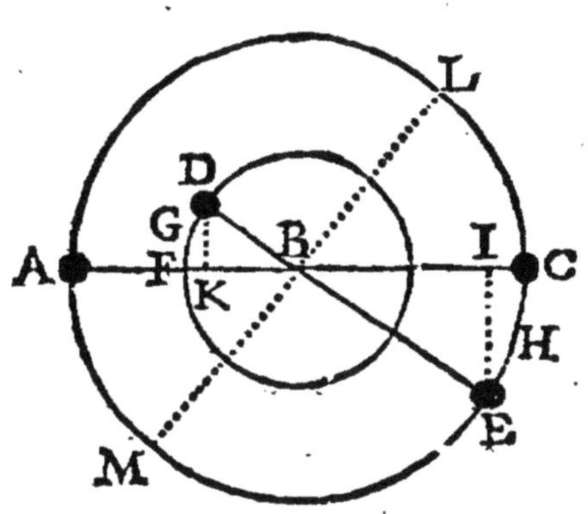

à cause de l'égalité des angles opposés aux sommets *ABM*, *LBC*, & de l'égalité des rayons *AB*, *BC*; donc il y auroit égalité de mouvement de part & d'autre : puisque le même poids, dans le même temps, décriroit le même chemin; ainsi le poids *A*, ayant autant de force pour descendre que le poids *C*, de resistance pour monter, leurs forces sont parfaitement balancées, & ils doivent demeurer en équilibre, ce que l'experience justifie.

Mais si au lieu d'attacher le poids *A*, d'une livre au point *A*, on l'attachoit au point *F*, que je suppose également éloigné des points *A*, *B*, pour lors l'équilibre seroit manifestement rompu, parce que le rayon *FB*, n'étant que la moitié du rayon *BC*, l'arc *FGD*, n'est que la moitié de l'arc *CHE*, quoiqu'ils ayent l'une & l'autre pareil nombre de degrés; mais comme la grande circonference est double de la petite, à cause qu'un rayon est double de l'autre, le corps *C*, pesant une livre descendant au point *E*, fera le double du chemin que fait le corps *F*, montant au point *D*. Or deux corps étant égaux en poids, si l'un fait le double du chemin que fait l'autre dans le même temps, il faut que celui qui fait le double du chemin, ait le double de mouvement; donc il y aura du côté du poids *C*, un mouvement double du mouvement qu'aura le poids *F*; donc il aura pour descendre le double de la force, que le poids *F* aura pour lui resister; donc il descendra en effet & rompra l'équilibre.

Mais si au lieu d'attacher au point *C*, un poids d'une livre, je m'avise d'y attacher un poids de demi livre, je dis que le poids *F* d'une livre, & ce nouveau poids *C*, d'une demi livre, doivent rester en équilibre, parce qu'il y aura de part & d'autre égalité de mouvement.

Car l'on conçoit clairement que si deux corps sont égaux en poids, & que l'un pendant une seconde, fasse le double du chemin que fait l'autre, il faut qu'il ait le double de mouvement, puisque la même masse se mouvant une fois plus vîte dans le même temps, doit avoir une fois plus de force. Par le même principe, si un corps pesant une demi livre, fait pendant une seconde le double du chemin que fait un corps pesant une livre, il faut bien qu'il y ait de part & d'autre égalité de mouvement : car si le corps pesant demi livre, avoit pesé une livre, & qu'il eût fait le double du chemin, l'on vient de voir qu'il auroit eu le double du mouvement; donc ne pesant que demi livre, & faisant le double du chemin, il a autant de mouvement que le corps pesant une livre, qui n'en fait que la moitié. Or dans la figure, l'arc *C H E* est double de l'arc *F G D*, parce qu'un rayon est double de l'autre; donc si le poids en *E*, n'est que la moitié du poids en *D*, il y aura égalité de mouvement, & par consequent équilibre.

D'où suit cette Proposition fondamentale des Mechaniques.

Deux poids ſont en équilibre, lorſqu'ils ſont en raiſon reciproque de leurs diſtances au point fixe. C'eſt à dire, lorſque le poids *F*, eſt au poids en *C*, comme la diſtance *B C*, eſt à la diſtance *B F*.

PROBLEME.

SIXIE'ME PROPOSITION.

Déterminer l'angle au centre, l'angle de la figure, & l'angle que le rayon fait ſur le côté de tout Polygone.

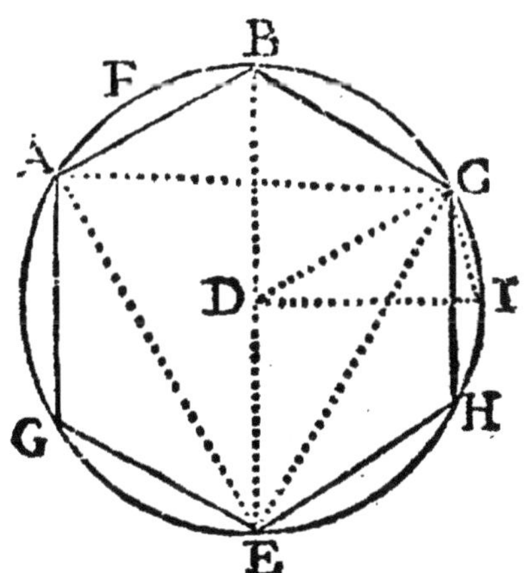

1°. Pour avoir l'angle au centre; c'eſt à dire, l'angle *BDC*, il eſt viſible qu'il n'y a qu'à diviſer la circonference par le nombre des côtés du Polygone; icy, par exemple, par 6.

Pour avoir l'angle du Polygone, c'eſt à dire, l'angle *A B C*, compris par deux côtés, il n'y a qu'à ſouſtraire de 180 degrés, l'arc ſoûtenu par le côté, parce que tout angle du Polygone, comme *A B C*, eſt un angle inſcript, qui a pour meſure la moitié de l'arc ſur lequel il eſt appuyé; icy, par exemple, il a pour meſure l'arc *AGE*, c'eſt à dire, la demi circonference moins l'arc *A F B*, ſoûtenu par le côté *A B*.

A l'égard de l'angle que le rayon *D B*, fait ſur le côté *A B*, il n'y a qu'à prendre la moitié de l'angle du Polygone.

PROBLEME.

SEPTIE'ME PROPOSITION.

Inscrire & circonscrire au cercle les figures regulieres.

Inscrire un Hexagone. La corde qui en fait le côté, est le rayon même du cercle ; parce que joignant les deux rayons *DB*, *DC*, par la ligne *BC* leur égale, il s'en forme un triangle équilateral, qui a par consequent ses trois angles égaux, ce qui ne peut être que chacun ne vaille 60 degrés, qui est la sixiéme partie de la circonference, & partant le côté de l'Hexagone.

Inscire un Triangle. Il n'y a qu'à joindre comme en la figure, deux côtés de l'Hexagone par la corde *AC*, l'arc *ABC*, sera de 120 degrés, & partant le tiers de la circonference ; ce qui donne le triangle inscript *AEC*.

Inscrire un Dodecagone. Il n'y a qu'à diviser la corde *CH*, de l'Hexàgone en deux parties égales par la ligne *DI* ; d'où s'ensuivra par la troisiéme Proposition du troisiéme Livre, que l'arc *CIH*, sera aussi divisé en deux parties égales au point *I*, & par consequent que la corde *CI*, soûtiendra 30 degrés, & sera côté du Dodecagone. En un mot, il est aisé par ces pratiques de doubler un arc donné, ou de le diviser par la moitié, ce qui fournit une infinité de Polygones reguliers.

Inscrire un Decagone. Il n'y a qu'à diviser le rayon en moyenne & extrême Raison, & prendre la plus grande partie, ce sera la corde d'un angle de 36 degrés par la 6e Proposition du septiéme Livre ; or 36 degrés sera la dixiéme partie de la circonference, ainsi cette corde sera côté du Decagone.

Inscrire un Pentagone. Doublés l'arc du Decagone.

Inscrire une figure de 15 côtés. De l'arc de 60 degrés ôtés l'arc de 36 degrés, reste l'arc de 24 degrés, qui est la quinziéme partie de la circonference, & par consequent la corde qui le soûtient, sera côté du Polygone cherché.

Pour ciconscrire les figures inscriptes. Il n'y a qu'à tirer par les sommets des angles du Polygone; par exemple, par les points *A*, *B*, *C*, des tangentes qui se rencontrant ensemble, formeront une figure circonscripte au cercle donné.

HUITIE'ME PROPOSITION.

En tout triangle, le plus grand angle est soûtenu par le plus grand côté, & le plus grand côté soûtient le plus grand angle.

Il n'y a qu'à faire passer un cercle par les trois points qui forment les trois angles, les trois angles deviendront inscripts, & les trois côtés deviendront cordes; le reste s'ensuit.

Il est bon de repeter icy, que tout ce que nous avons dit dans les Livres précedens, touchant un angle avec sa base, convient au triangle qui n'est pas autre chose. Par exemple, les triangles semblables ont les côtés homologues proportionnels, &c.

NEUVIE'ME PROPOSITION.

En tout triangle, comme le sinus d'un angle est au côté qui lui est opposé, ainsi le sinus d'un autre angle est au côté qui lui est opposé.

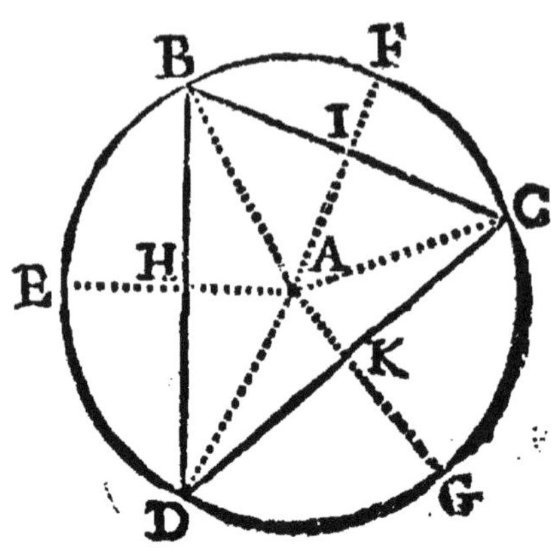

Soit le triangle *BCD* par les trois points qui forment les sommets des angles. Soit mené le cercle *B F C E*, du centre *A*; soient menées aux trois sommets, les trois lignes *AB*, *AC*, *AD*; & du même centre soient menées sur les trois côtés du triangle, les perpendiculaires *AF*, *AE*, *AG*; ces perpendiculaires passant par le centre, couperont chaque côté, qui est une corde en deux parties égales aux points *I*, *H*, *K*, par la premiere Proposition du troisiéme Livre. D'ailleurs chacun des angles du triangle étant inscript, a pour mesure la moitié de l'arc sur lequel il est appuyé; donc l'angle inscript *B D C*, est égal à l'angle au centre *B A F*; de même l'angle inscript *B C D*, est égal à l'angle au centre *B A E*, & l'angle *C B D*, égal à l'angle *C A G*; or par la définition des sinus, la ligne *B I*, est sinus de l'angle *B A F*, parce qu'elle est la moitié de la corde qui soûtient le double de l'arc qui le mesure; par la même raison *C K*, est sinus de l'angle *C A G*, & *B H*, sinus de l'angle *B A E*; ainsi *B I*, sinus l'angle *B A F*, sera pareillement sinus de l'angle *B D C*, son égal. On prouvera la même chose des deux autres angles du triangle inscript; d'où s'ensuit visiblement que *B I* sinus de l'angle *B D C*, est à *B C*, côté qui lui est opposé comme *C K*, sinus de l'angle *CBD* est à *C D* côté qui lui est opposé; puisque chacun des sinus est la moitié du côté, & ainsi de l'autre angle *DCB*, dont le sinus *BH*, est moitié du côté *BD*.

Il faut observer que lorsque l'un des trois angles du triangle inscript *BCD*, est obtus, ainsi que l'est dans cette derniere figure l'angle *CBD*; la ligne *CK*, ne laisse pas d'être son sinus, parce qu'elle est la moitié de la corde *DC*, qui soûtient l'arc *CLD*, double de celui qui mesure l'angle obtus *CBD*; mais

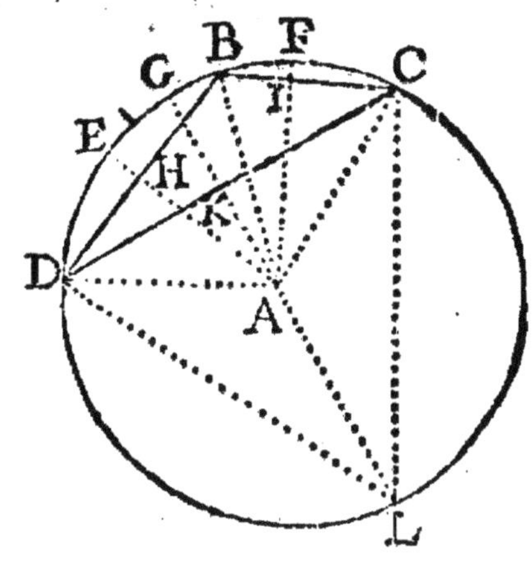

comme, à parler précisément, un angle obtus n'a point de sinus, parce qu'on ne peut pas faire tomber de l'un de ses côtés, une perpendiculaire sur l'autre, à moins que de le prolonger vers le sommet; alors l'on prend pour sinus de l'angle obtus *CBD*, le sinus de son complement *DBM*, c'est à dire de l'angle aigu, qui fait deux angles droits avec l'obtus, étant visible que *DM*, perpendiculaire sur *BC*, prolongée en *M*, est sinus de l'angle *DBM*, par la définition. Or dans le dernier cercle, l'angle *DLC*, aigu, est le complement de l'obtus *CBD*, puisqu'ils valent ensemble la demi circonference; c'est donc le sinus de l'angle *DLC*, qu'il faut prendre pour sinus de l'angle *CBD*; or *CK*, est sinus de l'angle *DLC*, qui est égal à l'angle *CAG*; donc *CK*, est sinus de l'obtus *CBD*; le reste s'ensuit comme dessus.

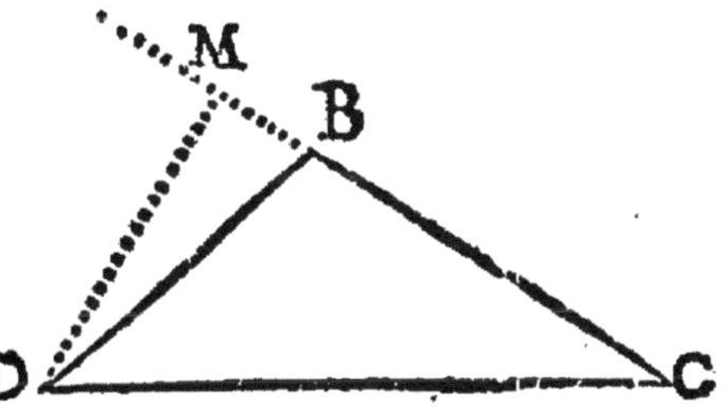

DIXIE'ME PROPOSITION.

Si un Pentagone est inscript au cercle, que l'on joigne par une corde deux côtés voisins, & par une autre corde un de ces côtés avec son voisin; ces deux cordes se coupent de maniere, que leur plus grand segment est égal au côté du Pentagone.

Soient les deux côtés *CA*, *AB*, joints par la corde *CB*, & les deux côtés *AB*, *BE*, par la corde *AE*; je dis que ces deux cordes se coupent au point *F*, de telle sorte que *CF*, ou *FE*, sont égales au côté du Pentagone.

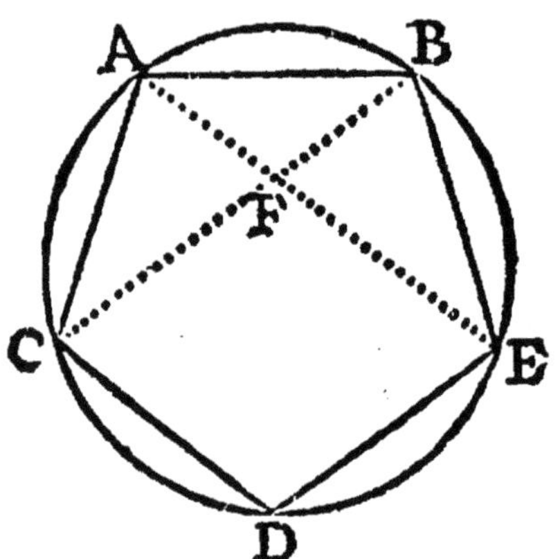

L'angle *AEB*, est un angle de 36 degrés, puisqu'il est appuyé sur un arc de 72. L'angle *CBE*, est un angle de 72 degrés, puisqu'il est appuyé sur deux arcs de 72. Donc l'angle *BFE*, est aussi de 72 degrés, puisque ces trois angles du triangle *BEF*, en doivent valoir 180; donc le triangle *BEF*, est isoscele; donc *FE*, est égale à *BE*, côté du Pentagone. On démontrera la même chose de *CF*.

II. SECTION.

De la mesure de l'aire des figures rectilignes.

ONZIE'ME PROPOSITION.

L'aire d'un rectangle se trouve en multipliant l'un de ses côtés par l'autre.

Soit le Rectangle *ABCD*, dont la base ou longueur soit *CD*, & la hauteur soit *AC*; pour avoir l'aire ou capacité de cette figure, il n'y a qu'à considerer sa formation; il est certain que si la ligne *CD*, coule parallelement à soy-même le long de ligne *CA*, jusqu'à ce qu'elle concoutre avec la ligne *AB*; elle décrira ou couvrira, si vous voulés, la surface du rectangle; donc la base *CD*, est autant de fois contenuë dans la hauteur *CA*, qu'il y a de points dans cette ligne *CA*; donc en multipliant la ligne *CD*, par la ligne *CA*, c'est à dire, la base par la hauteur, on aura l'aire du rectangle. En nombres, si la ligne *CD*, ou *AB*, est de 11 toises, & la ligne *AC*, de deux, multipliant 11 par 2, le produit 22 toises, sera, l'aire du rectangle.

DOUZIE'ME PROPOSITION.

Tout parallelogramme est égal au rectangle, qui a même base & même hauteur que lui.

Soit le parallelogramme *ABCD*, ayant pour base *CD*, sa hauteur se mesure par la perpendiculaire à sa base, comme *DF*; je dis que le rectangle *CDFE*, ayant pour base *CD*, & pour hauteur *DF*, ou *CE*, lui est égal.

Car la perpendiculaire *DF*, étant égale à la perpendiculaire *CE*, & l'oblique *DB*, à l'oblique *CA*, par construction, l'éloignement de perpendicule

dicule *BF* sera égal à l'éloignement de perpendicule *AE*; dõc le triangle *DFB*, est tout égal au triangle *C E A*; si donc je retranche le triangle *D B F*, du parallelogramme, & que j'y ajoûte d'autre part le triangle *C E A*, il me viendra le rectangle *C D F E*, égal au parallelogramme, parce que le rectangle n'est autre chose que le Trapeze *C D F A*, joint au triangle *C E A*: & que le parallelogramme n'est autre chose que le même Trapeze *C D F A*, joint au triangle *D F B*, égal au triangle *C E A*.

Pour s'accoûtumer l'esprit à ces verités, considerons le rectangle & le parallelogramme dans une autre situation.

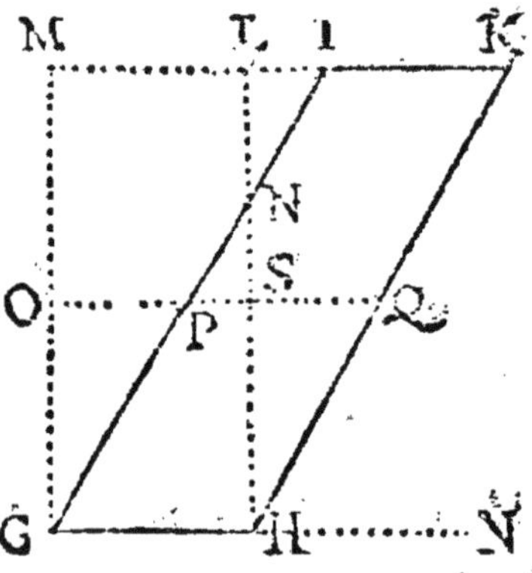

Soit un parallelogramme *G H I K*, que *G H*, soit la base; pour mesurer sa hauteur, il faut mener sur la base *G H*, une perpendiculaire, cõmme *H L*, déterminée par le côté *KI* prolongé; je dis que le rectangle *G H L M*, qui a *G H*, pour base, & *H L*, pour hauteur, c'est à dire, qui a même base & même hauteur que le parallelogramme *G H K I*, lui est égal.

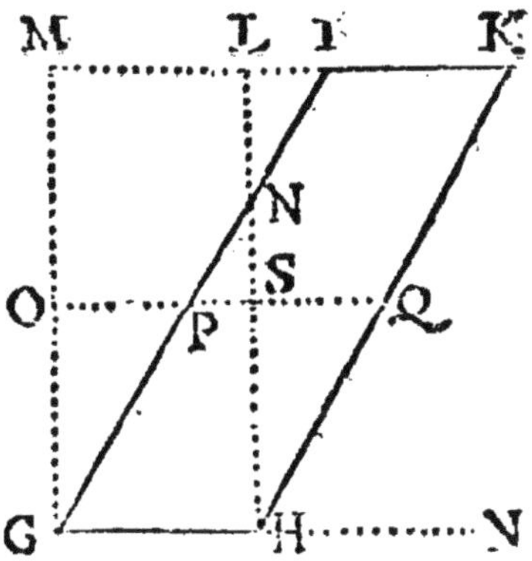

Car le triangle *G M I*, est tout égal au triangle *H L K*, à cause de l'égalité des perpendiculaires *G M*, *H L*; des obliques *G I*, *H K*; & des éloignemens de perpendicule *M I*, *L K*.

Or pour avoir le rectangle *M L G H*, j'ôte du triangle *G M I*, le petit triangle *I L N*, & j'y ajoûte le triangle *G H N*.

Pour avoir le parallelogramme *G H K I*, j'ôte du triangle *H L K*, égal au triangle *G M I*, le petit triangle *I L N*, & j'y ajoûte le triangle *G H N*; donc le parallelogramme est égal au rectangle.

L'on pourroit sans tant de circuit, démontrer cette Proposition comme la précedente : car si la ligne *G H*, qui sert de base au rectangle & au parallelogramme, est prolongée à discretion vers le point *N*, & que l'on laisse couler la ligne *G N*, parallelement à elle-même le long de la perpendiculaire, la portion *G H*, sera autant de fois contenuë dans le rectangle, qu'il y a de points dans la perpendiculaire *H L*; & cette même portion *G H*, ou des portions ses égales, comme *P Q*, seront autant de fois contenuës dans le parallelogramme, qu'il y a de points dans la perpendiculaire; puisque dans le temps que la base prolongée *G N*, arrive au point *O*, & que les côtés du rectangle coupent la portion *O S*; les côtés du parallelogramme coupent la portion *P Q*, qui est égale à *O S*, parce que *O S* est égale à *G H*, & *G H*, égale à *P Q*, à cause des paralleles; donc la surface *G H L M*, est remplie & formée par autant de lignes égales à *G H*, que la surface *G H K I*; donc il y a de part & d'autre, somme égale de lignes égales, parce que la perpendiculaire *L H*, détermine cette somme, telle qu'elle puisse être à une parfaite égalité; donc le parallelogramme est égal au rectangle : Cette methode de démontrer, se nomme la Geometrie des indivisibles. La fecondité en est admirable, & nous en donnerons encore quelques Exemples.

TREIZIE'ME PROPOSITION.

Tout parallelogramme peut être divisé en deux triangles tout égaux; d'où s'ensuit que tout triangle est moitié d'un parallelogramme : la démonstration est claire d'elle-même, puisqu'en tirant d'un angle à l'autre, une ligne qu'on appelle Diagonale, les trois côtés de chacun des deux triangles sont necessairement égaux.

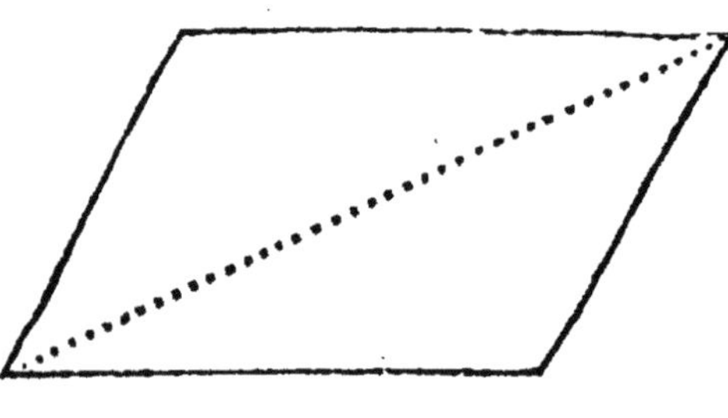

COROLLAIRE.

L'aire du triangle est la moitié du parallelogramme, & par consequent du rectangle qui a même base & même hauteur.

COROLLAIRE II.

Les triangles qui ont leur sommet entre mêmes paralleles & la base commune, sont necessairement égaux; autrement, les triangles qui ont même base & même hauteur, sont égaux.

Le triangle *CAB*, est moitié d'un rectangle, qui a *BC*, pour base, & pour hauteur la perpendiculaire, qui mesure la distance des paralleles. Or le triangle *CBD*, est moité du même rectangle; donc l'aire des deux rectangles est égale: cela est aisé à démontrer encore par les indivisibles.

QUATORZIE'ME PROPOSITION.

En tout Triangle rectangle, le quarré du grand côté qu'on appelle Hypotenuse, est égal aux quarrés des deux côtés. Voila cette admirable Proposition, dont on attribuë l'invention à Pythagore, & qui est d'un usage infini.

Soit le triangle rectãgle *BAC* je dis que le quarré *BCDE*, est égal aux deux autres.

Du sommet de l'angle droit, soit tirée la ligne *AH*, parallele au côté *BE*; & du même sommet *A*, soient tirées aux extremités du côté *DE*, les lignes *AD*,

A E; des extremités du côté *C B*, ſoient tirées les lignes *C F*, *B G*, terminées par les côtés *B F*, *C G*.

La ligne *A H*, diviſe le quarré en deux rectangles. Il faut prouver que le petit rectangle *IBEH*, eſt égal au quarré *A K F B*, & que le rectangle *ICDH*, eſt égal au quarré *C A L G*.

Pour le prouver, je conſidere le triangle *BCF*, & le triangle *E A B*; le triangle *B C F*, eſt moitié du quarré *A K F B*, puiſqu'il a même baſe & même hauteur; car le triangle *B C F*, peut être conſideré comme enfermé entre les paralleles *F B*, *K C*, ayant ſon ſommet en *C*, *B F*, pour baſe, & *A B*, pour hauteur, puiſque c'eſt la perpendiculaire qui meſure la diſtance des paralleles. Par la même raiſon, le triangle *E A B*, eſt la moitié du rectangle *I B E H*, puiſque *B E*, eſt baſe du rectangle & du triangle, & que *B I*, eſt hauteur de l'un & de l'autre. Si donc ces deux triangles *B C F*, *E A B*, ſont égaux, leur double le ſera; or ces deux triangles ſont égaux en effet, car le côté *C B*, du triangle *B C F*, eſt égal au côté *B E*, du triangle *E A B*, & le côté *B F*, du premier triangle, eſt égal au côté *A B*, du ſecond, puiſqu'ils ſont côtés de quarrés. Or l'angle *C B F*, compris par les côtés *C B*, *B F*, eſt égal à l'angle *E B A*, compris par les côtés *A B*, *B E*; parce que chacun de ces angles, eſt composé d'un angle droit & d'un angle commun *C B A*; donc la baſe *C F*, eſt égale à la baſe *A E*, par la neuviéme Propoſition du quatriéme Livre; donc les deux triangles *B C F*, *E A B*, ſont tout égaux; donc leurs doubles ſont égaux, c'eſt à dire le quarré *A K F B*, égal au rectangle *I B E H*; on prouvera de même que les triangles *C A D*, *C B G*, ſont tout égaux, & par conſequent leurs doubles, c'eſt à dire le quarré *C A L G*, égal au rectangle *I C D H*; donc le quarré *B C D E*, composé de deux rectangles, eſt égal aux deux quarrés *A K F B*, *C A L G*. *Ce qu'il falloit démontrer.*

Il eſt aiſé de faire voir que cette admirable Propoſition, n'eſt qu'un Corollaire des lignes proportionnelles qui fourniſſent la Propoſition ſuivante plus generale.

QUINZIE'ME PROPOSITION.

Si une ligne comme *A B*, eſt diviſée en deux parties au point *C*, & que deux autres lignes, comme *E F*, *G H*, ſoient moyennes proportionnelles; l'une, comme *E F*, entre la toute *A B*, & ſa petite portion *A C*; l'autre, comme *G H*, entre la toute *AB*, & ſa grande portion *C B*; le quarré de la toute *AB*, ſera égal aux quarrés des moyennes proportionnelles *E F*, *G H*.

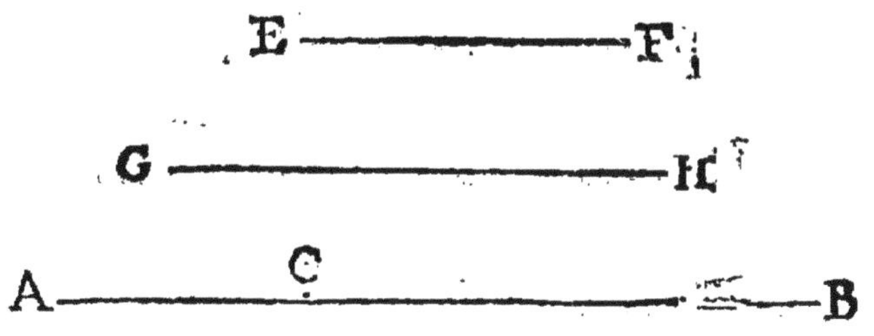

E ———— F

G ———— H

A ——C—— B

Il faut ſe ſouvenir qu'il a été démontré, que ſi une ligne eſt moyenne proportionnelle entre deux autres le quarré de la moyenne, eſt égal au rectangle ou produit des extrêmes: c'eſt la proprieté de la proportion Geometrique, qui convient à toutes ſortes de grandeurs, ſoit nombres, ſoit lignes, &c.

J'appelle la Ligne,	*A B* . . . . *x*.
Le Segment,	*A C* . . . . *y*.
Le Segment,	*C B* . . . . *z*.
La moyenne Proportionnelle,	*E F* . . . . *R*.
L'autre,	*G H* . . . . *P*.

Puisque R, est moyenne proportionnelle entre x & y; il s'ensuit que $RR = xy$, par la proprieté de la proportion.

Puisque P, est moyenne proportionnelle entre x & z; il s'ensuit que $PP = xz$, par la proprieté de la proportion.

Donc $RR + PP = xy + xz$.

Or $xy + xz$. C'est x multiplié par $y + z$; c'est à dire, la Ligne totale multipliée par ses Segmens ou par elle-même, ou, si vous voulés, c'est xx.

Donc $RR + PP = xx$.

C'est à dire le quarré de la Ligne *AB*, est égal aux quarrés des deux moyennes proportionnelles *EF*, *GH*.

COROLLAIRE.

Le quarré de l'Hypotenuse, est égal au quarré des deux côtés; car par la neuviéme Proposition du sixiéme Livre, le côté *AB*, est moyen proportionnel entre *BD*, & *BC*, & le côté *AD*, moyen proportionnel entre *BD*, & *CD*.

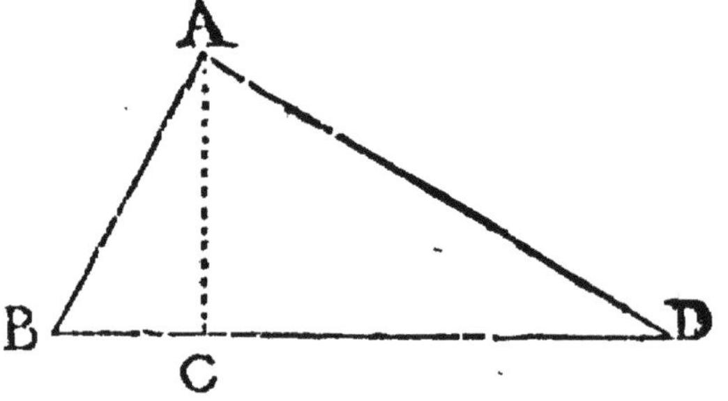

Il suit de-là, que tout triangle qui est tel que le quarré de sa base est égal au quarré de ses deux côtés, est un triangle rectangle; car si les côtés s'ouvroient pour faire un obtus, la base seroit plus grande, & s'ils s'approchoient, plus petite; & par consequent son quarré seroit ou plus grand ou plus petit, que si l'angle étoit droit.

II. COROLLAIRE.

Les côtés du Decagone, du Pentagone, & de l'Hexagone inscripts dans le même cercle, peuvent toûjours être disposés en triangle rectangle : Il n'y a qu'à faire voir que le quarré du côté du Pentagone, est égal au quarré du côté de l'Hexagone, & au quarré du côté du Decagone.

Soit dans le cercle, le côté du Pentagone *AB*, du centre *C*, soient menés les raïons *AC*, *CB*, qui par la septiéme Proposition de ce Livre, seront côtés de l'Hexagone, que l'arc qu'ils comprennent soit divisé en deux parties égales au point *D*, les lignes ou cordes *AD*, *DB*, seront côtés du Decagone. Que l'arc *AED*, soûtenu par un côté du Decagone, soit divisé en deux parties égales au point *E*, par le rayon *CE*, ce rayon coupera le côté du Pentagone au point *I*, & fera un angle droit avec le côté du Decagone. Soit tirée la ligne *ID*.

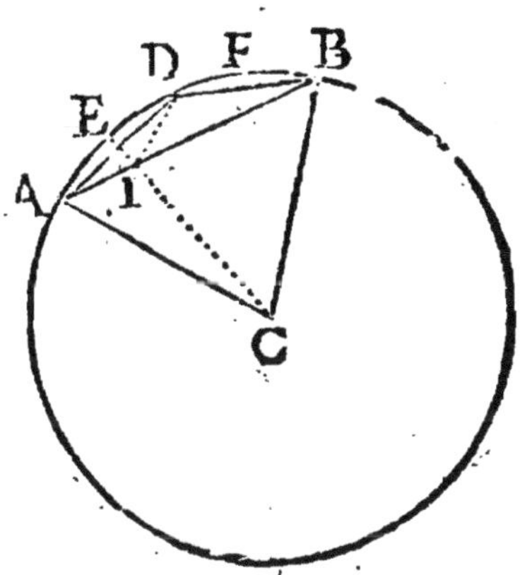

Si je puis démontrer que *CB*, côté de l'Hexagone, est moyenne proportionnelle entre *AB*, côté du Pentagone, & sa portion *BI*, & que *AD*, côté du Decagone, est moyenne proportionnelle entre *AB*, & sa portion *AI*. Il s'ensuivra par nôtre quinziéme Proposition que le quarré de la ligne *AB*, sera égal au quarré de la ligne *BC*, & au quarré de la ligne *AD*; or cela n'est pas difficile.

Je considere le triangle isoscele *ACB*, & le triangle isoscele *CIB*; je trouve qu'ils sont semblables : car dans le grand triangle, l'angle *ACB*, est de soixante & douze degrés par construction, puisque c'est la cinquiéme partie du cercle; les deux angles sur sa base *AB*, sont chacun de cinquante-quatre degrés, puisqu'ils doivent faire ensemble cent huit degrés, & qu'ils doivent être égaux l'un à l'autre, à cause de l'égalité des côtés *CA*, *CB*; de même dans le triangle isoscele *CIB*, l'angle *CBI*, est de 54 degrés, puisqu'il ne differe pas de l'angle *CBA*; d'ailleurs l'angle *BCI*, est aussi de 54 degrés, puisqu'il est mesuré par l'arc *EDFB*, qui est composé de l'arc *DFB*, de 36 degrés, à cause qu'il est soûtenu par le côté du Decagone, & de l'arc *DE*, qui est par construction la moitié de 36 degrés, c'est à dire 18; ainsi dans le triangle isoscele *CIB*, les deux angles sur sa base *CB*, valent chacun 54 degrés, & il en reste soixante & douze pour l'angle de son sommet *CIB*; donc les deux triangles isosceles, *ACB*, *CIB*, sont semblables; donc les deux côtés homologues sont proportionnels; donc *AB*, base du premier, est à *CB*, base du second, comme *CB*, côté du premier, est à *BI*, côté du second; donc *CB* est moyenne proportionnelle entre *AB*, & *BI*.

Je dis en second lieu, que *AD*, est moyenne proportionnelle entre *AB*, & *AI*.

Je considere pour cela le triangle isoscele *ADB*, & le triangle *AID*; je dis que ce dernier est isoscele & semblable au triangle *ADB*.

Dans le triangle *ADB*, chacun des angles sur la base *AB*, est de 18 degrés, puisqu'il a pour mesure la moitié de l'arc *DFB*, de 36 degrés;

reste donc pour l'angle du sommet *ADB*, 144 degrés.

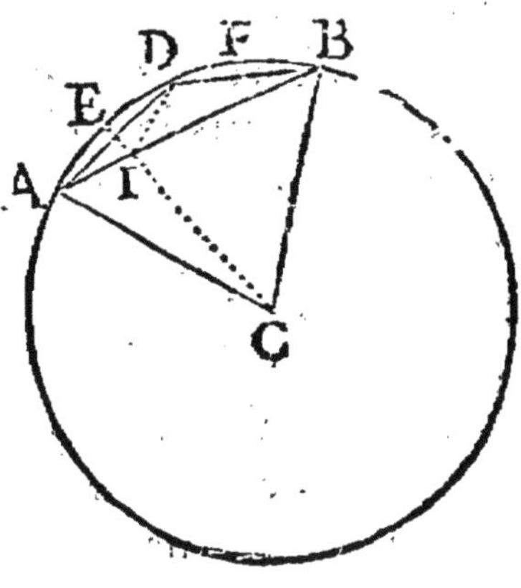

Dans le triangle *AID*, c'est la même chose.

1°. Il est isoscele, c'est à dire, que son côté *AI*, est égal à son côté *ID*, puisque la perpendiculaire partage manifestement le triangle *AID*, en deux triangles rectangles tout égaux.

2°. L'angle sur la base *IAD*, qui n'est pas different de l'angle *BAD*, a pour mesure la moitié de l'arc *DFB*, & partant est de 18 degrés; donc l'autre angle *IDA*, est aussi de 18 degrés, & l'angle du sommet *AID*, de 144; donc les deux triangles *ADB*, *AID*, sont semblables; donc *AB*, base du premier, est à *AD*, base du second, comme *AD*, côté du premier, est à *AI* côté du second; donc *AD*, est moyenne proportionnelle entre *AB*, & *AI*.

Donc le quarré de la ligne *AB*, est égal au quarré de la ligne *BC*, plus le quarré de la ligne *AD*.

Donc si l'on dispose la ligne *AD*, & la ligne *BC*, ensorte qu'elles forment un angle droit, la ligne *AB*, en sera la base. *Ce qu'il falloit démontrer.*

Cela fournit une construction pour inscrire le côté du Pentagone. La voicy.

PROBLEME.

SEIZIE'ME PROPOSITION.

Inscrire dans un cercle donné le côté du Pentagone.

Soient deux diametres se coupant à angles droits,

au centre *C* ; diviſés le raïon *B C*, en deux parties égales au point *D* ; tirés la ligne *A D* ; prenés ſur elle *D E*, égale à *DC*, puis prenés *F C*, égale à *A E*, la ligne *F B*, ſera le côté du Pentagone.

Il faut laiſſer à ceux qui commencent le plaiſir d'en trouver la démonſtration, c'eſt une ſuite de la Propoſition précedente.

DIX-SEPTIE'ME PROPOSITION.

Le quarré de la baſe d'un angle obtus, eſt égal aux quarrés des deux côtés ; plus deux fois le rectangle du côté ſur lequel on a mené une perpendiculaire, & de la partie de ce côté prolongé compriſe entre la perpendiculaire & le ſommet de l'angle obtus.

Soit l'angle obtus *ABC*, ſoit mené du point *A*, la perpendiculaire *A D*,

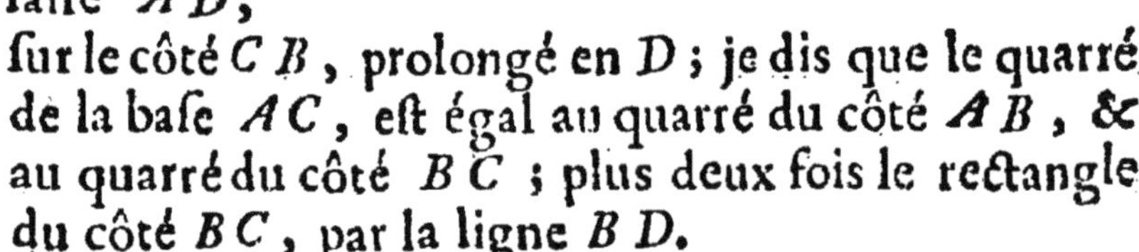

ſur le côté *C B*, prolongé en *D* ; je dis que le quarré de la baſe *A C*, eſt égal au quarré du côté *A B*, & au quarré du côté *B C* ; plus deux fois le rectangle du côté *B C*, par la ligne *B D*.

Je nomme la baſe,	*A C* . . . . x.
Le côté,	*A B* . . . . y.
Le côté,	*C B* . . . . z.
La ligne,	*B D* . . . . u.
La ligne *D C*, ſera	$z + u$.

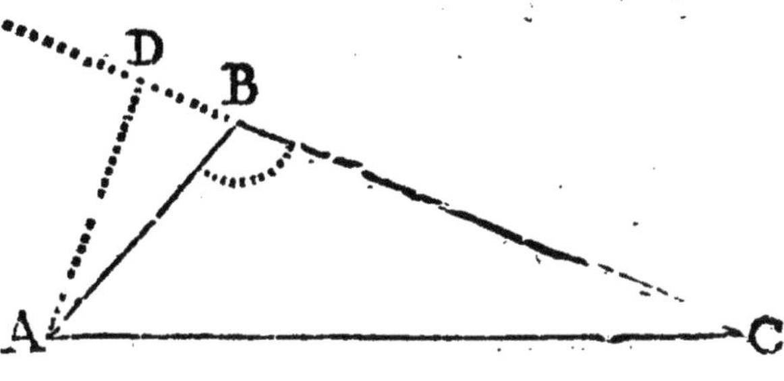

A cause du triãgle rectãgle *ADB* le quarré de la ligne *AB* est égal au quarré de la ligne *AD*; plus le quarré de la ligne *DB*; donc le quarré de la ligne *AD*, est égal au quarré de la ligne *AB*, moins le quarré de la ligne *DB*.

C'est à dire, que le quarré de la ligne *AD*, est égal à $yy - uu$.

Or à cause du triangle rectangle *ADC*, si au quarré de la ligne *AD*, qui est $yy - uu$, j'ajoûte le quarré de la ligne *DC*, c'est à dire, le quarré de $z + u$, qui est $zz + 2zu + uu$, comme on verra tout à l'heure.

J'aurai $zz + 2zu + uu + yy - uu$, c'est à dire, que j'aurai $zz + 2zu + yy = xx$.

C'est à dire, le quarré de la ligne *AC*, égal au quarré de la ligne *AB*, & au quarré de la ligne *CB*: plus deux rectangles de z par u, c'est à dire, de la ligne *BC*, par la ligne *BD*.

Que le quarré de $z + u$, soit $zz + 2zu + uu$, cela est évident. Il n'y a qu'à multiplier $z + u$ par $z + u$, suivant qu'il a été enseigné dans le Traité de l'Arithmetique par lettres.

DIX-HUITIE'ME PROPOSITION.

Le quarré de la base d'un angle aigu, est éga aux quarrés de ses côtés, moins deux fois le rectangle du côté sur lequel on a mené une perpendiculaire, & de la partie de ce côté comprise entre la perpendiculaire & le sommet de l'angle donné.

Soit le triangle *BAC*. Que l'angle donné soit en *A*, & que sa base soit la ligne *BC*, du point *B*, extremité de la base, soit menée la perpendiculaire *DB*; je dis que le quarré de la base *BC*, est égal aux deux quarrés des côtés *BA*, *AC*; moins deux fois le rectangle du côté *AC*, par sa portion *AD*.

Que le côté *AB*, soit nommé z.
Le côté *AC*, soit nommé y.
La base *BC*, soit nommé x.
La portion *AD*, soit nommée u.
La ligne ou portion *DC*, sera, $y - u$.

A cause du triangle rectangle *BDA*, le quarré de *BD*, est égal au quarré de *AB*; moins le quarré de *AD*, c'est à dire, que le quarré de la ligne *BD*, est $zz - uu$.

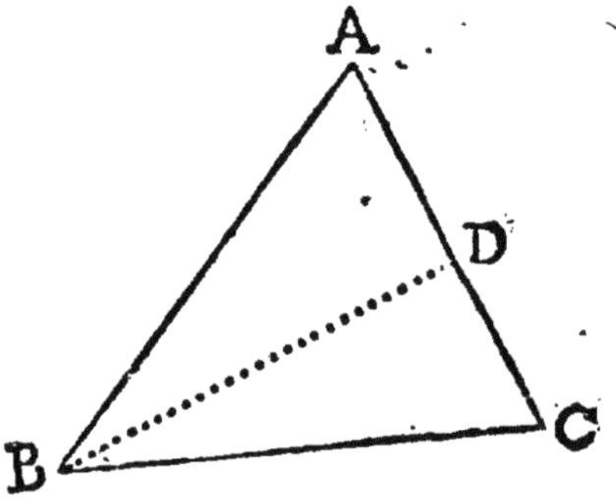

De même à cause du triangle rectangle *BDC* si je joins au quarré de *BD*, le quarré de *DC*, j'aurai le quarré de *BC*.

On vient de voir que le quarré de *BD*, est $zz - uu$.

J'y joins le quarré de *DC*, lequel quarré est $yy - 2yu + uu$; puisque *DC*, est $y - u$, & que $y - u$, multiplié par $y - u$, donne $yy - 2yu + uu$.

Joignant donc le quarré de *BD*, au quarré de *DC*, il me vient pour le quarré de *BC*, $zz - uu + yy - 2yu + uu$.

Or $- uu + uu$, c'est à dire zero; donc reste pour le quarré de la base *BC*, $zz + yy - 2yu$; c'est à dire, le quaré du côté *AB*; plus le quarré du côté *AC*; moins deux fois y multiplié par u, c'est à dire, moins deux fois le rectangle du côté *AC*, par la portion *AD*.

DIX NEUVIE'ME PROPOSITION.

Trouver l'aire d'un triangle donné dont on connoît simplement les trois côtés.

Le Problême se réduit à trouver la valeur de la perpendiculaire du triangle donné : car multipliant la base par la perpendiculaire, on a le double de l'aire du triangle, par le Corollaire de la treiziéme Proposition.

Or voici comme l'on trouve la valeur de la perpendiculaire.

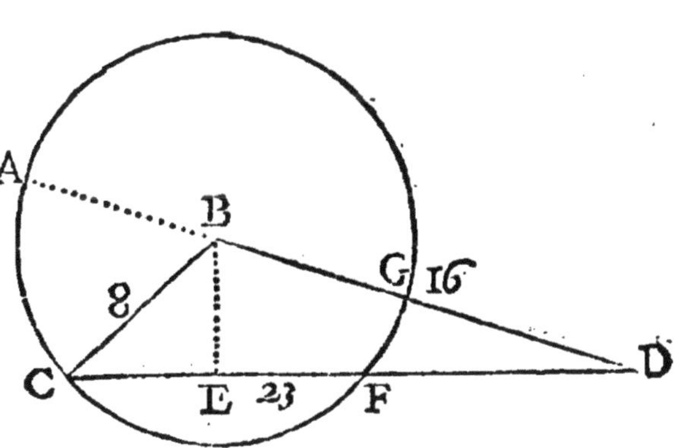

Soit le triangle donné *CBD*; je supose le côté *CB*, de 8 toises, la base *CD* de 23 toises & le côté *BD*, de 16 toises; il faut trouver la valeur de la perpendiculaire *BE*, c'est à dire, combien elle contient de toises.

Du point *B*, pris pour centre, & de l'intervalle *CB*, le plus petit des côtés, je décris un cercle qui rencontre la base aux points *C*, *F*; il est démontré que la perpendiculaire *BE*, passant par le centre, doit tomber sur le milieu de la ligne *CF*, qui est ici une corde; ainsi je commence par chercher combien la ligne *CF*, vaut de toises; & je le sçaurai quand je connoîtrai combien la ligne *FD*, en contient. Or cela est aisé par la troisiéme Propoſition du ſeptiéme Livre, car comme la ligne *CD*, eſt à la ligne *AD*; ainſi *DG*, eſt à *DF*. Les trois premieres de ces lignes ſont connuës; *CD*, eſt la baſe de 23 toiſes, *AD*, eſt la ſomme des côtés, c'eſt à dire 24 toiſes : car *CB*, eſt égale à *BA*, *GD*, eſt la difference des côtés, c'eſt à dire 8 toiſes : car *BG*, raïon eſt égale à *CB*, petit côté; il n'y a donc qu'à faire la regle de trois ainſi. Comme 23 eſt à 24, ainſi 8 a un quatriéme terme, qui ſera la ligne *DF*; multipliant donc 24 par 8, & diviſant par 23, viendra 8 toiſes & environ $\frac{1}{3}$ de toiſe pour la ligne *DF*, cela étant la ligne *CF*, vaudra 14 toiſes $\frac{2}{3}$, puiſque la ligne *CD*, en vaut 23, partant ligne *CE*, moitié de *CF*, vaudra 7 toiſes $\frac{1}{3}$.

A preſent connoiſſant la valeur de *CE*, il eſt aiſé d'avoir la valeur de *BE*; car à cauſe du triangle rectangle *CEB*, il n'y a qu'à ôter du quarré de *CB*, qui eſt 64, le quarré de *CE*, qui eſt un peu moins de 54 toiſes, reſtera environ 10 toiſes pour le quarré de la perpendiculaire *BE*, dont la racine eſt trois toiſes $\frac{1}{3}$ & quelque choſe de plus.

Voila donc enfin la perpendiculaire trouvée en toiſes; donc multipliant la baſe *CD*, qui contient 23 toiſes par 3 toiſes $\frac{1}{3}$, viendra au produit environ 77 toiſes, double de l'aire du triangle donné, laquelle contiendra par conſequent 38 toiſes $\frac{1}{2}$.

Cette Propoſition eſt de grand uſage, & il faut ſe bien ſouvenir, que pour avoir la perpendiculaire d'un triangle, il faut faire comme la baſe eſt à la ſomme des côtés; ainſi la difference des côtés, eſt à une quatriéme ligne, qui étant ôtée de la baſe, laiſſe une autre ligne ſur la moitié de laquelle tombe la perpendiculaire cherchée.

VINGTIE'ME PROPOSITION.

Si l'on divise en deux parties égales, chaque angle d'un triangle par des lignes tombantes sur les côtés opposés, les trois lignes qui les divisent, se rencontreront en un même point dans le triangle.

Soit le triangle *ABC*. Soit l'angle en *A*, divisé en deux parties égales par la ligne *AD*, & l'angle en *C*, divisé en deux parties égales par la ligne *CE*, qui coupe en *F*, la ligne *AD*, il n'y a qu'à démontrer que si l'on tire de l'angle en *B*, par le point *F*, la ligne *BFG*; cette ligne *BFG*, divisera en deux parties égales l'angle en *B*.

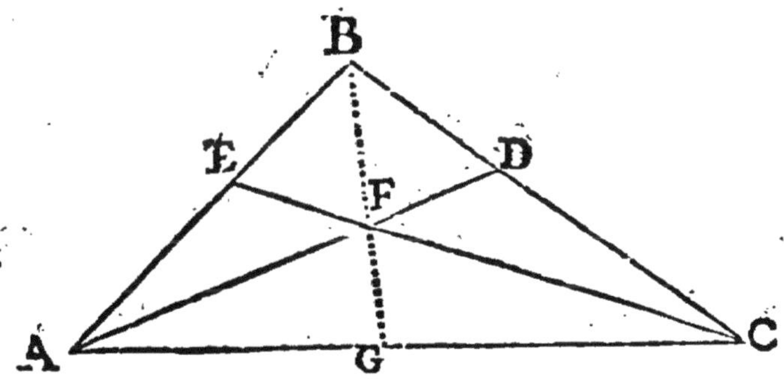

Puisque l'angle en *C*, & l'angle en *A*, sont divisés en deux parties égales; il s'ensuit par la huitiéme Proposition du sixiéme Livre, que *AB*, est à *BD*, comme *AC*, est à *CD*, puis considerant le triangle *ACD*, il s'ensuit par la même raison que *AC*, est à *CD*, comme *AF*, est à *FD*; donc *AB*, est à *BD*, comme *AF*, est à *FD*; donc par la même Proposition, en considerant le triangle *ABD*, l'angle en *B*, est divisé en deux parties égales par la ligne *BF*, puisque la base *AD*, est coupée proportionnellement aux côtés *AB*, *BD*.

VINGT-

VINGT-UNIE'ME PROPOSITION.

Si des trois angles d'un triangle oxigone, on meine des perpendiculaires sur les côtés opposés; elles se rencontreront toutes trois au même point dans l'aire.

Soit le triangle Oxigone *BAC*; soient menées les perpendiculaires *BE*, *CD*, qui se rencontrent au point *G*; je dis que la ligne tirée du sommet *A*, par le point *G*, & tombant en *F*, sur le côté *BC*, lui est perpendiculaire.

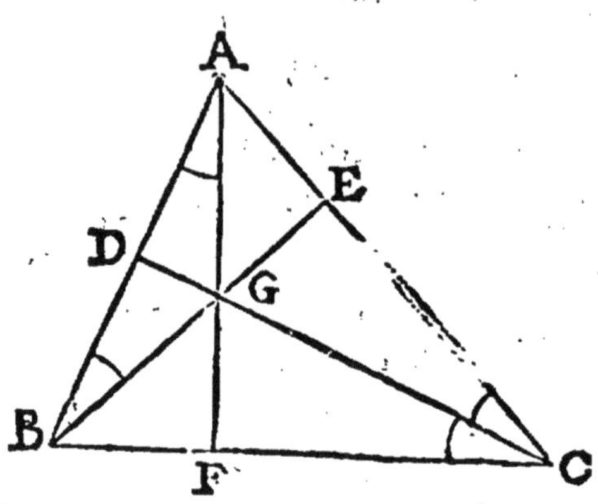

Les deux triangles *BEA*, *CDA*, sont semblables ayant l'un & l'autre un angle droit, & l'angle en *A*, commun. D'où s'ensuit que les angles *EBA*, *DCA*, sont égaux, & que le petit triangle *GDB*, est semblable aux deux triangles *CDA*, *BEA*, à cause de son angle droit en *D*, & de l'angle commun *GBD*; donc *CD*, *DB* :: *AD*, *DG*.

Considerant maintenant les lignes *CD*, *DB*, comme côtés qui comprennent l'angle droit du triangle *CDB*, & considerant les lignes *AD*, *DG*, comme côtés qui comprennent l'angle droitdu triangle *GDA*, puisque les deux premiers comprenant l'angle droit, sont proportionnels aux deux autres, comprenant l'angle droit; il s'ensuit que les deux triangles *CDB*, *GDA*, sont semblables, par consequent l'angle *DCB*, égal à l'angle *GAD*. Or si l'on continuë *AG*, jusqu'en *F*, pour former le triangle *AFB*, il faudra necessairement qu'il soit semblable au triangle *CDB*, puisqu'ils auront un angle commun, qui est *CBD*, & l'angle *GAD*, égal à l'angle *DCB*; donc comme l'angle *CDB*, est droit, l'angle *AFB*, sera droit pareillement, & par consequent la ligne *AF*, perpendiculaire.

VINGT-DEUXIE'ME PROPOSITION.

Si une ligne comme *AB*, est divisée en deux parties au point *C*, le quarré de la toute *AB*, est égal aux deux quarrés des deux parties *AC*, *CB*; plus deux fois le rectangle d'une partie par l'autre.

A——C————————B

Soit la ligne *AB*, appellée .... x.
La portion *AC*, ... y.
La portion *CB*, ... z.
x, sera égal à $y+z$.

Multipliant $y+z$ par $y+z$, viendra $yy+2yz+zz=xx$. C'est à dire le quarré de *AC*, plus le quarré de *CB*; plus deux fois le rectangle de *AC*, par *CB*, égal au quarré de la toute *AB*.

Que si la ligne *AB*, est divisée en trois parties aux points *C*, *D*; le quarré de la toute *AB*, est égal aux trois quarrés des parties; plus deux fois le rectangle de *AC*, par *CD*; plus deux fois le rectangle de *CD*, par *DB*, il n'y a qu'à donner des noms aux parties de la toute.

A——C——D————————B

Je nomme *AC* .... x.
CD .... y. *DB* .... z.

La toute sera donc $x + y + z$, que je multiplie par $x + y + z$, vient au produit $xx + yy + zz + 2xy + 2xz + 2yz$, égal au quarré de la toute.

Si la ligne *AB*, est divisée en quatre parties aux points *C*, *D*, *E*, on démontrera de même que le quarré de la toute *AB*, est égal aux quatre quarrés des parties; plus deux fois le rectangle de *AC*, par *CD*; plus deux fois le rectangle de *AC*, par *DE*; plus deux fois le rectangle de *AC*, par *EB*; plus deux fois le rectangle de *CD*, par *DE*; plus deux fois le rectangle de *CD*, par *EB*; plus deux fois le rectangle de *DE*, par *EB*, & ainsi à l'infini.

On voit par ces exemples de quel usage est l'Arithmetique par lettres.

VINGT-TROISIE'ME PROPOSITION.

Toute figure reguliere est égale au rectangle, qui a pour base la moitié du perimetre & pour hauteur le raïon droit de la figure.

Soit la figure reguliere *BFEGHD*, dont le raïon droit soit *AC*, & soit le rectangle *IKLM*, dont la base *LM*, soit égale à la moitié du perimetre de la figure, & dont la hauteur *KM*, soit égale au raïon droit *AC*; je dis que l'aire du rec-

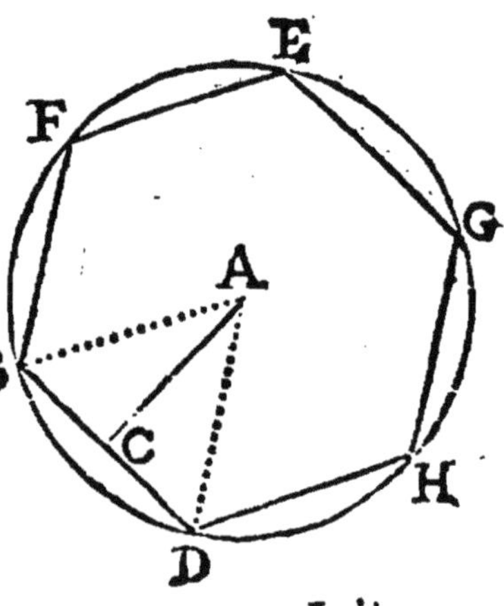

tangle, est égale à l'aire de la figure.

Pour le prouver; du centre de la figure *A*, je meine des lignes à tous les angles, & par là la figure est partagée en autant de triangles, qu'elle a de côtés. Ici, par exemple, l'Hexagone est partagé en six triangles tous égaux au triangle *BAD*: or l'aire du triangle *BAD*, est égale au rectangle de *BC*, moitié de *BD*, par *AC*, c'est à dire au rectangle de la moitié du côté du Polygone par le raïon droit, tel qu'est ici le rectangle *INLO*; donc les six triangles pris ensemble, & composant tout l'Hexagone, sont égaux à six rectangles, tels que *INLO*, dont chacun a pour base la moitié du côté *BD*, & pour hauteur le raïon droit *AC*. Or ces six rectangles sont égaux à un seul rectangle, qui a pour base ces six moitiés du côté du Polygone, & pour hauteur le même raïon droit *AC*, tel qu'est ici le rectangle *IKLM*; ces six moitiés font la moitié du perimetre de la figure; donc l'aire de la figure donnée est égale au rectangle, qui a pour base la moitié du perimetre, & pour hauteur le raïon droit.

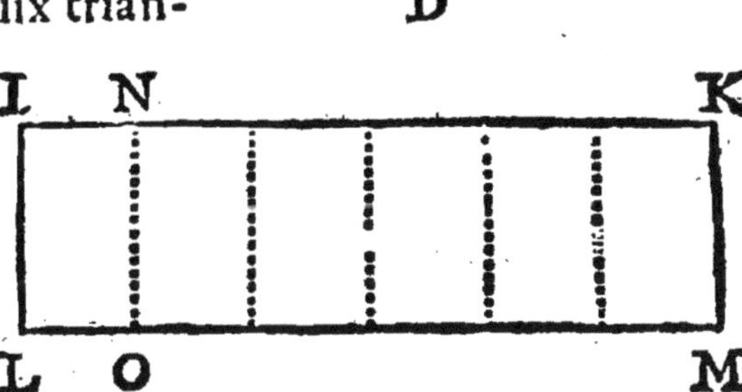

COROLLAIRE.

L'aire du cercle eſt égal au rectangle, qui a pour baſe la moitié de la circonference, & pour hauteur le raïon : c'eſt une ſuite manifeſte de la nature du cercle, qui étant un Polygone regulier d'une infinité de côtés, tombe dans le cas de la preſente Propoſition; ſon raïon droit ne differe pas de ſon raïon, parce que le côté infiniment petit de ce Polygone regulier, eſt un point de la circonference; ainſi la fameuſe Propoſition de la quadrature du cercle, ſe réduit à trouver une ligne égale à la moitié de la circonference.

On peut exprimer autrement cette Propoſition & la démontrer aiſément par les indiviſibles, ainſi qu'il ſuit :

L'aire du cercle eſt égal au triangle rectangle, qui a pour un de ſes côtés une ligne égale à la circonference, & pour ſon autre côté le raïon du cercle.

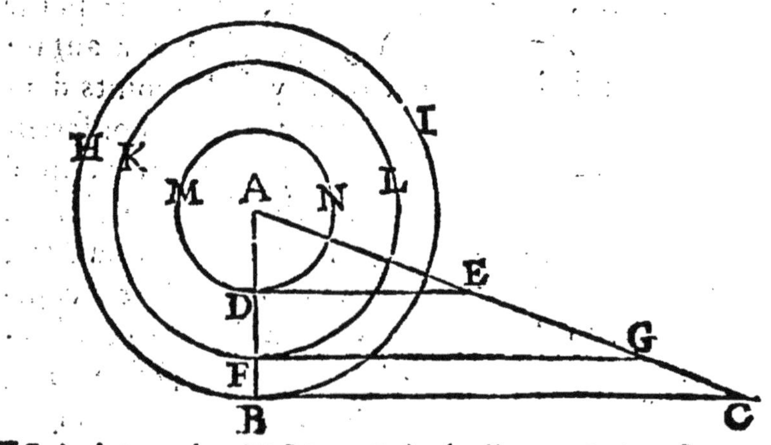

Soit le cercle *H I B*. Soit la ligne *B C*, ſa tangente au point *B*, ſuppoſée égale à la circonference *H I B*. Du centre *A*, ſoit tirée la ligne *AC*, formant le triangle rectangle *A B C*; je dis que

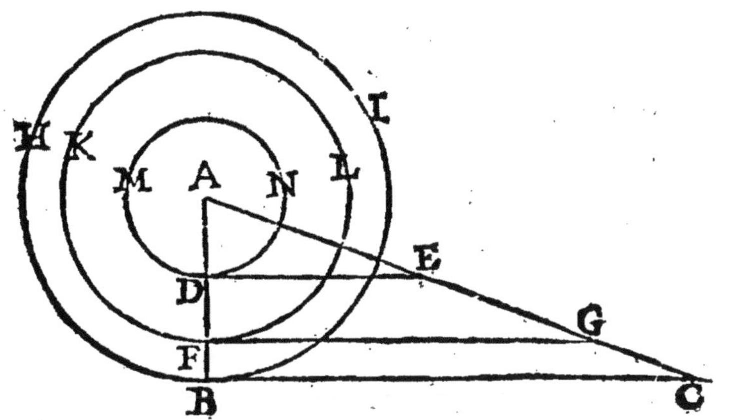

l'aire de ce triangle est égale à l'aire du cercle *HIB*. Pour le démontrer :

Je considere que le nombre infini des circonferences concentriques, qui remplissent l'aire du grand cercle, est mesuré par le raïon *A B*, c'est à dire, qu'il y a autant de circonferences concentriques, qu'il y a de points dans la ligne *A B*.

Je considere d'autre part que le nombre des lignes paralleles à *B C*, qui toutes ensemble remplissent l'aire du triangle *C B A*, est mesuré par le même raïon *A B*, c'est à dire, qu'il y a autant de lignes paralleles à *B C*, qu'il y a de points dans la ligne *A B*; donc il y a autant de circonferences concentriques dans l'aire du grand cercle, qu'il y a de lignes paralleles dans l'aire du triangle. Si donc chaque ligne parallele, comme *F G*, ou *DE*, est égale à sa circonference correspondante, comme *K L F*, ou *M N D*, il y aura de part & d'autre parfaite égalité dans les deux aires, c'est à dire, qu'elles seront remplies pas un nombre égal de grandeurs égales, & par consequent l'aire du grand cercle, sera égale à l'arc du triangle *C B A*.

Or il est aisé de démontrer, que telle tangente que l'on voudra choisir, comme *F G*, est égale à sa circonference correſpondante *KLF*; & voici comment.

La circonference *HIB*, eſt à la circonference *KLF*, comme le raïon *AB*, eſt au raïon *AF*, par le Corollaire de la cinquiéme Propoſition de ce Livre.

Le raïon *AB*, eſt au raïon *AF*, comme la ligne *BC*, eſt à la ligne *FG*, à cauſe que les triangles *CBA*, *GFA*, ſont ſemblables.

Donc la circonference *HIB*, eſt à la circonference *KLF*, comme la ligne *BC*, eſt à la ligne *FG*, parce que deux raiſons égales à une même raiſon, ſont égales entr'elles.

Alternando. La circonference *HIB*, eſt à la ligne *BC*, comme la circonference *KLF*, eſt à la ligne *FG*.

Or la circonference *HIB*, eſt ſuppoſée égale à la ligne *BC*; donc la circonference *KLF*, ſera égale à la ligne *FG*. *Ce qu'il falloit démontrer.*

PROBLEME.

VINGT-QUATRIÉME PROPOSITION.

Transformer une figure d'un certain nombre de côtés en un autre de même aire, & la réduire, si l'on veut, au triangle.

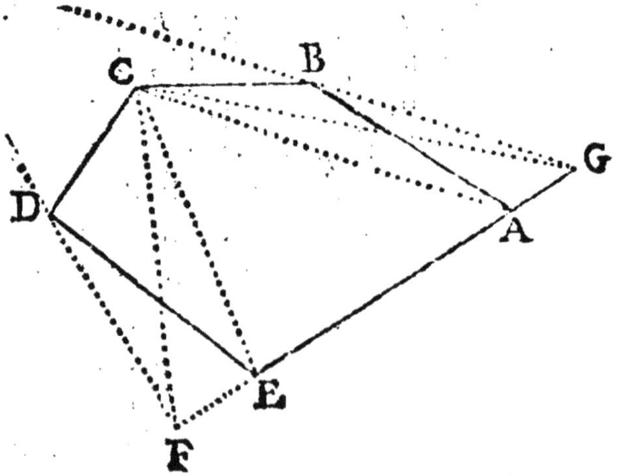

S o Pentagone irregulier *ABCDE*, je le réduis d'abord au quadrilatere; & pour cela, je joins les points *C*, *E*, par la ligne *CE*, à laquelle je tire par le point *D*, la parallele *DF*, qui rencontre le côté *AE*, prolongé au point *F*, duquel point je tire la ligne *FC*, & je dis que le quadrilatere *ABCF*, est égal au Pentagone : car le triangle *CFE*, est égal au triangle *EDC*, puisqu'ils ont la même base *CE*, & qu'étant entre mêmes paralleles, ils ont même hauteur. Retranchant donc le triangle *EDC*, du Pentagone, & remettant en sa place le triangle *CFE*, son égal, on a le quadrilatere *ABCF*, égal au Pentagone donné.

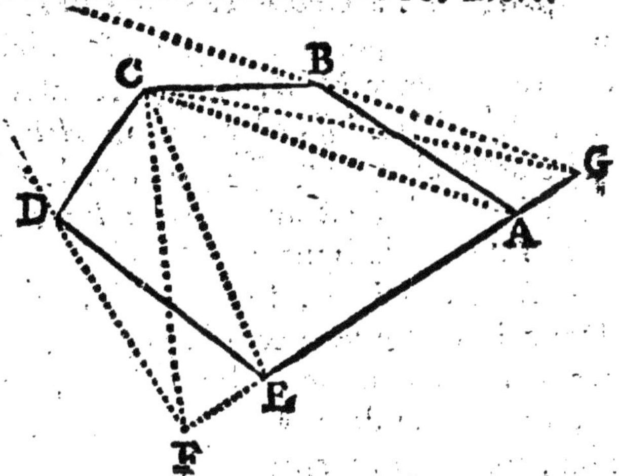

Il n'est pas plus difficile de reduire ce quadrilatere *ABCF*, en triangle.

Il n'y a qu'à joindre les points *CA*, si vous voulés, par la ligne *CA*; lui mener une parallele par le point *B*; prolonger *FA*, jusques en *G*, puis joindre les points *CG*, le triangle *FCG*, sera par la même raison égal au quadrilatere *ABCF*, & par consequent au Pentagone *ABCDE*.

Que si l'on vouloit à present reduire le triangle *FCG*, en un triangle rectangle isoscele de même aire, il faudroit d'abord faire passer par l'un des points *E*, *C*, *G*, une parallele au côté opposé; par exemple, par le point *C*, puis ayant mené les perpendiculaires *GI*, *EH*, on aura le rectangle *EHGI*, dont l'aire est double de l'aire du triangle *ECG*, parce qu'il a même base & même hauteur.

Trouvant à present une moyenne proportionnelle entre la ligne *EH*, & la ligne *GE*, le quarré de cette moyenne proportionnelle, sera égal au rectangle *EHGI*.

Que ce quarré soit *KLMN*; la Diagonale *ML*, le partage en deux triangles rectangles isoscceles, dont chacun a l'aire égale à celle du triangle *ECG*.

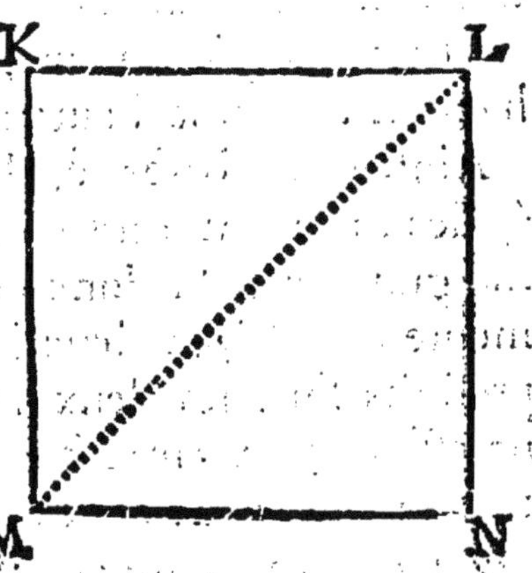

NEUVIEME LIVRE.

De la comparaison de l'aire des figures.

PREMIERE PROPOSITION.

LES rectangles qui ont même base, sont entre eux comme leurs hauteurs; & ceux qui ont même hauteur, sont entre eux comme leurs bases.

Il faut se souvenir que la raison de deux grandeurs, demeure la même, si on les multiplie par une même grandeur; ainsi *A*, *B* : : *AC*, *BC*.

Un rectangle est une base multipliée par une hauteur, ou une hauteur multipliée par une base.

Ainsi deux bases égales étant deux grandeurs égales, peuvent être considerées, comme une même grandeur. Si donc cette grandeur égale à elle-même, multiplie deux hauteurs inégales, les deux produits sont les deux rectangles, qui conservent necessairement entre eux la Raison que les hauteurs inégales avoient avant la multiplication.

Par exemple, une hauteur est *A*, l'autre est *B*; je multiplie la hauteur *A*, par la base *C*, vient *AC*; je multiplie la hauteur *B*, par la base *C*, vient *BC*, & il est évident que *A*, *B* : : *AC*, *BC*.

C'est la même chose des bases inégales multipliées par une même hauteur.

SECONDE PROPOSITION.

Les rectangles sont entre eux en Raison composée de la base à la base, & de la hauteur à la hauteur.

Soient les rectangles *ACDB*, *EGHF*: ayant rangé les hauteurs *AB*, *EF*, & les bases *BD*, *FH*, comme on les voit ici, c'est à dire, les deux bases l'une auprés de l'autre, & les 2 hauteurs de même; l'on a deux raisons; sçavoir, la Raison de *AB* à *EF*, qui est celle des hauteurs; & la Raison de *BD* à *FH*, qui est celle des bases.

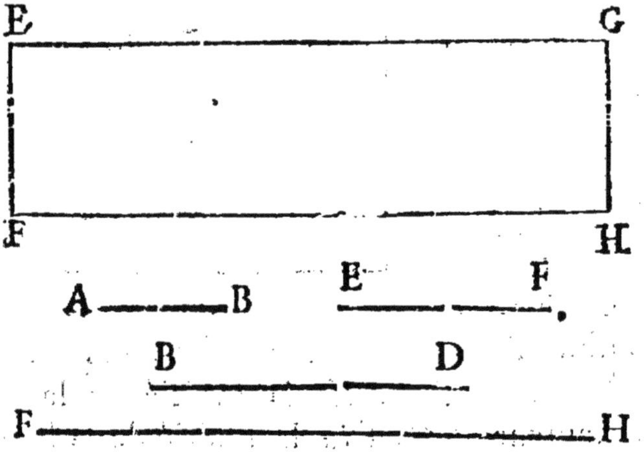

Pour composer une Raison de ces deux Raisons données; on sçait qu'il faut multiplier les deux Antecedens l'un par l'autre, & les deux Consequens pareillement. Or de la multiplication de l'Antecedent *AB*, par l'Antecedent *BD*, vient le premier rectangle; & de la multiplication du Consequent *EF*, par le Consequent *FH*, vient le second rectangle; donc ces deux rectangles font une Raison composée des deux Raisons de base à base, & de hauteur à hauteur.

TROISIÉME PROPOSITION.

Les rectangles semblables, c'est à dire, qui ont les côtés proportionnels, sont en Raison doublée de leurs bases ou de leurs hauteurs.

Soit la hauteur *AC*, à la hauteur *EG*, comme la base *CD*, à la base *GH*.

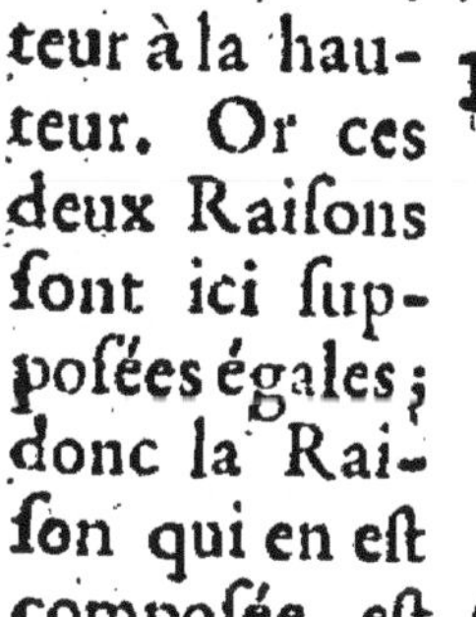

Par la précedente Proposition, les rectangles sont en Raison composée de la base à la base, & de la hauteur à la hauteur. Or ces deux Raisons sont ici supposées égales; donc la Raison qui en est composée, est une Raison doublée de l'une ou l'autre des composantes.

Si la base *CD*, est la moitié de la base *GH*, la hauteur *AC*, sera la moitié de la hauteur *EG*, & le grand rectangle sera quadruple du petit : car la Raison doublée de 1 à 2, est 1, 4, puisque:

1, 2 : : 1, 2.

La multiplication des Antecedens est 1, celle des Consequens; est 4.

COROLLAIRE.

Les parallelogrammes semblables, sont en Raison doublée de leurs côtés homologues, puisque la base est à la base, comme la hauteur à la hauteur.

II. COROLLAIRE.

Les triangles semblables, sont entre eux en Raison doublée de leurs côtés homologues, puisqu'étant moitiés de parallelogrammes semblables, leur base est à leur base, comme leur hauteur est à leur hauteur.

III. COROLLAIRE.

Les figures regulieres inſcriptes ou circonſcriptes au cercle, ſont entre elles en Raiſon doublée ou de leurs côtés ou de leurs raïons, ou de leurs raïons droits. Ces trois Raiſons étant égales en toutes figures regulieres, ſi elles ſont en Raiſon doublée de l'une, elles ſeront en Raiſon doublée de l'autre. Or il eſt viſible, par exemple, que deux Hexagones, ſont en Raiſon doublée de leurs côtés : car chaque Hexagone ſe diviſe en ſix triangles parfaitement égaux, & chaque triangle d'un Hexagone eſt à chaque triangle de l'autre en Raiſon doublée de la baſe à la baſe, parce qu'ils ſont ſemblables; donc les ſix triangles d'un côté, ſont à l'égard des ſix triangles de l'autre pareillement en Raiſon doublée de leurs côtés.

IV. COROLLAIRE.

Les cercles ſont entre eux en Raiſon doublée de leurs raïons : car les cercles ſont des Polygones reguliers d'une infinité de côtés ; ainſi ſi l'on propoſe deux cercles dont l'un ait le raïon triple de l'autre, l'aire du grand cercle ſera noncuple de celle du petit.

V. COROLLAIRE.

Les quarrés ſont en Raiſon doublée de leurs côtés, puiſque ce ſont des rectangles.

VI. COROLLAIRE.

Les cercles ſont entre eux comme les quarrés de leurs raïons : car les quarrés des raïons ſont en Raiſon doublée des raïons, auſſi-bien que les cercles.

VII. COROLLAIRE.

Si l'on construit sur les trois côtés d'un triangle rectangle, trois figures semblables quelconques, celle qui sera construite sur l'hypotenuse, sera égale aux deux autres prises ensemble. 1°. Les figures semblables sont en Raison doublée de leurs côtés homologues, c'est à dire, comme les quarrés de leurs côtés. Or nous avons vû que le quarré de l'hypotenuse est égal au quarré des deux côtés; donc la figure construite sur l'ypotenuse, est égale au deux autres, puisqu'elle est à ces deux autres, comme son quarré est aux quarrés des deux autres.

C'est par ce dernier Corollaire qu'on est venu à bout de trouver l'aire de certains espaces renfermés par des portions de circonferences, quoique jusqu'à present il ait été impossible de trouver geometriquement l'aire du cercle, parce qu'on ne sçait pas la longueur de la circonference. Ainsi quoiqu'on sçache que l'aire du cercle est égale au rectangle de la demi-circonference par le raïon; comme cette demi-circonference ne peut être mesurée geometriquement, & qu'on n'en connoît point le rapport avec une ligne droite, on n'a pas non plus exactement ce rectangle; cependant voici comment l'on trouve geometriquement l'aire de ces espaces, qu'on appelle ordinairement des Lunulles, & dont l'invention est attribuée à un ancien Geometre nommé Hippocrate.

Soit décrit le triangle rectangle isoscele *ABC*. Sur chacun de ses côtés pris pour diametres, soient décrites les demi-circonferences, *AGBDC*, *AFB*, *CEB*.

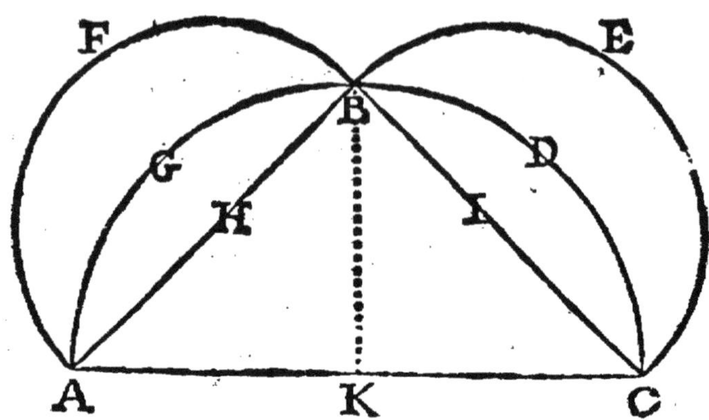

L'eſpace renfermé entre le quart de cercle *AGB*, & la demi-circonference *AFB*, ſe nomme une Lunulle, comme celle de l'autre côté.

Je dis que les deux Lunulles priſes enſemble, ſont égales au triangle *ABC*, car par ce dernier Corollaire, l'aire du demi cercle *AGBDC*, eſt égale aux deux aires des demi cercles *AFB*, *BEC*. Or retranchant de l'aire du grand demi cercle, la portion *AGBH*, & la portion *BDCI*, reſtera le triangle *ABC*; ces deux mêmes portions *AGBH*, *BDCI*, retranchées des deux demi cercles *AFB*, *BEC*, laiſſeront les deux Lunulles *AFBG*, *BECD*; donc les reſtes ſeront égaux de part & d'autre; donc les Lunulles ſont égales à l'aire du triangle *ABC*, dont la moitié *ABK*, eſt égale à l'une des Lunulles.

Il eſt aſſés ſurprenant que l'on meſure ſi aiſément une ſurface bornée par deux portions de circonferences, & que juſqu'à preſent l'eſprit humain n'ait pû trouver aucun chemin pour aller à la quadrature du cercle; mais nous allons voir tout à l'heure quelque choſe de bien plus humiliant pour lui.

QUATRIE'ME PROPOSITION.

Des Incommensurables.

La Diagonale du quarré est incommensurable à son côté.

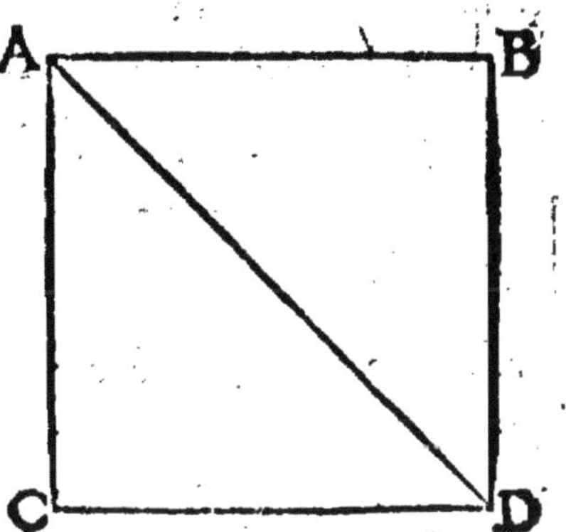

Soit un quarré *A B C D*. La Diagonale *A D*.

Il n'y a qu'à démontrer que la ligne *A D*, n'est pas comme nombre à nombre à l'égard de la ligne *A C*.

Souvenons-nous d'abord que la Raison doublée de toute Raison de nombre à nombre, a necessairement pour Exposans des nombres quarrés.

2°. Qu'une Raison doublée, qui n'a pas pour Exposans des nombres quarrés, n'est pas doublée d'une Raison de nombre à nombre, ou pour s'exprimer autrement, que la Raison dont elle est la doublée, n'est pas Raison de nombre à nombre. Cela a été démontré.

Or par le cinquiéme Corollaire de la troisiéme Proposition de ce Livre, le quarré de la ligne *A D*, est au quarré de la ligne *A C*, en Raison doublée de la Raison de la ligne *A D*, à la ligne *AC*.

Donc si le quarré de la ligne *A D*, & le quarré de la ligne *AC*, n'ont pas pour Exposans des nombres quarrés, la raison de la ligne *A D*, à la ligne *AC*, sera sourde. Or les Exposans de la Raison de ces deux quarrés, sont 2, 1, par la quatorziéme Proposition du Livre précedent, puisque le triangle

triangle *ACD*, est rectangle, & que le côté *AC*, étant égal au côté *CD*, le quarré de l'hypotenuse *AD*, est double du quarré du côté *AC*; donc la Raison dont cette Raison 2, 1, est la doublée, n'est pas une Raison de nombre à nombre, c'est à dire, que la Raison de la Diagonale *AD*, au côté *AC*, est sourde ou n'est pas de nombre. Voilà donc deux lignes *AD*, *AC*, qui n'ont aucune commune mesure.

Il n'en est pas de même de leurs quarrés, car leurs quarrés sont commensurables, ou sont comme nombre à nombre, puisque l'un est à l'égard de l'autre, comme 2 à 1.

Les Geometres pour exprimer cela : disent, que la Diagonale & le côté sont incommensurables en longueur, mais commensurables en puissance, c'est à dire, que leurs quarrés ne sont pas incommensurables.

Mais il est facile de trouver des lignes qui seront incommensurables en longueur & même en puissance, c'est à dire, dont les quarrés n'auront aucun rapport qu'on puisse exprimer par des nombres.

Par exemple, il n'y a qu'à trouver une ligne moyenne proportionnelle entre la Diagonale & le côté. Par la dixiéme Proposition du sixiéme Livre :

Je dis que cette moyenne proportionnelle est incommensurable en longueur & en puissance à l'égard du côté & de la Diagonale.

Soit la ligne *EF*, supposée moyenne proportionelle entre le côté *AC* & la Diagonale *AD*.

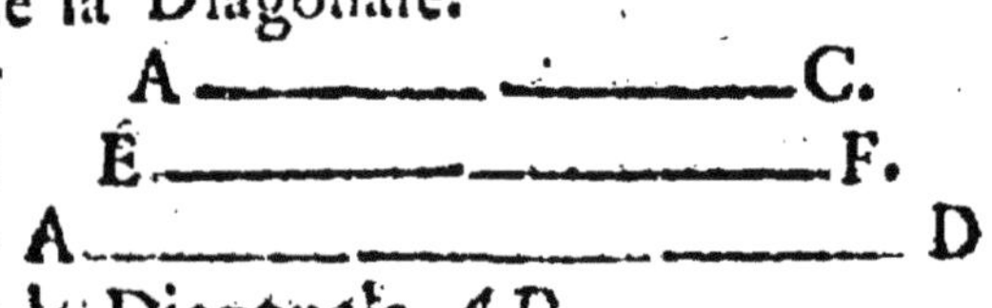

A ———————— C.
E ————————— F.
A —————————— D

Il est premierement certain que la Raison de la ligne *AC*, à la ligne *AD*, est doublée de la

Raiſon de la ligne A——————C.
AC, à la ligne E——————F.
EF. A——————————D

Car appellant *AC* . . . . x.
EF . . . . y.
AD . . . . z.

Par la ſuppoſition, $x, y :: y, z$.

Si l'on multiplie les deux Antecedens l'un par l'autre, & pareillement les deux Conſequens, on aura pour raiſon compoſée xy, zy. Or cette Raiſon n'eſt pas differente de la Raiſon de x à z.

$$x, z :: xy, zy.$$

Puiſque c'eſt une Raiſon multipliée par la même grandeur y; donc la Raiſon de x à z, eſt compoſée de la Raiſon de x à y, & de la Raiſon de y à z, qui ſont deux Raiſons égales; donc la Raiſon de x à z, eſt doublée de la Raiſon de x à y; c'eſt à dire, comme on l'a avancé, que la Raiſon de la ligne *AC*, à la ligne *AD*, eſt doublée de la Raiſon de la ligne *AC*, à la ligne *EF*.

Cela étant, la ligne *AC*, eſt incommenſurable à la ligne *EF*, puiſque leur Raiſon doublée qui eſt celle de la ligne *AC*, à la ligne *AD*, bien loin d'avoir pour Expoſans des nombres quarrés, n'a pas même aucun nombre pour Expoſans.

Je dis de plus que le quarré de la ligne *AC*, eſt incommenſurable au quarré de la ligne *EF*.

Car le quarré de la ligne *AC*, eſt au quarré de la ligne *EF*, en Raiſon doublée de la ligne *AC*, à la ligne *EF*, c'eſt à dire, comme la ligne *AC*, eſt à la ligne *AD*. Or la ligne *AC*, eſt ſuppoſée incommenſurable à la ligne *AD*; donc le quarré de la ligne *AC*, eſt incommenſurable au quarré de la ligne *EF*.

On voit par là, qu'on peut avoir des lignes incommensurables à l'infini, en cherchant toûjours des moyennes proportionnelles; par exemple, entre la ligne *AC*, & la ligne *EF*, & ainsi à l'infini.

Reflexions sur les Incommensurables.

Rien n'est plus étonnant que ces verités démontrées touchant les Incommensurables. La ligne *AC*, & la ligne *AD*, ont chacune une infinité d'Aliquottes pareilles, & dans ce nombre infini, je ne puis jamais en trouver une seule, qui puisse être l'Aliquotte des deux lignes.

Je puis prendre, par exemple, la centmilliéme partie de la ligne *AC*; la deux centmilliéme, la quatre centmilliéme partie, & ainsi doublant toûjours à l'infini, sans que jamais aucune de ces petites parties puisse être contenuë précisément un certain nombre de fois dans la ligne *AD*.

Je puis même choisir une infinité d'Aliquotes de la ligne *AC*, d'un ordre tout different. Je puis prendre la trois centmilliéme partie; la neuf centmilliéme, & ainsi triplant toûjours à l'infini, sans que jamais dans cette infinité d'infinis, je puisse trouver une partie qui mesure exactement la ligne *AD*.

Cette verité démontrée, démontre invinciblement la divisibilité de la matiere à l'infini, ou pour s'exprimer autrement, que l'étenduë ne peut être composée d'indivisibles; car si le côté du quarré, par exemple, étoit composé d'indivisibles, il en contiendroit necessairement un certain nombre, ainsi l'un de ces indivisibles seroit aliquotte de ce côté. Prenant maintenant l'un de ces indivisibles ou aliquotte, pour mesurer la Diagonale, il y sera contenu précisément un certain nombre de fois, ou avec un reste. Si vous dites qu'il y est contenu précisément un certain nombre de fois; voilà la Diagonale commensurable au côté, ce qui a été démontré impossible. Si vous dites que cet indivisible est contenu dans la Diagonale un certain nombre de fois avec un reste; je vous demande ce que c'est que le reste d'un indivisible, ce reste sera necessairement plus petit que l'aliquotte dont il est reste, & par consequent cette aliquotte n'étoit pas indivisible, contre la supposition; donc l'étenduë n'est pas composée d'indivisibles.

Il n'y a rien de démontré, si cela ne l'est pas: car de dire comme certaines gens, qu'il n'y a point de quarrés parfaits, par consequent point de côtés ni de Diagonales, c'est raisonner pitoyablement.

Il n'est pas necessaire qu'il y ait au monde ni des quarrés, ni des triangles, ni des cercles, pour établir la verité des Démonstrations geometriques, il suffit de leur possibilité. Quand Dieu n'eût jamais créé la matiere, elle eût toûjours été possible. Un être intelligent à qui il lui auroit plû reveler les verités geometriques, les eût parfaitement entenduës. Cet Etre Souverain, source de toute verité, auroit bien sçû du moins qu'un triangle possible, étoit moitié d'un parallelogramme possible. On ne peut pas même pousser assés loin l'extravagance, pour oser dire, que quand bien il n'y auroit à present dans l'Univers aucun Agent creé qui pût tracer un quarré parfait, il fût impossible à celui qui a creé la matiere, d'en enfermer une petite portion dans un espace parfaitement quarré; ainsi la verité des incommensurables subsiste invinciblement.

Voilà donc les points démontrés impossibles. Mais voici bien autre chose.

Si le point est impossible, qu'est-ce donc que la rencontre des deux côtés qui forment l'angle du quarré. Si le point est impossible, le cercle est impossible. Car si Dieu forme une boule parfaite, & qu'il la pose sur un plan parfait, le point de contingence aura-t-il quelque étenduë; s'il a quelque étenduë, il est surface ou pour le moins ligne; ainsi la tangente & le cercle auront une étenduë commune, contre ce qui est démontré dans la 11e Proposition du troisiéme Livre; dirés vous, que Dieu ne sçauroit faire un cercle parfait? Vous aurés plûtôt fait de dire que Dieu n'est pas, que de borner si ridiculement sa puissance.

D'ailleurs quand je considere attentivement l'existence des êtres, je comprens trés-clairement que l'existence appartient aux unités, & non pas aux nombres. Je m'explique.

Vingt hommes n'existent que parce que chaque homme existe; le nombre n'est qu'une dénomination exterieure, ou pour mieux dire, une repetition d'unités ausquelles seules appartient l'existence; il ne sçauroit jamais y avoir de nombres, s'il n'y a des unités; il ne sçauroit jamais y avoir vingt hommes, s'il n'y a un homme: cela bien conçû, je vous demande ce pied cubique de matiere, est-ce une seule substance, en sont-ce plusieurs? Vous ne pouvés pas dire que ce soit une seule substance; car vous ne pourriés pas seulement le diviser en deux; si vous dites que c'en sont plusieurs, puisqu'il y en a plusieurs, ce nombre quel qu'il soit, est composé d'unités, s'il y a plusieurs substances existantes, il faut qu'il y en ait une, & cette une ne peut en être deux; donc la matiere est composée de substances indivisibles.

Voilà nôtre Raison réduite à d'étranges extremités. La Geometrie nous démontre la divisibilité de la matiere à l'infini, & nous trouvons en même temps qu'elle est composée d'indivisibles. Humilions-nous encore une fois, & reconnoissons qu'il n'appartient pas à une creature, quelque excellente qu'elle puisse être, de vouloir concilier des verités, dont le Createur a voulu lui cacher la compatibilité. Ces dispositions nous rendront plus soumis aux Mysteres, & nous accoûtumeront à respecter des verités qui sont par leur nature impenetrables à nôtre esprit, que nous venons de trouver assés borné, pour ne pouvoir pas même concilier des Démonstrations mathematiques.

DIXIE'ME LIVRE.

Des Solides.

ON appelle Solide ou Corps, l'étenduë considerée avec ses trois dimensions, Longueur, Largeur & Profondeur.

Il y en a de reguliers & d'irreguliers de plusieurs especes. Par exemple.

Si l'on suppose qu'un quarré coule parallelement à lui-même le long d'une perpendiculaire, il s'en formera une figure Solide, qu'on nomme Parallelipipede. Si la perpendiculaire est égale au côté du quarré, le Corps se nomme Cube.

Si au lieu d'un quarré, l'on prend un cercle que l'on fasse couler parallelement à lui-même, sa circonference décrira la surface d'un Solide, qu'on appelle Cilindre.

Si l'on choisit toute autre figure rectiligne, comme un triangle, un Pentagone, un Hexagone, & qu'on la fasse couler parallelement à elle-même le long d'une perpendiculaire, il s'en formera un Solide, qu'on appellera un Prisme Triangulaire, Pentagonal, Hexagonal, &c.

Si ayant choisi pour base une figure rectiligne reguliere, l'on suppose une ligne élevée perpendiculairement sur son centre, & que de l'extremité de cette ligne, qui est en l'air, l'on tire plusieurs lignes aux angles de la figure qui sert de base, le Solide renfermé par tous les triangles formés par ces lignes & par les côtés de la base, se nomme une Pyramide reguliere, Triangulaire, Pentagonale, &c. selon la base.

Le point de la perpendiculaire d'où partent toutes les lignes se nomme le sommet de la Pyramide. La perpendiculaire se nomme tout simplement la Perpendiculaire de la Pyramide ; & les surfaces renfermées par deux lignes voisines tirées du sommet, se nomment les côtés de la Pyramide.

Si au lieu d'une figure rectiligne, l'on choisit un cercle pour base, & qu'ayant élevé une perpendiculaire sur son centre, l'on suppose une infinité de lignes, partant du haut de la perpendiculaire & aboutissant à tous les points de la circonference, il s'en formera un solide appellé Cone regulier ou Rectangle.

Si l'on suppose un cercle tournant en lui-même sur son diametre immobile, s'en formera un Corps regulier appellé Sphere.

Le diametre s'appellera Axe de la Sphere.

Les deux extremités de l'axe, les Poles de la Sphere.

La Sphere aura manifestement pour centre, le même centre que le cercle qui a servi à la former.

On peut inscrire dans la Sphere une infinité de corps irreguliers, mais l'on ne peut y en inscrire que cinq reguliers, sçavoir :

Un renfermé sous quatre triangles équilateraux, appellé Tetrahedre.

Un renfermé sous six quarrés, appellé Cube.

Un renfermé sous douze Pentagones, appellé Dodecaedre.

Un renfermé sous huit triangles équilateraux, appellé Octaedre.

Un renfermé sous vingt triangles équilateraux, appellé Icosahedre.

Pour démontrer commodément les principales

proprietés des solides, il faut se servir de la Geometrie des indivisibles qui a un merveilleux avantage dans ces sortes de démonstrations.

Nous avons déja vû qu'elle consiste à considerer les surfaces, comme composées de lignes paralleles; ainsi un parallelogramme n'est autre chose qu'une base coulant parallelement à elle-même le long des points de sa perpendiculaire; d'où s'ensuit que la base d'un rectangle, ou quarré ou parallelogramme, est autant de fois contenuë dans son aire, qu'il y a de points dans la perpendiculaire, & que pour avoir cette aire, il n'y qu'a multiplier la base par la perpendiculaire.

Suivant la même analogie, nous allons considerer les Solides, comme composés de surfaces paralleles; ainsi un Prisme n'étant autre chose qu'une infinité de figures regulieres mises l'une sur l'autre parallelement à elles-mêmes, ou si vous voulés, que l'on considere comme coulant le long de la perpendiculaire du prisme; sa solidité n'est autre chose que la base prise autant de fois qu'il y a de points dans sa perpendiculaire.

Ainsi pour avoir la solidité du prisme, il n'y a qu'à multiplier la base par la perpendiculaire.

De là s'ensuit sans autre démonstration,

Que les prismes de même base & de même hauteur sont égaux.

Que les prismes de même base, sont entre eux comme leurs hauteurs.

Que les prismes de même hauteur, sont entre eux comme leurs bases.

C'est la même chose pour les Cylindres, qui sont des prismes reguliers d'une infinité de côtés, ayant pour base un cercle.

Il s'ensuit encore que les prismes obliques, c'est

à dire, ceux dont la ligne qui va du sommet au centre de la base, ne lui est pas perpendiculaire, sont égaux aux prismes perpendiculaires ou reguliers, qui ont même base & même hauteur perpendiculaire.

C'est la même chose des Cylindres obliques à l'égard des Cylindres droits.

Car considerant la solidité du Cylindre ou prisme perpendiculaire, comme divisée en tel nombre de tranches paralleles à la base que l'on voudra. La somme des tranches qui se trouvera dans ce prisme perpendiculaire, sera égale à la somme des tranches qui se trouvera dans le prisme oblique, puisque le droit & l'oblique peuvent être enfermés entre deux paralleles, & sont supposés avoir la même hauteur.

Il s'ensuit encore que plusieurs prismes dont toutes les bases prises ensemble, sont égales à une seule base, seront égaux en solidité au prisme, qui aura cette seule base égale à toutes les autres, & la même hauteur.

Par consequent tout prisme Polygone quelconque, peut être divisé en autant de prismes triangulaires qu'il a de côtés, & tous ces prismes triangulaires pris ensemble, seront égaux au prisme total.

PREMIERE PROPOSITION.

Les Pyramides de même base & de même hauteur sont égales.

Soient conçûës les Pyramides divisées en tel nombre de tranches paralleles à la base que l'on voudra. Si chaque tranche est égale à chaque tranche correspondante, la perpendiculaire *MA*, étant supposée égale à la perpendiculaire *FN*, il y aura autant de branches d'un côté que d'autre; & par consequent de côté & d'autre, une somme égale de choses égales chacune à chacune ; d'où s'ensuivra que le tout sera égal au tout. Or pour demontrer qu'une tranche est égale à sa correspondante, il faut les supposer si minces, que ce ne soit plus que de simples superficies de figures, & démontrer que chaque figure est égale à sa correspondante.

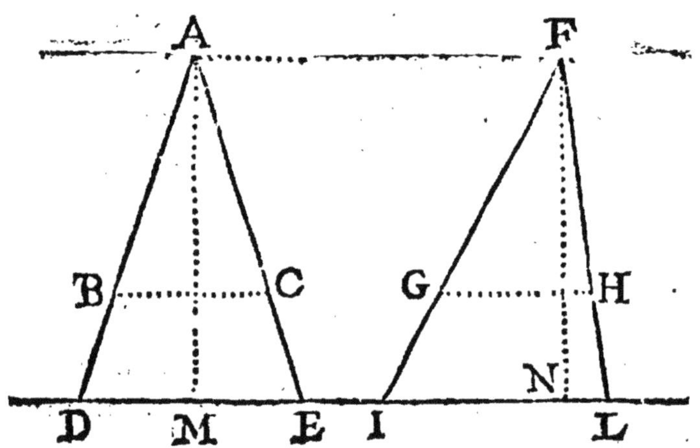

Soient *DAE*, *IFL*, deux faces de pyramides de même hauteur supposées entre les paralleles *AF*, *DL*, & leurs sommets aux points *A*, *F*. Soit supposé encore un plan qui les coupe parallelement à la base, & qui forme sur les deux faces les sections *BC*, *GH*, paralleles aux deux lignes égales *DE*, *IL*, qui sont chacune un côté des bases égales des deux pyramides. Si nous considerons ici la face *DAE*, de l'une, & la face *IFL*, de l'autre, il nous sera aisé de démontrer que la ligne *BC*, est égale à la ligne *GH*, puisque la ligne *DE*, est égale à la ligne *IL* ; car par la 6e Proposition du 6e Livre, la base *BC*, est à la base *GH*, comme la base *DE*, à la base *IL*. On démontrera la même chose sur chacune des faces des deux pyramides ; donc la tranche qui a *BC*, pour l'un de ses côtés, est égale à la tranche qui a pour l'un de ses côtés *GH*, donc les deux pyramides sont égales en solidité.

COROLLAIRE.

Les pyramides de même base sont entre elles comme leurs hauteurs, & les pyramides de même hauteur sont entre elles comme leurs bases ; d'où suit que :

Si plusieurs pyramides prises ensemble, sont toutes de même hauteur chacune, qu'une autre pyramide dont la base soit égale à toutes les bases des autres ; cette derniere pyramide sera égale en solidité à toutes les autres.

SECONDE PROPOSITION.

Tout prisme triangulaire peut être divisé en trois pyramides égales en solidité, & par conséquent toute pyramide triangulaire est le tiers d'un prisme de même base & de même hauteur.

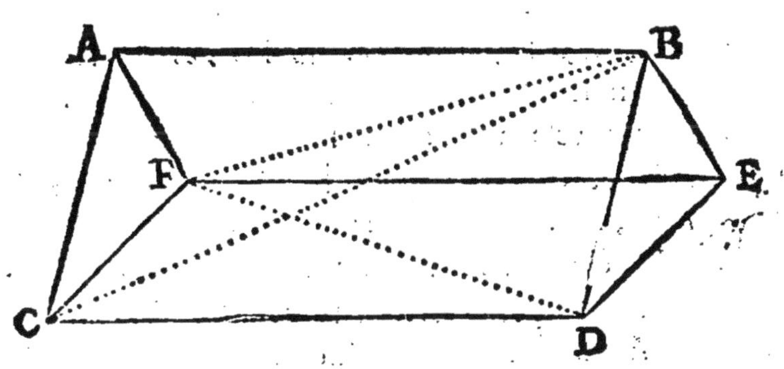

Soit le prisme *ABEFCD*, couché sur une de ses faces, qui est le rectangle *CDEF*, & qui a pour ses deux autres faces, les rectangles *ABCD*, *ABEF*. Soient chacun de ces trois rectangles divisés par les Diagonales *DF*, *BC*, *BF*, il se forme par cette division trois pyramides. L'une *FBCA*, l'autre *FEDB*, & l'autre *FCDB*. Ces trois pyramides sont necessairement égales : car chacune des trois peut être considerée, comme ayant pour base la moitié d'un rectangle, c'est à dire, un triangle, & pour hauteur la perpendiculaire de l'un ou de l'autre des petits triangles égaux *ACF*, *BDE*.

Par exemple, la pyramide *FBCA*, a pour base le triangle *ABC*, & pour hauteur la perpendiculaire, qui tombe du sommet *F*, sur le côté *AC*.

La seconde *FEDB*, a pour base le triangle *FED*, & pour perpendiculaire ou hauteur, celle qui tombe du point *B*, sur le côté *DE*.

La troisiéme a pour base le triangle *CDF*, & pour hauteur la même perpendiculaire. Ces trois pyramides sont donc égales, en solide & par consequent le prisme triangulaire est égal à trois pyramides de même base & de même hauteur.

COROLLAIRE.

Ce que l'on vient de démontrer par la pyramide triangulaire à l'égard de son prisme, s'applique aisément à toute autre pyramide Pentagonale, Hexagonale, &c. comparée avec un prisme de même genre, puisque tout prisme peut être reduit en prismes triangulaires, aussi-bien que toute pyramide en pyramides triangulaires, & que toutes les bases de ces solides triangulaires prises ensemble, étant égales à la base totale, les hauteurs égales, donnent une parfaite égalité de part & d'autre, en sorte que toutes les pyramides triangulaires sont égales à la totale. Tous les prismes triangulaires égaux au prisme total, & par consequent la pyramide totale, est le tiers du prisme total.

II. COROLLAIRE.

Le cone eſt le tiers du Cylindre, qui a même baſe & même hauteur : car le cone eſt une pyramide reguliere d'une infinité de côtés, comme le Cylindre eſt un priſme regulier d'une infinité de côtés.

TROISIE'ME PROPOSITION.

La ſolidité de la demi-Sphere, eſt égale aux deux tiers du Cylindre, qui a même baſe & même hauteur.

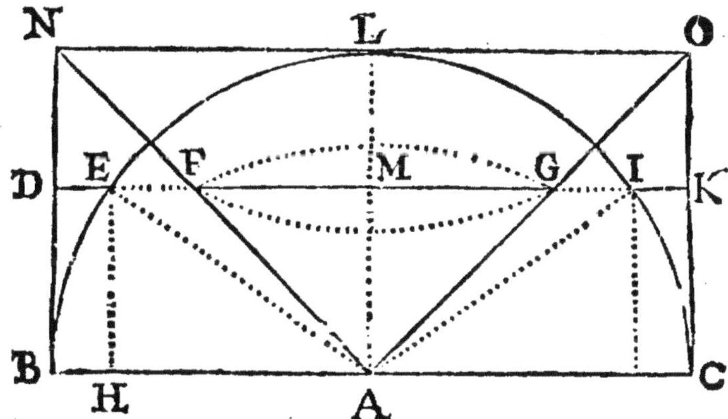

Soit ſuppoſé un Cylindre, ayant pour baſe un cercle dont le diametre ſoit *BAC*, & pour hauteur la ligne *BN*, moitié du diametre *BC*, terminée par la ligne *NLO*, égale au diametre *BC*, laquelle ligne *NLO*, eſt diametre du cercle oppoſé à la baſe du Cylindre. Sur le plan du rectangle *BCON*, ſoit décrit le demi-cercle *BLC*, repreſentant la demi-Sphere. Soit repreſenté un cone par le triangle *NAO*, lequel cone auroit pour baſe un cercle ayant *NO*, pour diametre, & par conſequent égal à la baſe du Cylindre, pour s'exprimer autrement & aider l'imagination.

Suppoſons que le rectangle *BCON*, tourne ſur l'axe *LA*, la ligne *NB*, décrira la ſurface cylindrique ; le cercle *BLC*, décrira la demi-Sphere ; les lignes *NA*, *AO*, décriront le cone.

La ligne *LA*, est l'axe commun au Cylindre, au cone & à la demi-boule. Soit encore tirée une ligne, comme *DK*, parallele à *BC* ; cette ligne *DK*, tournant autour de l'axe *LA*, décrira un cercle égal à la base du Cylindre & formera un plan qui coupera la demi-Sphere aux points *FG* : il est visible que la section *FG*, sera un cercle ayant *FG*, pour diametre.

Le cone total *NAO*, n'est autre chose qu'une infinité de cercles posés parallelement l'un sur l'autre, dont le nombre quel qu'il puisse être est mesuré par la perpendiculaire *LA*, en sorte que si la perpendiculaire *LA*, est supposée contenir 100000 parties, le cone *NAO*, aura 100000 cercles paralleles dans sa solidité.

Considerons maintenant que si l'on ôte du Cylindre, la solidité de la demi-Sphere, restera une espece d'écuëlle, dont le profil, ou pour mieux dire, la section est representée par la figure *NBELCO*. Cette écuëlle dans sa solidité, est composée d'une infinité de plans posés parallelement l'un sur l'autre, & qui environnent la Sphere en forme de couronnes ; par exemple. Quand la ligne *DK*, tourne sur l'axe *LA*, & que sa portion *FG*, décrit un des cercles du cone, sa portion *DE*, ou *IK*, décrit autour de la Sphere, un plan qui l'entourre en forme de couronne, & qui a *DE*, pour largeur. Or l'écuëlle contient nécessairement dans sa solidité, autant de couronnes, qu'il y a de cercles paralleles dans la solidité du cone, puisque le nombre en est mesuré par la même perpendiculaire *LA*, ou *NB*.

Si je puis donc faire voir que la couronne qui a *DE*, pour largeur, est égale en aire au cercle qui a

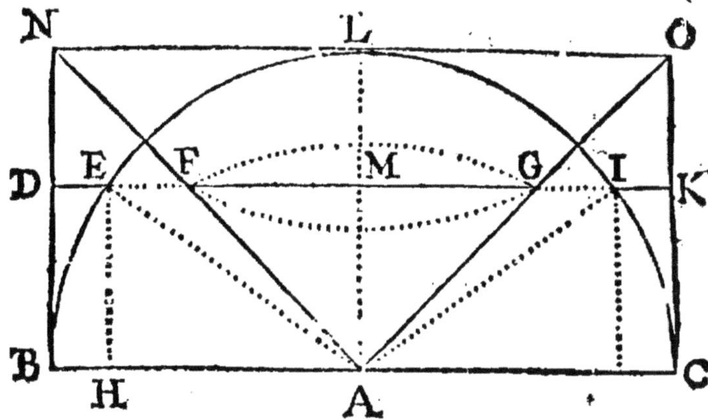

FG, pour diametre, la même chose s'ensuivra de toutes les autres couronnes, comparées avec leurs cercles correspondans dans le cone, & par consequent la somme totale des couronnes qui forment l'écuëlle, sera égale à la somme totale des cercles qui forment le cone; donc la solidité de l'écuëlle sera égale à la solidité du cone; ce qui étant une fois démontré, comme le cone *NAO*, est le tiers du Cylindre *BCON*; l'écuëlle en sera pareillement le tiers, & par consequent la demi-boule en sera les deux tiers.

Je n'ay donc plus qu'à démontrer l'égalité de la couronne *DE*, & du cercle qui a *FG*, pour diametre; pour cela:

Du point *E*, soit menée la perpendiculaire *EH*, & soit tiré le rayon *EA*.

Il est visible que les lignes *DM*, *BA*, *EA*, sont égales; ainsi je puis prendre les unes pour les autres, toutes les fois qu'il me plaira.

De même, les lignes *EH*, *MA*, *MF*, sont égales, parce que les lignes *AL*, *LN*, le sont aussi; je puis donc prendre pareillement les unes pour les autres.

Le triangle *EHA*, est rectangle; donc le cercle qui

qui en aura l'hypothenuſe pour raïon, ſera égal aux deux cercles, qui auront pour raïon les lignes *EH*, *HA*, par le ſeptiéme corollaire de la troiſiéme Propoſition du neuviéme Livre.

Si donc du cercle qui a *AE*, pour raïon, j'ôte le cercle qui a *AH*, pour raïon, reſtera la valeur de l'aire du cercle qui a *EH*, pour raïon.

C'eſt à dire, en prenant les lignes égales; ſi du cercle qui a *DM*, pour raïon, j'ôte le cercle qui a *EM*, pour raïon, reſtera la valeur du cercle qui a *FM*, pour raïon.

Or quand j'ôte du cercle qui a *DM*, pour raïon, le cercle qui a *EM*, pour raïon, je forme la couronne qui a *DE*, pour largeur; donc cette couronne eſt égale à l'aire du cercle qui a *FM*, pour raïon.

QUATRIE'ME PROPOSITION.

La ſuperficie de la demi-Sphere, eſt égale à la ſuperficie cylindrique de même baſe & de même hauteur.

Soit un rectangle *DBCE*, & du point *A*, milieu de ſa baſe, ſoient tirées les lignes *AD*, *AE* & la perpendiculaire *AG*.

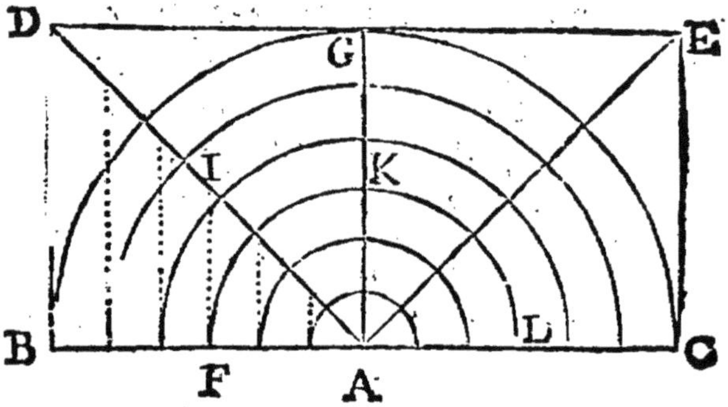

Si l'on fait tourner ce rectangle ſur ſon axe *AG*, les côtés décriront une ſurface cylindrique, & la ligne *AD*, décrira un cone.

Si du cylindre *DBCE*, vous ôtés la ſolidité du cone *DAE*, restera un espece d'entonnoir dont le profil, ou plûtôt la Section est representée par la figure *DBAEC*.

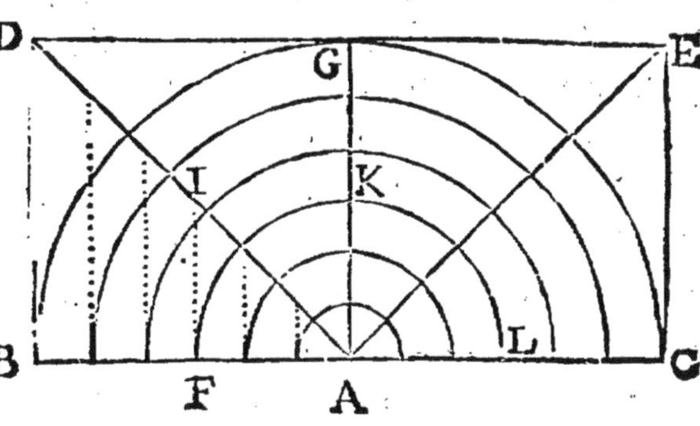

Cet entonnoir est égal en solidité à la demi-Sphere *BGC*, puisque l'un & l'autre est les deux tiers du cylindre dont le cone est le tiers.

Cela supposé, je divise par la pensée la demi-Sphere en une infinité de calotes, representées par les cercles concentriques; je divise pareillement l'entonnoir en une infinité de superficies cylindriques, toutes concentriques, c'est à dire, ayant *AG*, pour axe. Il est visible qu'il y a autant de calotes dans la solidité de la demi-Sphere, qu'il y a de superficies cylindriques dans l'entonnoir, puisque le nombre quel qu'il soit, en est mesuré par le même rayon *AB*; il est visible d'ailleurs que la grande superficie cylindrique *BD*, est à la grande superficie spherique *BGC*, comme la superficie cylindrique *FI*, est à la superficie spherique correspondante *FKL*.

Or comme tout l'entonnoir est égal à toute la demi-Sphere, c'est à dire la somme des calotes égale à la somme des superficies cylindriques, si la premiere calote étoit plus grande ou moindre que la premiere superficie cylindrique, chaque calote seroit plus grande ou moindre que sa superficie cylindrique correſpondante, & le tout d'une part plus grand ou moindre que le tout de l'autre, contre la ſuppoſition ; donc la premiere ſuperficie cylindrique eſt égale à la premiere ſuperficie ſpherique.

COROLLAIRE.

Dans cet exemple, la ſuperficie cylindrique eſt double de l'aire du cercle qui lui ſert de baſe. Car nous avons vû que pour avoir l'aire d'un cercle, il faut multiplier la demi-circonference par le raïon, & pour avoir icy la ſuperficie cylindrique, il faut multiplier par le raïon la circonference entiere, puiſque la ſuperficie cylindrique eſt conçûë décrite par la circonference, coulant parallelement à elle-même le long du raïon ; donc la ſuperficie de la demi-boule qui lui eſt égale, eſt double du cercle qui lui ſert de baſe.

II. COROLLAIRE.

La ſuperficie de la Sphere eſt quadruple de l'aire de ſon grand cercle, car la demi-Sphere ayant ſa ſuperficie double ; la Sphere entiere a ſa ſuperficie quadruple de l'aire du même cercle. Voilà cette merveilleuſe Propoſition que ſon premier Inventeur Archimede, ordonna qu'on écrivit ſur ſon tombeau.

CINQUIE'ME PROPOSITION.

Si de la demi-Sphere repreſentée par *DOB*, l'on retranche le ſegment *COA*, formé par le plan *GH*, parallele au diametre *BD* ; la ſolidité de la portion de Sphere reſtante *DCAB*, eſt égale aux deux tiers de Cylindre *GBDH*, plus la ſolidité du cone *CPA*, qui a pour baſe le cercle qui ſepare les deux ſegmens.

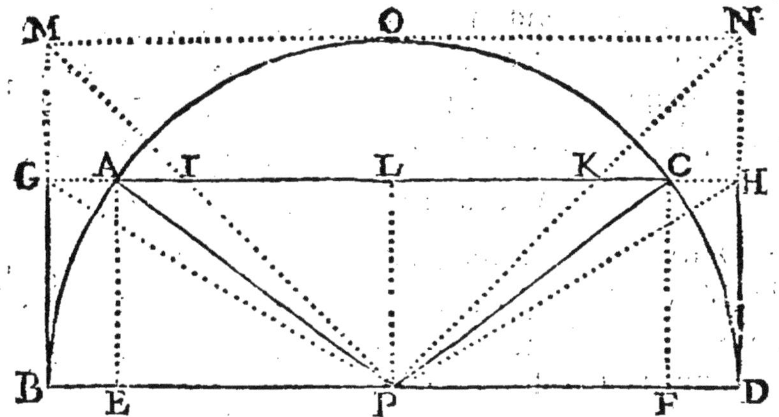

Pour le prouver, je démontre d'abord que la cuvette convexe *PBAPDC*, est les deux tiers du cylindre *GBDH*, qui a même base & même hauteur; Pour cela, je meine les Diagonales *PM*, *PN*, & les perpendiculaires *AE*, *CF*; je meine de plus les lignes *PG*, *PH*. Premierement le cone *IPK*, est égal à la portion d'écüelle *GBA*, *HDC*; parce que chaque cercle dans le cone, ainsi qu'il a été démontré, est égal à chaque couronne correspondante dans l'écüelle.

Si donc le cone *IPK*, est le tiers du canon *GBEAHDFC*, la portion d'écüelle *GBA*, *HDC*, sera pareillement le tiers du canon, & par consequent le Solide mixte *BAE*, *DCF*, sera les deux tiers du canon. J'appelle canon, la solidité comprise entre les deux superficies cylindriques & concentriques par les lignes *GBAECFDH*, c'est à dire, pour m'exprimer autrement, ce qui reste du cylindre *GBDH*, quand on a retranché interieurement le cylindre *AECF*.

Il faut donc que je démontre d'abord que le canon est triple du cone *IPK*; or cela est aisé à prouver, puisque pour avoir leurs solidités, je multiplie le même aire par deux hauteurs dont l'une est triple de l'autre ; car pour avoir la solidité du canon, je multiplie la couronne *G A C H*, par la hauteur *G B*; & pour avoir la solidité du cone *I P K*, je multiplie l'aire du cercle *I K*, qui est égale à la couronne, seulement par le tiers de cette hauteur ; donc ce cone est le tiers du canon, donc la solidité mixte *B A E D C F*, est les deux tiers du canon.

Considerant maintenant la cuvette *E A P C F*, je vois qu'elle est les deux tiers du cylindre *A E F C* ; donc cette cuvette jointe avec le Solide *B A E D C F*, est les deux tiers du canon & du cylindre *A C E F*, c'est à dire, de tout le cylindre *G L H B P D*. Or cette cuvette avec le Solide mixte, compose la cuvette totale spherique *B A P C D* ; donc cette cuvette spherique est les deux tiers du cylindre *G H B D*, qui a même base & même hauteur.

Si maintenant à cette cuvette spherique dont la solidité m'est connuë, j'ajoûte la solidité du cone *A P C*, j'aurai la solidité du segment de Sphere en question ; donc tout segment de demi-Sphere ayant un grand cercle pour base, est égal aux deux tiers du cylindre de même base & de même hauteur que lui, plus le cone de même hauteur, qui a pour base le petit cercle qui forme le segment.

COROLLAIRE.

La cuvette spherique *B A P C D*, est égale en solidité à la cuvette cylindrique *G B P D H*, puisque l'une & l'autre est les deux tiers du cylindre qui a même base & même hauteur.

SIXIE'ME PROPOSITION.

La superficie d'une portion de demi-Sphere, est égale à la superficie cylindrique du cylindre qui a même base & même hauteur.

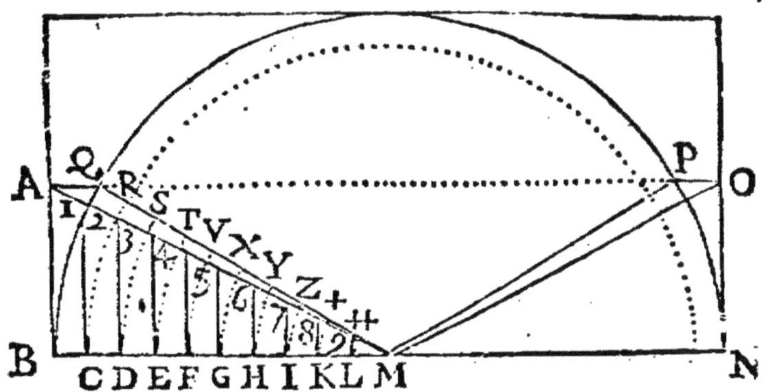

Soit une portion de demi-Sphere *B Q P N M*, dont le grand cercle qui lui ſert de baſe ait la ligne *B M N*, pour diametre, & ſoit le cylindre *B A O N*, de même baſe & de même hauteur, je dis que la ſuperficie cylindrique eſt égale à la ſpherique. Soient tirées les lignes *M A*, *M Q*, *M O*, *M P*.

Pour le prouver, ſi du cylindre je retranche le cone *A M O*, reſtera la cuvette cylindrique *A B M N O* égale en ſolidité par le precedent Corollaire à la cuvette ſpherique *Q B M N P*, qui reſte du ſegment propoſé lorſqu'on en retranche le cone *Q M P*; je diviſe par la penſée la cuvette cylindrique, en une infinité de ſuperficies cylindriques & concentriques, telles que ſont *A B*, 1 *C*, 2 *D*, 3 *E*, 4 *F*, 5 *G*, 6 *H*, 7 *I*, 8 *K*, 9 *L*. Je diviſe auſſi par la penſée la cuvette ſpherique en une infinité de portions de ſuperficies ſpheriques & concentriques, telles que ſont *Q B*, *R C*, *S D*, *T E*, *V F*, *X G*, *Y H*, *Z I*, † *K*, ‡ *L*.

Il eſt évident qu'il y a autant de ſuperficies cylindriques pour compoſer la cuvette cylindrique, que de ſuperficies ſpheriques pour compoſer la ſolidité de la cuvette ſpherique, parce que le nombre des ſuperficies cylindriques eſt meſuré par le raion *B M*, & que le nombre des ſuperficies ſpheriques eſt meſuré par le même raïon. Si donc la premiere ſuperficie cylindrique étoit plus grande ou moindre que la premiere ſpherique, la ſeconde ſeroit plus grande ou plus petite que la ſeconde, & la totalité d'une part plus grande ou moindre que la totalité de l'autre; c'eſt à dire, la ſolidité de la cuvette cylindrique plus grande ou moindre que la ſolidité de la cuvette ſpherique, contre le Corollaire precedent; donc la premiere d'une part eſt égale à la premiere de l'autre, c'eſt à dire, la ſuperficie cylindrique *ABON*, égale à la ſuperficie ſpherique *QBNP*. *Ce qu'il falloit démontrer.*

De la comparaiſon des Solides.

Comme nous avons eu beſoin pour la comparaiſon des plans, de la raiſon de la Longueur à la Longueur, & de la Largeur à la Largeur, ce qui nous a obligés d'avoir recours à la Raiſon composée de deux Raiſons; icy étant obligés de comparer trois dimenſions, il faut neceſſairement conſiderer une Raiſon composée de trois Raiſons.

DÉFINITION.

Lorſqu'ayant trois Raiſons, comme par exemple, la Raiſon de 1 à 3, la Raiſon de 2 à 7, la Raiſon de 4 à 5, je les diſpoſe comme il ſuit, 1, 3. 2, 7. 4, 5. & que je multiplie les trois Antecedens l'un par l'autre, & les trois Conſequences de même; il me vient deux nouveaux termes, comme 8, 105. Ces deux nouveaux termes forment une nouvelle Raiſon, qui eſt dite Raiſon composée de trois autres.

Si les trois Raiſons compoſantes ſont égales, comme par exemple. 1, 2. 3, 6. 4, 8.

La Raiſon qui ſera composée de ces trois Raiſons égales comme 12, 96, ſera dite Raiſon triplée de la Raiſon 1 à 2, ou de 3 à 6, qui eſt la même.

Il faut prendre garde à ne pas confondre la Raiſon triplée avec la Raiſon triple, car 12 & 96 ſont en Raiſon triplée de 1 à 2, & non pas en Raiſon triple; ce ſeroit 12 & 72, qui ſeroient en Raiſon triple de 1 à 2.

Maintenant conſiderons ces deux Parallelipipedes.

Le premier ayant pour baſe le rectangle *ADC*, & le ſecond pour baſe le rectangle *EGH*; le premier pour hauteur la ligne *AB*, & le ſecond pour hauteur la ligne *EF*.

Il eſt certain que pour avoir la ſolidité du premier Parallelipipede, je dois multiplier *AD*, par *AC*, pour avoir la baſe; puis multiplier ce produit par la hauteur *AB*, pour avoir la ſolidité, c'eſt à dire, que je dois multiplier les trois dimenſions l'une par l'autre, il en eſt de même de l'autre Parallelipipede.

Donc ſi je diſpoſe ces trois dimenſions d'une part, en ſorte qu'elles ſoient chacune l'Antecedent d'une Raiſon, & que d'autre part je diſpoſe les trois dimenſions du ſecond Parallelipipede, en ſorte qu'elles ſoient chacune le Conſequent d'une Raiſon; il eſt viſible que la Raiſon compoſée de ces trois Raiſons, ſera la même choſe que les deux Parallelipipedes, & par conſequent qu'elle m'en exprimera le rapport.

Voilà, par exemple, les trois Raiſons de *AD*, à *EG*; de *CA*, à *EH*; & de *AB*, à *EF*.

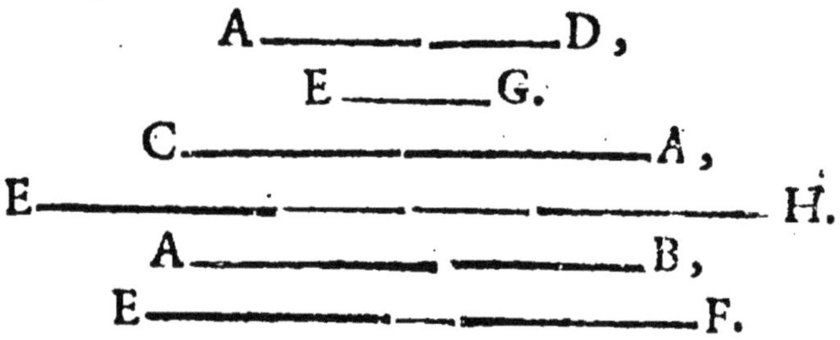

A———D,
E——G.
C————A,
E—————H.
A———B,
E————F.

Les trois Antecedens *AD*, *CA*, *AB*, multipliés l'un par l'autre, donnent le premier Parallelipipede; & les trois Conſequens *EG*, *EH*, *EF*, donnent le ſecond.

D'où s'enſuit, ſuivant nôtre définition que le premier Parallelipipede, eſt au ſecond en Raiſon compoſée de la Raiſon de la ligne *AD*, à la ligne *EG*; de la Raiſon de la ligne *CA*, à la ligne *EH*; & de la Raiſon de la ligne *AB*, à la ligne *EF*, c'eſt à dire, de la largeur à la largeur, de la longueur à la longueur, & de la hauteur à la hauteur.

Si ces trois Raiſons avoient été égales, c'eſt à dire, ſi la largeur avoit été à la largeur, comme la longueur à la longueur, & la hauteur à la hauteur, ces deux Parallelipipedes euſſent été appellés

Solides ſemblables, & auroient été l'un à l'égard de l'autre en Raiſon triplée de la largeur de l'un à la largeur de l'autre, ou de la hauteur à la hauteur, ou de la longueur à la longueur.

Si donc je ſçai, par exemple, que la longueur de l'un, ou la largeur de l'un, ou la hauteur de l'un de ces deux Solides ſemblables, ſoit double de la longueur, de la largeur, ou de la hauteur de l'autre, je n'ai qu'à prendre la Raiſon triplée de 2 à 1, pour avoir tout d'un coup le rapport qui eſt entre leurs ſolidités ainſi.

2, 1. 2, 1. 2, 1.

Je multiplie les trois Antecedens l'un par l'autre, & les trois Conſequens de même; vient la Raiſon 8, 1; d'où je connois que l'un de ces deux Parallelipipedes ſemblables eſt octuple de l'autre. Reduiſons maintenant ceci en Propoſitions.

SEPTIE'ME PROPOSITION.

Les Parallelipipedes ſont en Raiſon compoſée de la largeur à la largeur, de la longueur à la longueur, & de la hauteur à la hauteur.

HUITIE'ME PROPOSITION.

Les Parallelipipedes ſemblables, ſont en Raiſon triplée de leurs dimenſions homologues. Cela eſt démontré.

NEUVIE'ME PROPOSITION.

Les Priſmes triangulaires ſont entre eux comme les Parallelipipedes dont ils ſont les moitiés. Cela n'a pas beſoin d'explication.

DIXIE'ME PROPOSITION.

Les Priſmes triangulaires ſemblables ſont entre

eux en Raiſon triplée de leurs dimenſions homologues. Cela eſt démontré.

COROLLAIRE.

Tous les Priſmes ſemblables Pentàgonaux, Hexagones, &c. ſont entre eux en Raiſon triplée de leurs dimenſions homologues, car ils peuvent être reduits en Priſmes triangulaires.

ONZIE'ME PROPOSITION.

Les Pyramides ſemblables ſont entre elles en Raiſon triplée de leurs dimenſions homologues, car étant le tiers de leurs Priſmes, elles ſont entre elles en même Raiſon.

DOUZIE'ME PROPOSITION.

Les Cylindres ſont entre eux en Raiſon compoſée de la baſée à la baſe & de la hauteur à la hauteur : car ce ſont des Priſmes reguliers d'une infinité de côtés.

COROLLAIRE.

Les Cylindres ſemblables, c'eſt à dire, dont la hauteur eſt à la hauteur, comme le raïon ou la circonference de la baſe, eſt au raïon ou à la circonference de l'autre baſe, ſont entre eux en Raiſon triplée de leurs dimenſions homologues.

II. COROLLAIRE.

Les Cones ſemblables ſont entre eux en Raiſon triplée de leurs dimenſions homologues, car ils ſont en même Raiſon que les cylindres dont ils ſont le tiers.

III. COROLLAIRE.

Les Spheres ſont entre elles en Raiſon triplée de

leurs raïons ; car ces Spheres sont chacune les deux tiers d'un cylindre, & ces cylindres sont semblables, puisque la hauteur est à la hauteur, comme le diametre de la base de l'un, au diametre de la base de l'autre, & comme la circonference de la base à la circonference.

En un mot, tous les Corps ou Solides semblables de même genre, sont entre eux en Raison triplée de leurs dimensions homologues.

Ainsi si l'on me presente, par exemple, deux boulets de canon, tels que le raïon de l'un soit double du raïon de l'autre ; je vois d'abord que la solidité du plus gros, sera octuple de la solidité du moindre ; car il faut prendre la Raison triplée de 1 à 2.

1, 2. 1, 2. 1, 2.

La multiplication des trois Antecedens donne 1, & celle des trois Consequens donne 8, ainsi j'ay 1, 8. pour Raison triplée de la Raison des raïons.

On expliquera aisément par-là, pourquoi un gros boulet, toutes proportions gardées, va beaucoup plus loin qu'un moindre ; car si le boulet de huit livres est supposé partir avec la même vîtesse que le boulet d'une livre, il faut qu'il ait huit fois autant de mouvement que le petit ; puisqu'ayant huit fois autant de pesanteur, il faut une force octuple pour le mouvoir avec autant de rapidité.

Mais en même temps qu'il a huit fois autant de pesanteur, sa surface n'est que quadruple de la surface du petit boulet, par le second Corollaire de la quatriéme Proposition de ce Livre, puisque ces deux surfaces sont entre elles comme les aires des grands cercles, & que ces aires sont en Raison doublée des rayons, c'est à dire, comme 1 est à 4.

Or les corps qui se meuvent, ne perdent de leur

mouvement, qu'à proportion de ce qu'ils en communiquent à ceux qui les environnent, & ils n'en communiquent qu'à proportion de leurs surfaces.

Si donc le boulet de huit livres est supposé dans une seconde de temps avoir perdu quatre degrés de mouvement de huit qu'il avoit, le petit boulet dont la surface est le quart de l'autre surface, aura pendant la même seconde, perdu un degré de mouvement, qui est tout ce qu'il en avoit. Ainsi quand il a perdu tout le sien, l'autre en conserve encore la moitié de ce qu'il avoit en partant.

Pour faire encore quelque usage de ce que nous venons de dire sur les Solides, considerons le globe terrestre.

La circonference d'un de ses grands cercles, est de 9000 lieuës, c'est à dire, de 25 lieuës par degré, suivant les Observations astronomiques.

Or la circonference d'un cercle est à son diametre à peu près comme 22 est à 7, suivant la proportion assignée par Archimedes, & à laquelle il faut s'arrêter pour l'usage, quoiqu'on pût approcher toûjours de plus en plus de la précision, mais sans y pouvoir jamais arriver.

Donc le rayon de la terre, est environ de 1431 lieuës.

Si donc je multiplie 4500 lieuës moitié de la circonference par 1431 qui est le rayon, viendra au produit 6439500 lieuës pour l'aire d'un grand cercle.

Le quadruple de cette somme qui est 25758000 lieuës, sera la surface du globe terrestre par le second Corollaire de la quatriéme Proposition de ce Livre.

Que si je veux en avoir la solidité; je multiplie l'aire du grand cercle par 2863 lieuës, qui est le diametre ; vient au produit 1842984900 0 lieuës, qui est la solidité d'un cylindre de même base, & de même hauteur.

Je prens les deux tiers de cette somme, qui sont 12286566000 lieuës, & c'est la solidité du globe terrestre par la troisiéme Proposition de ce Livre.

Si je veux maintenant comparer le globe terrestre avec celui du Soleil, dont le raïon est cent fois plus grand que celui de la terre. Je sçai d'abord que leurs surfaces sont en Raison doublée de leurs raïons ; or la Raison doublée de 1 à 100, est 1, 10000 ; donc la surface du Soleil, est dix mille fois plus grande que celle de la terre, c'est à dire, qu'elle est de 257580000000 lieuës.

Je sçai de plus que leur solidité est en Raison triplée de leurs raïons.

Or la raison triplée de 1 à 100, est 1, 1000000 ; donc la solidité du Soleil contient un million de fois la solidité de la terre, c'est à dire, que la solidité du Soleil contient 12286566000000000 lieuës.

AVERTISSEMENT.

On vient de voir de quelle utilité est la Geometrie des indivisibles pour l'explication des Solides. Ceux qui auront la curiosité de porter leurs speculations plus avant, ne seront pas fâchés de voir les Propositions suivantes, qui ouvrent un champ infini, pour arriver aux plus sublimes verités de la Geometrie.

Pour entendre bien clairement ce qui suit ; il faut se souvenir ; que nous considerons les surfaces, comme composées de lignes paralleles ; & que nous considerons les Solides, comme composés de surfaces.

Par exemple, en considerant le rectangle *ABCD*, je le suppose composé d'autant de lignes paralleles à *CD*, qu'il y a de points dans la ligne *AC*, & ma supposition ne sçauroit manquer d'être vraie, puisque si l'on suppose la la ligne *CD*, coulant parallelement à soi-même, elle parcourera tous les points de la ligne *AC*, pour arriver au point *A*, & décrira la superficie du rectangle.

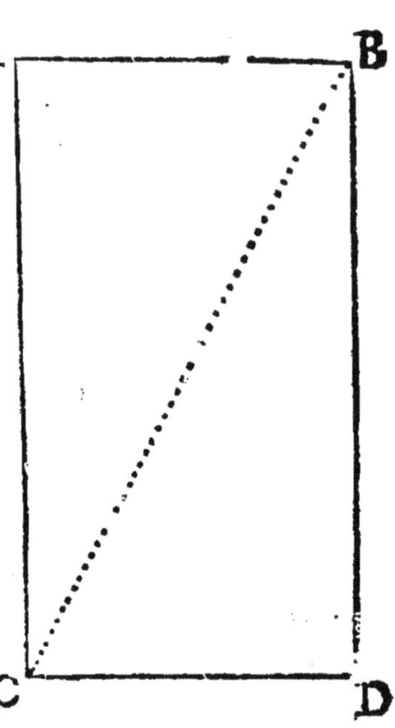

Or cette ligne *CD*, & toutes ses paralleles qui remplissent la surface du rectangle, sont appellés les Elemens de la figure, qui sont tous égaux entre eux.

Si au lieu de considerer le rectangle, je considere le triangle *BDC*; je puis supposer que sa superficie est remplie par la base *CD*, coulant parallelement à soi-même jusques en *B*, mais à mesure que la base *CD*, avance vers le point *B*, elle perd toûjours de sa longueur, en sorte que la superficie du triangle est remplie par des paralleles inégales entre elles, & qui sont cependant appellées les Elemens du Triangle.

Or il est visible, qu'y ayant autant de points dans la ligne *BD*, que dans la ligne *AC*; il y a autant d'élemens, ou si vous voulés de paralleles dans le triangle, que dans le rectangle; mais les Elemens du triangle décroissant toûjours; il ne faut pas s'étonner si sa surface est moindre que celle du rectangle, dont les Elemens ne décroissent point.

De même on peut considerer un Parallelipipede rectangle, comme composé d'une infinité de rectangles paralleles, ou si vous voulés, comme formé par le rectangle qui lui sert de base, & qui coule parallelement à soi-même, par tous les points de la hauteur du Parallelipipede, alors tous ces rectangles paralleles sont appellés les Elemens du Parallelipipede, & sont aussi tous égaux entre eux.

Mais si je considere une Pyramide ayant même base & même hauteur que le Parallelipipede. Pour la concevoir formée par la base coulant parallelement à elle-même, il faut que je conçoive que cette base va toûjours en diminuant à mesure qu'elle approche du sommet de la Pyramide, & qu'ainsi tous ces rectangles paralleles qui en forment la solidité, sont veritablement en même nombre que les rectangles du Parallelipipede, parce que la hauteur est la même; mais qu'allant toûjours en diminuant, la solidité de la Pyramide doit être moindre que celle du Parallelipipede. Ces rectangles diminuant dans une certaine proportion, sont appellés les Elemens de la Pyramide.

Ainsi le nombre infini des superficies spheriques, qui composent la solidité d'un Globe ou Sphere, & qu'on suppose passer par tous les points du raïon de la Sphere, & aller toûjours en diminuant jusques au centre, seront nommés les Elemens de la Sphere; il est aisé d'appliquer ces considerations aux Cylindres, aux Cones, aux Prismes, &c.

PROPOSITION.

Si l'on a deux Figures, deux Solides, en un mot deux Grandeurs homogones à comparer l'une avec l'autre, & que ces deux Figures, ou Solides étant de de même hauteur, les élemens de l'une ne décroissent point, pendant que les élemens décroîtront toûjours dans la même Raison que les hauteurs; la Figure ou Solide, dont les élemens ne décroissent point, sera double de la Figure ou Solide dont les élemens décroissent en même Raison que les hauteurs.

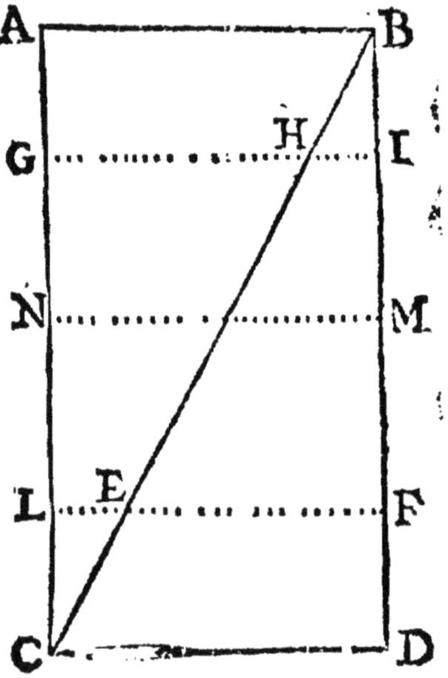

Soit, par exemple, le rectangle *ABCD*, dont les élemens soient *CD*, *LF*, *GI*, égaux entre eux, aussi-bien que tous ceux qu'on doit supposer passer par tous les points de la hauteur *AC*.

Soit le triangle *BDC*, dont la hauteur soit *BD*, égale à celle du rectangle; que ses élemens soient *CD*, *EF*, *HI*, il est visible que l'élement *CD*, est à l'élement *EF*, comme la hauteur *BD*, est à la hauteur *BF*, & que l'élement *CD*, est à l'élement *HI*, comme la hauteur *BD*, est à la hauteur *BI*; ainsi il est évident que les élemens du triangle décroissent en même Raison que les hauteurs.

Je dis que le rectangle est double du triangle; cela est évident, mais voicy la démonstration generale par rapport à la proportion des élemens.

Soit prise la ligne *BI*, égale à la ligne *CL*, & soient tirées les lignes *GI*, *LF*.

Les triangles *BIH*, *CLE*, sont semblables à cause des paralleles; donc à cause de l'égalité des lignes *BI*, *CL*, la ligne *HI*, est égale à la ligne *LE*; donc deux lignes, ou si vous voulés, deux élemens du triangle, comme *EF*, *HI*, pris ensemble sont égaux au seul élement du rectangle *LF*; ce que l'on démontrera de même de deux élemens quelconques du triangle également distans des points *B*, *D*; cela étant, puisqu'il y a autant de lignes paralleles dans la surface du triangle, que dans la surface du rectangle, à cause de l'égalité des hauteurs, & qu'il faut deux lignes du triangle pour égaler une ligne du rectangle, toutes les lignes du triangle prises ensemble, ne sçauroient valoir que la moitié de toutes les lignes du rectangle prises ensemble : & comme toutes ces lignes prises ensemble ne different pas des surfaces, il s'ensuit que la surface du rectangle est double de l'autre.

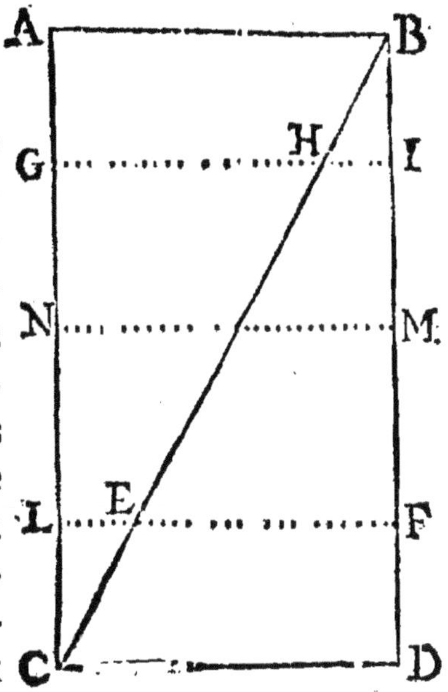

Cela se peut démontrer encore autrement par la proprieté de la progression Arithmetique. On sçait, par exemple, que dans la progression Arithmetique 1, 2, 3, 4, 5, 6, 7, &c. ou telle autre, com-1, 3, 5, 7, 9, 11, 13, &c. si l'on prend deux termes également éloignés du terme du milieu leur somme sera égale à deux autres termes également éloignés du milieu; dans la premiere progression, 1, 7, sont également éloignés du milieu, 4. 2, 6, sont également éloignés du même milieu 4. Il est évident que la somme des deux premiers qui est 8, est égale à la somme des deux derniers, & de même dans telle autre progression Arithmetique que l'on voudra choisir.

Cela ſuppoſé, ſi l'on conçoit la ligne *BD*, hauteur des grandeurs à comparer, diviſé en tel nombre de parties égales que l'on voudra, à meſure que l'on montera de la baſe *CD*, vers le ſommet *B*, la hauteur décroîtra, ſuivant la progreſſion Arithmetique, c'eſt à dire, que la diminution ſera toûjours par parties égales.

D'ailleurs les élemens du triangle étant toûjours proportionnels à la hauteur, décroîtront auſſi par conſequent en progreſſion Arithmetique. Par exemple, ſi la hauteur *BF*, comparée à la hauteur *BD*, eſt diminuée d'une cinquiéme partie, l'élement *EF*, comparé à l'élement *CD*, ſera pareillement diminué d'une cinquiéme partie.

Or dans nôtre figure, le premier terme de la progreſſion, eſt la baſe *CD*, le dernier terme eſt le point *B*, ou pour mieux dire, zero, leſquels termes ſont également éloignés du milieu *M*, *N*; donc deux termes quelconques de la progreſſion, ou, ſi vous voulés, deux élemens quelconques du triangle également éloignés du milieu pris enſemble, ſont égaux à la baſe *CD*, & comme le rectangle contient autant de lignes égales à *CD*, qu'il y a de termes ou d'élemens dans le triangle, il ſuit évidemment que toutes les lignes, comme *CD*, priſes enſemble, c'eſt à dire, la ſurface du rectangle, eſt double de toutes les lignes du triangle priſes enſemble, c'eſt à dire, de la ſurface. Cette démonſtration eſt generale.

I. COROLLAIRE.

La ſuperficie cylindrique dont la hauteur eſt égale au raïon du cercle qui lui ſert de baſe, eſt double de l'aire de ce cercle.

La ſuperficie cylindrique contient autant de circonferences égales à celles de sa base, qu'il y a de points dans sa hauteur, ou, si vous voulés, dans le raïon de cette base : car on la conçoit formée par cette base coulant parallelement à soi-même par tous les points de la hauteur ; ainsi les élemens de superficie cylindrique ne décroissent point.

L'aire du cercle qui sert de base, est composée d'autant de circonferences concentriques qu'il y a de points dans le raïon, ainsi l'aire de ce cercle a pareil nombre d'élemens que la superficie cylindrique.

Mais toutes ces circonferences concentriques, à mesure qu'elles approchent de leur centre, décroissent Arithmetiquement, c'est à dire, par parties égales, & en même Raison que leurs raïons, puisque toutes circonferences sont entre elles comme leurs raïons ; Donc par la précedente Proposition, tous les élemens de la superficie cylindrique pris ensemble, sont doubles de tous les élemens de l'aire du cercle pris ensemble ; donc cette superficie cylindrique est double de l'aire du cercle qui lui sert de base.

II. COROLLAIRE.

Le fuseau parabolique est la moitié du cylindre de même base & de même hauteur.

Quoique cette Proposition ne soit point élementaire, nous ne laissons pas de la mettre, pour faire voir l'usage immense de nos indivisibles.

On appelle Parabole en Geometrie, une espece de Ligne courbe, comme *CEFB*, que l'on suppose avoir la proprieté suivante ; sçavoir, ayant la ligne *DB*, qui tombe perpendiculairement au point *B*, sur la courbe, & qu'on appelle l'Axe de la Parabole, si de deux points quelconques de la Parabole, comme *E*, *F*, l'on meine deux perpendiculaires, comme *FG*, *EH*, sur l'Axe, le quarré de la ligne *EH*, sera au quarré de la ligne *FG*, comme la portion d'Axe *BH*, à la portion d'Axe *BG*. Cette proprieté est supposée constituer la nature de la Parabole.

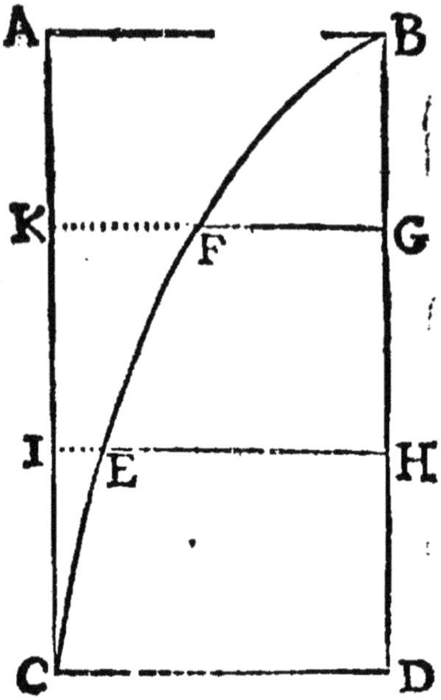

A B K F G I E H C D

J'acheve maintenant le rectangle *ABCD*, dans l'aire duquel nôtre Parabole *CEFB*, se trouve décrite, & je suppose que ce rectangle tourne sur l'Axe immobile *BD*; ce rectangle ainsi tournant décrira un cylindre, qui aura pour base un cercle dont le raïon sera *CD*, & pour hauteur la ligne *BD*.

La Parabole cependant tournant autour du même Axe immobile, décrira un corps solide terminé en pointe, au sommet *B*, qui aura pour base le même cercle que le cylindre, & c'est ce Solide que j'appelle Fuseau Parabolique.

Je dis que la solidité de ce Fuseau, est moitié de la solidité du cylindre.

La solidité du cylindre contient autant de cercles égaux à sa base, qu'il y a de points dans la ligne *BD*; ainsi les élemens du cylindre ne décroissent point.

La solidité du Fuseau contient autant de cercles paralleles à la base, qu'il y a de points dans la même ligne *BD*; ainsi il y autant de cercles ou d'élemens dans le Fuseau, qu'il y en a dans le cylindre; mais ces cercles ou élemens du Fuſeau, vont toûjours en décroiſſant : il n'y a donc plus qu'à examiner s'ils décroiſſent en même Raiſon, que les hauteurs : car en ce cas, par la précedente Propoſition, ils ſeront moitié de tous les cercles du cylindre pris enſemble, qui ne décroiſſent point.

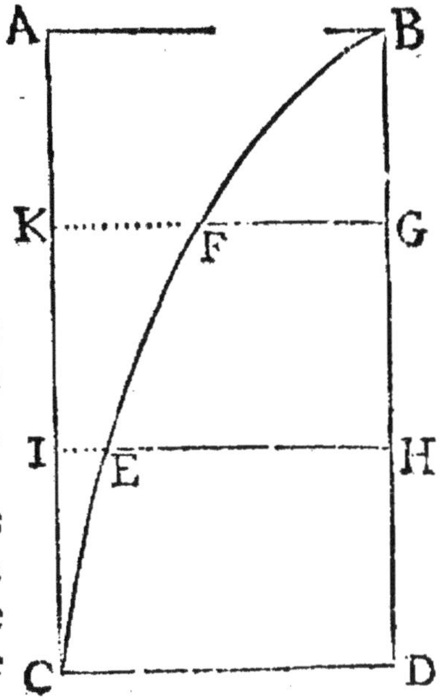

J'examine donc dans ce Fuſeau le cercle qui a pour raïon *E H*, & je le compare avec le cercle qui a pour le raïon *F G*.

Je ſçai d'ailleurs que les cercles ſont entre eux comme les quarrés de leurs raïons ; donc le cercle dont le raïon eſt *E H*, eſt au cercle dont le raïon eſt *F G*, comme le quarré de la ligne *E H*, eſt au quarré de la ligne *FG*.

Or par la ſuppoſition & ſuivant la proprieté de la Parabole, le quarré de la ligne *E H*, eſt au quarré de la ligne *FG*, comme la hauteur *BH*, à la hauteur *B G*.

Donc le cercle qui a pour raïon *EH*, eſt au cercle qui a *FG*, pour raïon, comme la hauteur *BH*, eſt à la hauteur *BG*.

Donc les cercles ou élemens qui compoſent le Fuſeau, décroiſſent en même Raiſon que les hauteurs ; donc le Fuſeau Parabolique eſt moitié du cylindre.

Il eſt viſible que l'eſpece d'entonnoir qui reſte lorſque de la ſolidité du cylindre, l'on ôte le Fuſeau Parabolique, eſt égale à ce Fuſeau, puiſque le Fuſeau eſt moitié du cylindre, & comme ils ont même hauteur, ſçavoir, le Fuſeau la ligne *B D*, & l'entonnoir la ligne *C A*; ils ont l'un & l'autre même nombre d'élemens; d'où s'enſuit ſans autre démonſtration, que la couronne, qui a pour largeur la ligne *I E*, que je ſuppoſe autant éloignée de la baſe de l'entonnoir *A B*, que la ligne *F G*, eſt éloignée de *C D*, baſe du Fuſeau; eſt égale au cercle qui a *F G*, pour diametre, puiſque ce cercle eſt l'élement du Fuſeau, correſpondant à la couronne, pareil élement de l'entonnoir.

Juſques à preſent nous avons conſideré les grandeurs dont les élemens décroiſſent en même Raiſon que les hauteurs.

Mais on peut conſiderer des élemens qui décroîtront en Raiſon doublée des hauteurs.

On peut même conſiderer des élemens qui décroîtront en Raiſon triplée, quadruplée &c. de la Raiſon des hauteurs; & ces ſpeculations n'ont point de bornes. Il s'agit maintenant d'examiner quel rapport la ſomme de ces élemens aura avec la ſomme des élemens qui ne décroiſſent point.

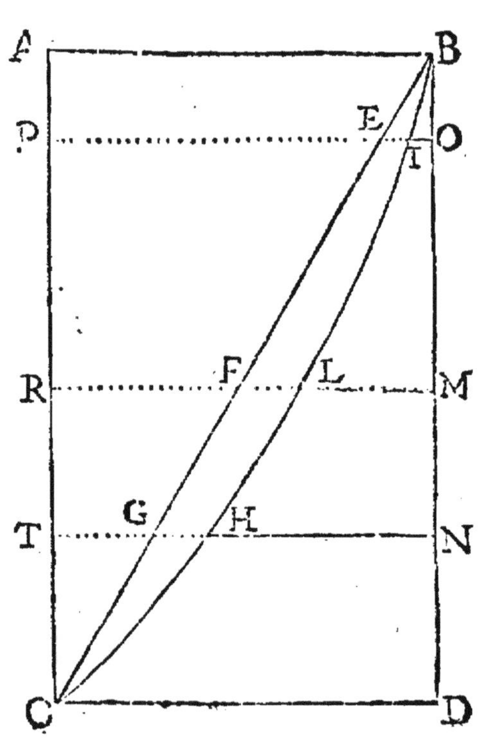

Je ſuppoſe le rectangle *A B C D*,

divisé en deux triangles par la Diagonale *BC*.

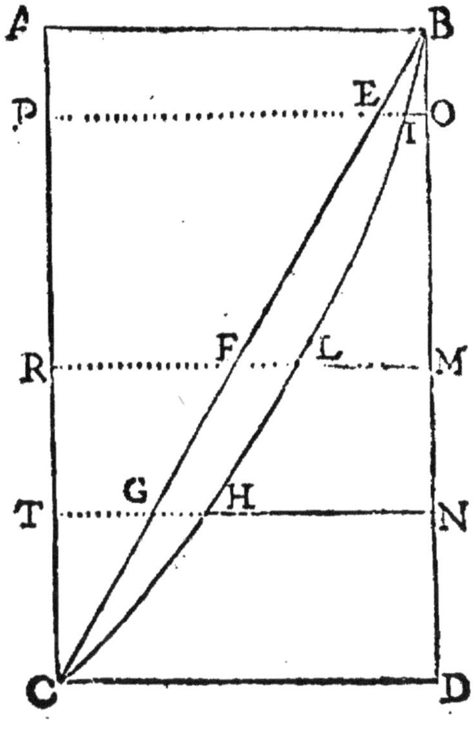

Les lignes *CD*, *TN*, *RM*, *PO*, *AB*, sont élemens du rectangle.

Les lignes *CD*, *GN*, *FM*, *EO*, sont élemens du triangle *BDC*, correspondans aux élemens du rectangle. Nous avons vû qu'ils décroissent arithmetiquement, c'est à dire, que *CD*, est à *GN*, comme *BD*, est à *BN*; que *CD*, est à *FM*, comme *BD*, est à *BM*; que *CD*, est à *EO*, comme *BD*, à *BO*.

Maintenant, si aux deux lignes *CD*, *GN*, je cherche une troisiéme proportionnelle; c'est à dire, si je fais, comme *CD*, est à *GN*, ainsi *GN* à une troisiéme ligne, & que cette ligne soit *NH*; il est certain par ce qui a été ci-devant enseigné dans les proportions, que les lignes *CD*, *HN*, seront en Raison doublée, de la Raison de *CD*, à *GN*, ou de *BD*, à *BN*, & qu'ainsi la ligne *HN*, décroîtra à l'égard de la ligne *CD*, en Raison doublée des hauteurs *BN*, *BD*.

Je fais la même chose à l'égard de tous les élemens du triangle, par exemple, je cherche une troisiéme proportionnelle aux lignes *CD*, *FM*, que je suppose être *LM*, je cherche de même une troisiéme proportionnelle aux lignes *CD*, *EO*, que je suppose être *IO*, & ainsi de tous les autres élemens du triangle. Par tous les points comme *H*, *L*, *I*, je meine la courbe *CHLIB*, & j'ai pour lors l'espace mixte *CHLIBD*, dont les élemens décroissent en Raison doublée des hauteurs.

Que si je voulois avoir une espace dont les élemens décroissent en Raison triplée des hauteurs, il est visible que je n'aurois qu'à chercher une quatriéme proportionnelle aux lignes *CD*, *GN*, *HN*, aux lignes *CD*, *FM*, *LM*, aux lignes *CD*, *EO*, *IO*, &c. & mener une ligne courbe par tous les points déterminés par ces quatriémes proportionnelles, & ainsi à l'infini.

PROPOSITION.

Si l'on a deux Figures, deux Solides, en un mot deux grandeurs homogenes à comparer, & que ces deux Figures ou Solides, étant de même hauteur, les élemens de l'une ne décroissent point, pendant que les élemens de l'autre décroîtront toûjours en Raison doublée de la Raison des hauteurs; la Figure ou Solide, dont les élemens ne décroissent point, sera triple de celle dont les élemens décroissent.

La démonstration ordinaire est fort embroüillée; en voicy une par Arithmetique, qui est plus à la portée de tout le monde.

Je suppose deux figures de même hauteur, & que cette hauteur soit divisée en vingt parties égales; les nombres 20, 19, 18, 17, 16, 15, 14, 13, 12, 11, 10, 9, 8, 7, 6, 5, 4, 3, 2, 1, 0, qui décroissent arithmetiquement, representent les hauteurs décroissantes de la figure.

Pour faire que l'une de ces deux figures ait ses

élemens décroiſſant en Raiſon doublée des hauteurs, il faut prendre les quarrés de ces nombres, ſçavoir, 400, 361, 324, 289, 256, 225, 196, 169, 144, 121, 100, 81, 64, 49, 36, 25, 16, 9, 4, 1, 0; dont la ſomme eſt 2870.

A l'égard de la figure dont les élemens ne décroiſſent pas, il faut prendre 400, quarré du plus grand nombre qui eſt l'élement de la baſe, autant de fois qu'on a pris d'élemens décroiſſans en Raiſon doublée, c'eſt à dire, 21 fois; la ſomme de ces élémens non décroiſſans ſera 8400.

Le nombre 8400 repreſente donc la figure dont les élemens ne décroiſſent point, & le nombre 2870 repreſente la figure dont les élemens décroiſſent en Raiſon doublée des hauteurs.

Or le nombre 2870 eſt tant ſoit peu plus du tiers du nombre 8400; car ſon triple eſt 8610, qui excede 8400 de 210; c'eſt à dire, qu'en cet exemple, la figure décroiſſant excede le tiers de la totale de la 120e partie de la totale, ce qui eſt déja fort peu de choſe.

Mais ſi au lieu de diviſer la hauteur en vingt parties égales, je l'avois diviſée en 100, & que j'euſſe operé, comme je viens de faire ſur les vingt parties, j'aurois approché beaucoup plus près de la préciſion; car la ſomme des quarrés depuis 100 juſques à 1 incluſivement, eſt 338350; la ſomme du grand élement qui eſt 10000 pris cent & une fois, eſt 1010000; ainſi la figure dont les élemens décroiſſent, n'excede le tiers de la figure totale que de 1683, c'eſt à dire, de la ſix centiéme partie de la figure totale. Et ſi je veux prendre la peine de diviſer la hauteur en un million de parties, je trouverai que la figure décroiſſante n'excedera pas le tiers de la totale d'une ſix mille milliéme partie de la totale ; en ſorte que pouſſant toûjours plus loin la diviſion de la hauteur, je réduirai cette difference à une quantité plus petite qu'aucune quantité donnée, d'où s'enſuit la parfaite égalité entre la figure décroiſſante & le tiers de la totale, en ſuppoſant le nombre des élemens indéfini, comme il l'eſt en effet.

Il n'y a qu'à ſuivre la même méthode pour démontrer, que ſi les élemens décroiſſent en Raiſon triplée des hauteurs, la figure décroiſſante ſera le quart de la figure non décroiſſante.

Que ſi les élemens décroiſſent en Raiſon quadruplée des hauteurs, la figure décroiſſante ſera la cinquiéme partie de la figure non décroiſſante, & ainſi à l'infini. Voilà une belle carriere ouverte à la meditation.

I. COROLLAIRE.

Le cone eſt le tiers du cylindre de même baſe & de même hauteur : car les élemens du cylindre ne décroiſſent point. Ceux du cone, qui ſont des cercles paralleles, ſont entre eux comme les quarrés de leurs raïons. Or ces raïons étant entre eux, comme les hauteurs, les quarrés des raïons ſont en Raiſon doublée des hauteurs ; donc ces cercles ou élemens décroiſſent en Raiſon doublée des hauteurs; donc leur ſomme totale qui eſt la ſolidité du cone, eſt le tiers de la ſolidité du cylindre.

La même choſe s'enſuit évidemment pour la pyramide à l'égard du priſme de même baſe & de même hauteur.

II. COROLLAIRE.

Si la derniere figure cy-deſſus eſt ſuppoſée tourner ſur l'axe immobile *BD*, le rectangle *ABCD*, décrira un cylindre, la courbe *CHLIB*, décrira une eſpece de cone concave ; je dis que ſa ſolidité ſera la cinquiéme partie de la solidité du cylindre.

Il n'y a qu'à démontrer que les élemens de ce cone décroissent en Raison quadruplée des hauteurs. Cela est facile.

Ce cone a pour élemens, des cercles paralleles; j'en choisis deux, dont les Raïons sont par exemple *CD*, *LM*. Ces cercles sont entre eux en Raison doublée des lignes *CD*, *LM*, qui sont elles-mêmes par la nature de la courbe, & suivant la construction en Raison doublée des hauteurs *BD*, *BM*. Or la Raison doublée d'une Raison doublée est une Raison quadruplée, par exemple, la Raison doublée de 1 à 2, est 1, 4; la Raison doublée de 1 à 4, est 1, 16, qui est quadruplée de 1, à 2; donc les cercles qui ont pour raïons les lignes *CD*, *LM*, sont en Raison quadruplée des hauteurs *BD*, *BM*. La même chose se démontrera de tous les autres élemens; donc leur somme totale qui est le cone concave, est la cinquiéme partie du cylindre, dont les élemens ne décroissent point.

III. COROLLAIRE.

Etant donné le quarré *ABCD*. sa Diagonale *AD*, & le quart de cercle *CEB*; si l'on fait tourner la figure sur l'axe immobile *BD*, la ligne *AD*, décrira un cone; les côtés *CA*, *AB*, & le quart de cer-

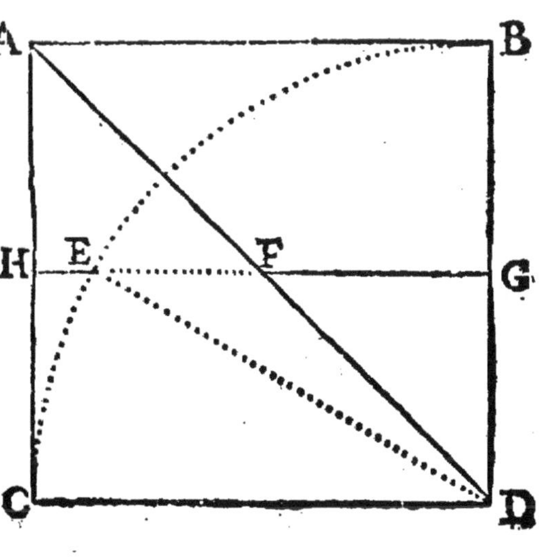

cle *C E B*, décriront une espece d'écüelle ; je dis que l'écüelle est égale au cone.

Car l'écüelle & le cone ont même base, sçavoir un cercle dont le raïon est *AB* ; ils ont de plus même hauteur, sçavoir, les lignes *AC*, *DB*, il n'y a plus qu'à démontrer que tous leurs élemens sont égaux chacun à chacun, par exemple, que la couronne qui a *HE*, pour largeur, est égale au cercle qui a *FG*, pour raïon. Or il n'y a rien de plus facile.

A cause du triangle rectangle *EGD*, si du quarré *ED*, ou de *HG*, son égale, j'ôte le quarré de *E G* ; reste le quarré de *GD*, ou de *FG*, son égale.

C'est à dire, si du quarré de *H G*, j'ôte le quarré de *EG*, le quarré de *FG*.

Or les cercles sont entre eux comme le quarré des raïons.

Donc si du cercle qui a *HG*, pour raïon, j'ôte le cercle qui a *EG*, pour raïon, j'aurai le cercle qui a *F G*, pour raïon.

Et par consequent la couronne qui a *HE*, pour largeur, n'étant autre chose que ce qui reste ; lorsque du cercle qui a *HG*, pour raïon, l'on ôte le cercle qui a *E G*, pour raïon, cette couronne est manifestement égale au cercle qui a *F G*, pour raïon. On démontrera la même chose de tel autre élement qu'on voudra choisir ; donc l'écüelle est égale au cone, qui par le Corollaire premier est le tiers du cylindre ; donc l'écüelle est le tiers du cylindre formé par la révolution du quarré *ABCD* ; d'où s'ensuit que l'Hemisphere formé par la révolution du quart de cercle *C E B*, autour de l'axe *B D*, est en solidité les deux tiers de la solidité du cylindre. L'on voit par là, comme l'on peut aller aux mêmes verités par differens chemins.

Je ne m'arrête point à déduire de ces mêmes

principes, que la ſurface de l'Hemiſphere eſt égale à la ſurface cylindrique de même baſe & même hauteur; qu'un cone équilatere, eſt à la Sphere inſcrite dans ſa ſolidité, comme 9 eſt à 4, &c. Ces principes ſont ſi feconds, qu'on pourroit en tirer des volumes entiers de conſequences. Il ſuffit d'avoir montré le chemin à ceux qui voudront exercer leur eſprit.

Mais afin de donner icy les élemens des principales méthodes qui ont été inventées pour meſurer les grandeurs, & particulierement les Solides, il faut dire un mot de la fameuſe découverte du Pere Guildin Jeſuite, touchant l'admirable proprieté du centre de gravité.

On appelle centre de gravité d'une quantité quelconque, ſoit Ligne, Surface, ou Solide, un point dans cette quantité, autour duquel toutes les parties de cette même quantité ſont dans un parfait équilibre; par exemple, ſi une ſurface quarrée eſt poſée ſur la pointe d'une éguille, il n'y a qu'un ſeul point dans cette ſurface où elle puiſſe reſter ſans incliner de côté ni d'autre, & ce point eſt appellé le Centre de gravité.

De même le centre de gravité d'une ligne droite, eſt le point du milieu de cette ligne, par lequel, ſi on la ſuppoſoit ſuſpenduë, elle n'inclineroit ni d'un côté ni d'autre.

Ce n'eſt pas toûjours une choſe aiſée, que de trouver geometriquement le centre de gravité de certaines grandeurs; mais il y en a une infinité; donc on le trouve très-facilement: Et voicy l'uſage qu'en a fait ce ſçavant Religieux.

Soit une ſurface rectangle *BCDE*, dont le centre de gravité ſoit le point *A*.

Soit mû ce rectangle circulairement ſur l'axe im-

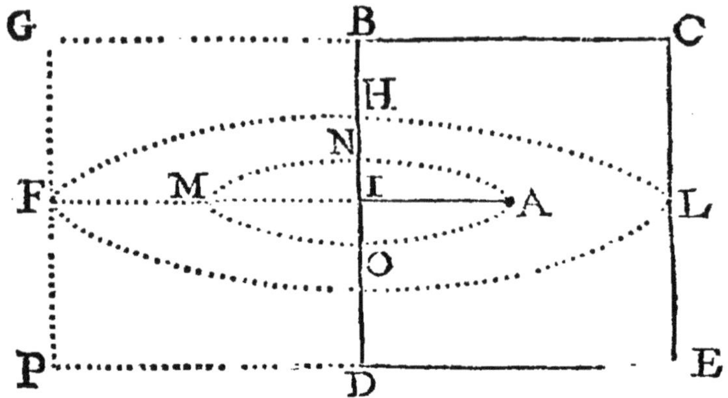

mobile *BD*, ce rectangle décrira un cylindre, & le centre de gravité décrira le cercle *M N A O*, donc le raïon sera *A I*. Le Pere Guildin appelle la circonference de ce cercle, la Voïe de la Circulation du centre de gravité ; ou tout court, la Voïe de Circulation.

Il démontre, que si l'on prend une ligne droite égale à la Voïe de Circulation, pour hauteur d'un Parallelipipede dont le rectangle *B C D E*, soit la base, ce Parallelipipede sera égal au cylindre.

Il démontre de même que la ligne *G P*, décrivant la surface cylindrique, & le point *F*, centre de gravité de cette ligne, décrivant le cercle *FHLO*; si l'on prend une ligne droite égale à cette circonference, & qu'on en fasse un rectangle avec la ligne *GP*, ce rectangle sera égal à la superficie cylindrique.

Ceux qui voudront cultiver cette méthode, s'appercevront aisément de son immense fecondité, non seulement pour mesurer toutes les surfaces & tous les Solides ordinaires; mais pour en mesurer une infinité où les autres méthodes demeurent le plus souvent tout court : il nous suffit icy d'avoir indiqué ce beau principe, dont on peut voir, si l'on veut, une très-ample explication dans le cours de Mathematiques du Pere de Challes ; & nous allons seulement en donner un exemple qui fera juger du reste.

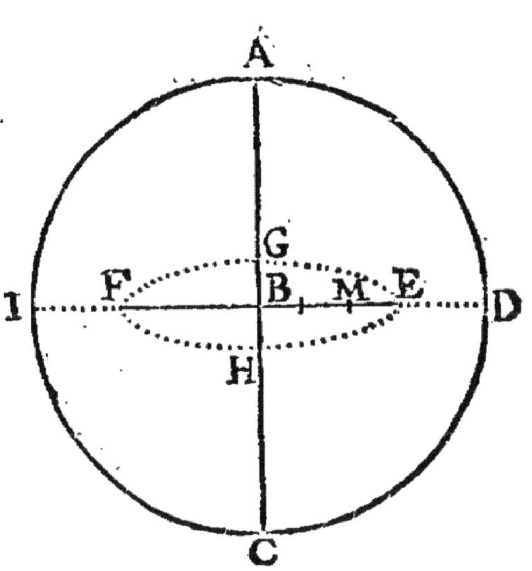

Soit une demi-circonference *ADC* ; son diametre *AC* ; & le raïon *BD*, divisant la demi-circonference en deux parties égales au point *D*. Si la demi-circonference tourne sur l'axe immobile *AC*, elle décrira une superficie spherique, & je dis que cette superficie est quadruple de l'aire du cercle, qui a *AC*, ou *ID*, pour diametre.

Il faut commencer par avoir le centre de gravité de la demi-circonference *ADC* ; & il ne faut pas s'imaginer que ce soit le point *D* : car si l'on represente cette demi-circonference portée au point *D*, par une éguille perpendiculaire à l'horison, en telle sorte que la demi-circonference soit parallele à l'horison, on conçoit aisément que cette demi-circonference ne pourra rester dans cette situation, & que les extremités *A*, *G*, descendront & feront tourner la demi-circonference sur le point immobile *D*. Ce que l'on appelle donc le Centre de gravité de la demi-circonference, est un point, comme *E*, dans le raïon *BD* ; en telle sorte que supposant le raïon *BD*, sans pesanteur, si ce point *E*, est posé sur une éguille perpendiculaire à l'horison, la demimi-circonference demeure parallele à l'horiſon ſans incliner de côté ni d'autre. Or l'on démontre dans la Statique, que pour avoir ce centre de gravité, ou autrement la ligne *BE*; il faut trouver une troiſiéme proportionnelle au quart de cercle *AD*, & au raïon *BD*; c'eſt à dire, que comme le quart de cercle *AD*, eſt au raïon *BD*; ainſi *BD*, eſt à *BE*. Cela ſuppoſé.

Je donne à la demi-circonference *ADC*, quarante-quatre parties.

Par la proportion d'Archimede, le diametre *ID*, en aura 28.

Le demi-diametre en aura 14.

Le quart de cercle *AD*, en aura 22.

Je fais donc comme 22 à 14; ainſi 14 à $8 + \frac{10}{11}$ qui eſt la ligne *BE*; cette ligne *BE*, ſuivant ce qui a été dit cy-deſſus, eſt le raïon de la voïe de circulation *EHFG*. Pour avoir la valeur de cette voïe ou circonference, je fais comme 7, eſt à 22, ſuivant Archimede, ainſi $16 + \frac{20}{11}$ qui en eſt le diametre à 56, qui eſt la valeur de la voïe de circulation.

Par le principe du Pere Guildin, je multiplie la voïe de circulation 56 par la demi-circonference *ADC*, qui eſt 44, vient au produit 2464, qui doit être la valeur de la ſuperficie ſpherique. Voyons maintenant ſi elle eſt quadruple de l'aire du grand cercle.

Pour avoir l'aire de ce cercle, l'on multiplie ſa demi-circonference 44 par le demi-diametre 14, vient pour l'aire 616, dont le quadruple eſt préciſément 2464. *Ce qu'il falloit démontrer.*

Et ſi au lieu de conſiderer ſeulement la demi-circonference *ADC*, nous conſiderons le demi-cercle

ABCDA, comme tournant ſur l'axe immobile *AC*, ſa ſurface décrira une Sphere; je dis que ſa ſolidité ſera les deux tiers de la ſolidité du cylindre, qui aura pour baſe un grand cercle de la Sphere, & pour hauteur, ſon diametre.

Car multipliant la demi-circonference 44 par le raïon 14, vient 616 pour l'aire du cercle, laquelle multipliée par le diametre 28, donne 17248 pour la ſolidité du cylindre; dont les deux tiers ſont $11498 + \frac{2}{3}$.

Or par les principes de la Statique; pour avoir le centre de gravité *M*, de l'aire du demi-cercle, il faut diviſer la ligne *BE*, en trois parties & en prendre deux, à compter du centre *B*; ainſi la ligne *BM*, ſera les deux tiers de $8 + \frac{10}{11}$, c'eſt à dire, $\frac{196}{33}$ le double $\frac{392}{33}$ ſera le diametre de la voïe de circulation, laquelle ſera $\frac{8624}{231}$; multipliant donc l'aire de la demi-circonference, 308, ſuivant le principe du Pere, par $\frac{8624}{231}$, vient au produit la ſolidité de la Sphere, & ce produit eſt préciſément $11498 + \frac{2}{3}$.

On voit par cet exemple, avec quelle facilité l'on reſout ce Problême admirable, dont la découverte a immortaliſé le Grand Archimede.

TRIGONOMETRIE.

PAr ce mot de Trigonometrie, nous n'entendons pas seulement la mesure de tout triangle donné; Mais encore plusieurs operations qui se font par le moyen des triangles, & qui servent à mesurer une infinité de grandeurs. Ce que nous avons dit dans les Elemens, donne une si grande facilité, que tout se réduit icy à s'en bien souvenir; & à fort peu de Propositions.

PREMIERE PROPOSITION.

Qui connoît dans un triangle, deux angles & un côté, ou deux côtés & un angle, connoît tout le reste.

Premierement, qui connoît deux angles connoît le troisiéme, parce que les trois ensemble valent deux angles droits.

Or trois angles connus & un côté, donnent les deux autres côtés: car par la 9e Proposition du 8e Livre, comme le Sinus de l'angle opposé au côté connu, est à ce côté; ainsi le Sinus de l'un ou l'autre des deux autres angles, est au côté qui lui est opposé. Or nous enseignerons bien-tôt la maniere de connoître le Sinus de tout angle donné; donc qui connoît deux angles & un côté, connoît tout le reste.

Secondement, si l'on connoît deux côtés du triangle & un angle, je dis qu'on connoîtra l'autre côté & les deux autres angles,

Car ou l'angle donné sera opposé à l'un des côtés connus, ou non.

Si l'angle donné est opposé à l'un des côtés donnés, il faudra dire ; comme un côté connu est au Sinus de l'angle qui lui est opposé, ainsi l'autre côté connu, est au Sinus de l'angle qui lui est opposé : on connoîtra donc ce dernier Sinus, & par consequent son angle ; voilà deux angles pour lors connus ; d'où s'ensuivra la connoissance du troisiéme, & ensuite la connoissance du troisiéme côté.

Que si l'angle donné est compris par les deux côtés connus, cet angle sera droit, aigu, ou obtus.

Si cet angle est droit, il n'y a qu'à prendre la somme des quarrés des côtés donnés, cette somme sera égale au quarré de la base ; ainsi tirant la racine quarrée de cette somme, l'on aura la base, & par consequent les deux autres angles.

Si l'angle donné est aigu, comme est icy l'angle *CAD*, & que les côtés *CA*, *AD*, soient connus ; je meine de l'extremité *C*, la perpendiculaire *CB*, & je forme par là le triangle rectangle *CAB* ; dont je connois les trois angles & le côté *AC* ; ainsi par ce qui vient d'être dit, je connoîtrai le côté *AB*, & la perpendiculaire *CB*.

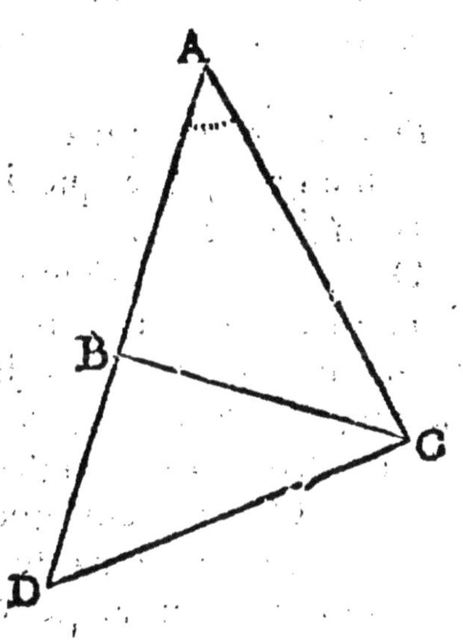

J'ôte le côté *AB*, du côté connu *AD*, me reste *BD*, connu.

Considerant maintenant le triangle rectangle *DBC*, j'en connois l'angle droit & les côtés *BD*, *CB* ; donc j'en connoîtrai la base *DC* ; dont le quarré eſt égal au quarré des deux côtés. Je connois donc à preſent les trois côtés du triangle *CAD*, & un angle, d'où s'enſuit que je connoîtrai facilement les deux autres.

Mais ſi l'angle donné eſt obtus, comme eſt icy l'angle *CAB*, & que les côtés *CA*, *AB*, ſoien connus.

Soit prolongé un des côtés, comme *BA*, juſques en *D*, en ſorte que de *C*, extremité de l'autre côté, l'on puiſſe mener ſur le côté prolongé, la perpendiculaire *CD*.

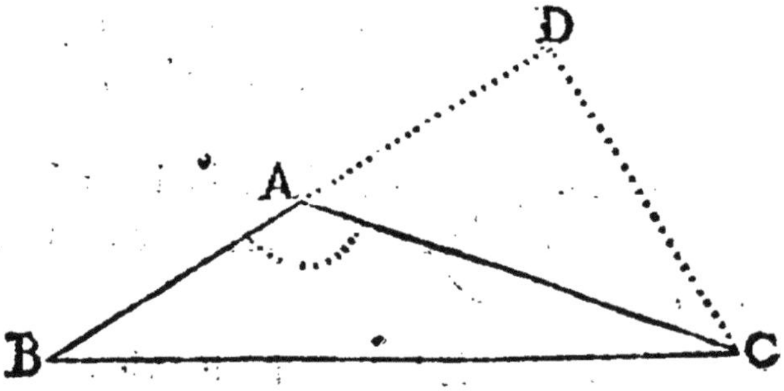

Alors conſiderant le triangle rectangle *CDA*, il eſt aiſé de voir qu'on en connoît les trois angles & un côté : car l'angle en *D*, eſt droit par conſtruction ; l'angle *CAB*, étant donné, ſon complement *CAD*, ſera connu, & par conſéquent le troiſiéme *ACD* ; le côté *AC*, eſt donné ; donc par ce qui a été dit, l'on aura le côté *CD*, & le côté *DA*.

Ajoûtant maintenant le côté *DA*, au côté donné *AB*, on aura *DB*, connu ; ainſi dans le triangle rectangle *CDB*, l'on connoît le côté *CD*, & le côté *DB* ; d'où l'on connoîtra aiſément la baſe *BC* ; dont le quarré eſt égal au quarré des deux côtés, ainſi qu'il a été dit tant de fois.

L'on connoîtra donc les trois côtés du triangle *CAB*, avec un angle, d'où il ſera aiſé de connoître les deux autres ; ainsi la Proposition est démontrée dans tous les cas.

SECONDE PROPOSITION.

Etant donné les trois côtés d'un triangle ; trouver les trois angles.

Il n'y a qu'à mener la perpendiculaire dont la valeur sera connuë par la 19ᵉ Proposition du 8ᵉ Livre ; cette perpendiculaire divisera le triangle total en deux triangles rectangles, dans chacun desquels on connoîtra deux côtés & l'angle droit, & par conséquent tout le reste.

Car comme un côté donné est au Sinus de l'angle droit, ainsi la perpendiculaire connuë au Sinus de l'angle opposé.

PROBLEME.

TROISIE'ME PROPOSITION.

Mesurer la surface du Lac *ABCDEFG*.

Je mesure avec une toise tous les côtés ; puis avec un quart de cercle exactement divisé, je mesure tous les angles de la figure ; je plante des picquets à chacun des sommets de ces angles, afin de pouvoir de loin les reconnoître plus exacte-

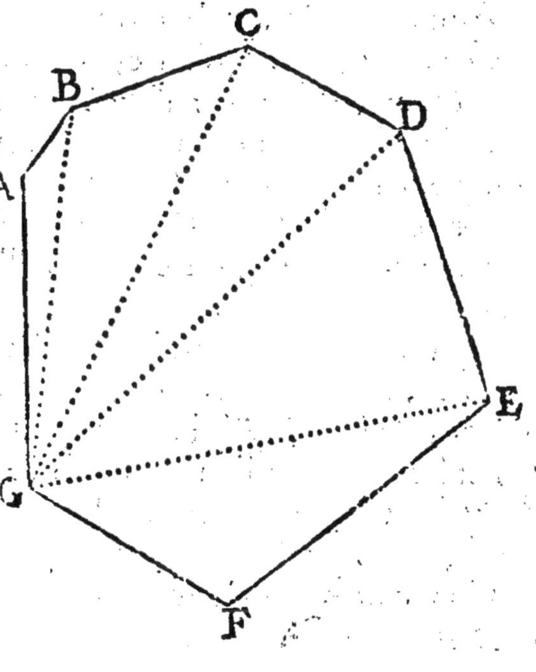

ment. Après quoi choisissant, par exemple, le sommet *G*; je conduis un raïon visuel aux points *B*, *C*, *D*, *E*, & je mesure les angles *AGB*, *BGC*, *CGD*, *DGE*, *EGF*; cela fait, je trouve la surface du Lac divisé en cinq triangles, dans chacun desquels je connois deux côtés & un angle, & par consequent les trois côtés; la perpendiculaire & l'aire de chacun de ces cinq triangles, dont la somme me donne la surface cherchée.

Si cette surface étoit supposée être celle d'un reservoir également profond par tout, il n'y auroit qu'à la multiplier par la profondeur, pour avoir ce que le reservoir contiendroit en solidité.

PROBLEME.

QUATRIE'ME PROPOSITION.

Mesurer la distance de la Tour inaccessible *A*, *B*.

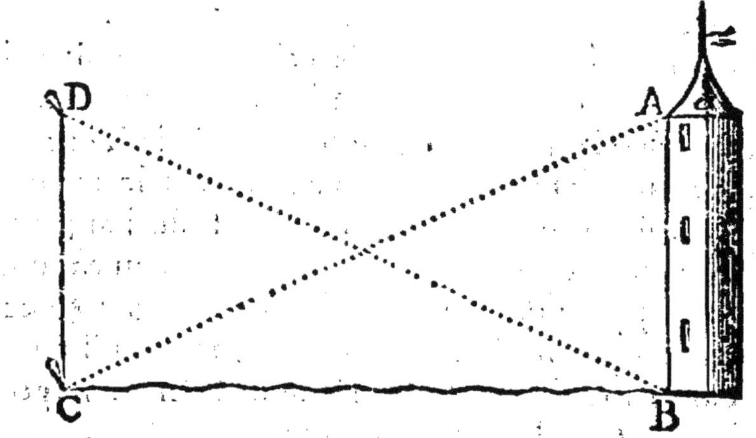

Je suppose que je suis situé au point *C*, & que je veux sçavoir quelle distance il y a du point *C*, au point *B*, qui est le pied de la Tour, située en pleine mer.

Je plante un picquet au point *C*, ensuite de quoi quittant ma place, j'avance sur le terrain au point

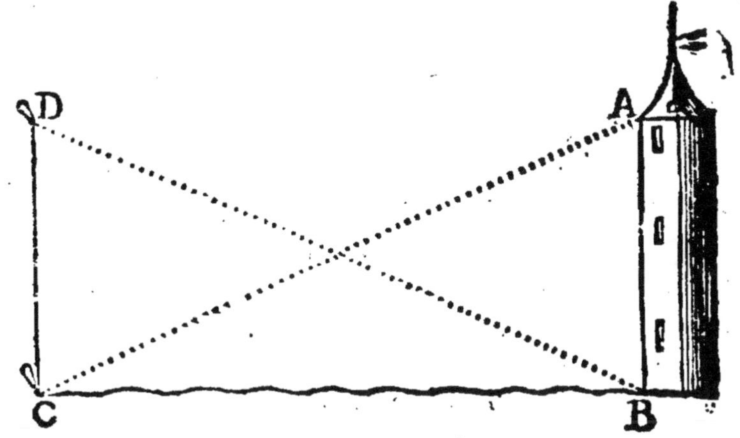

D, où je plante un autre picquet; je mesure exactement la distance des picquets C, D, aprés quoi conduisant mon raïon visuel de D, en B, je mesure l'angle CDB; je mesure pareillement l'angle DCB, & par consequent dans le triangle DCB, j'ai un côté & deux angles connus; donc par la premiere Proposition de ce Livre, je connoîtrai le côté CB, qui est la distance cherchée.

Il m'est bien facile aprés cela de connoître la hauteur de la Tour BA, je n'ai qu'à conduire mon rayon visuel du point C, au sommet de la Tour A, & mesurer l'angle BCA; j'aurai dans le triangle BCA, deux angles connus, à cause de l'angle en B, que je suppose droit, le côté CB, m'est aussi connu; je connoîtrai donc le reste, & par consequent le côté BA, qui est la hauteur de la Tour.

Par ce Problême il est aisé de mesurer la largeur d'une riviere, d'un détroit, &c.

PROBLEME.

CINQUIE'ME PROPOSITION.

Mesurer la longueur du pan de muraille inaccessible AB.

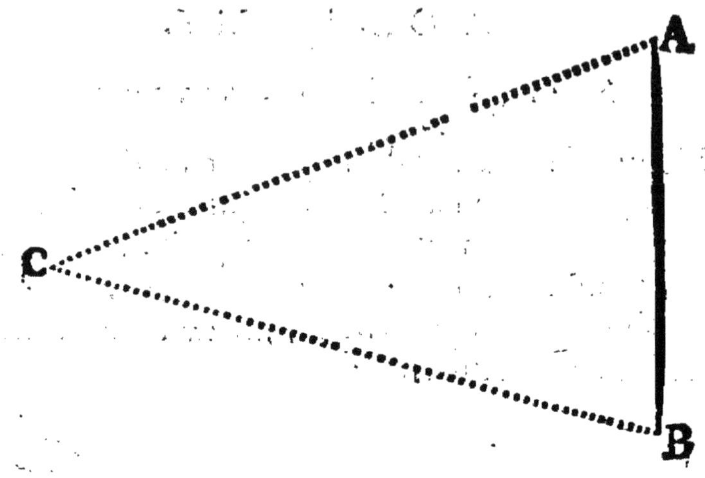

Je ſuppoſe que je ſuis ſitué au point *C*, d'où je conduis mes raïons viſuels aux points *A*, *B*, je meſure par le Problême précedent la diſtance *CA*, & la diſtance *CB*; je meſure auſſi l'angle *BCA*, formé par mes deux raïons viſuels; cela fait, dans le triangle *BCA*, j'ai deux côtés & un angle connu; donc je connoîtrai le côté *BA*, qui eſt la longueur cherchée de la muraille inacceſſible.

PROBLEME.

SIXIE'ME PROPOSITION.

Meſurer la profondeur du puits *ABCD*, que je ſuppoſe vuide d'eau.

Je meſure le diametre de ſa largeur *AB*, je conduis un raïon viſuel du point *A*, au point *D*, & je connois dans le triangle *DBA*, l'angle droit *DBA*, & le côté *AB*, que j'ai meſuré. Je meſure l'angle *BAD*; ainſi je connoîtrai le côté *DB*, qui eſt la profondeur cherchée.

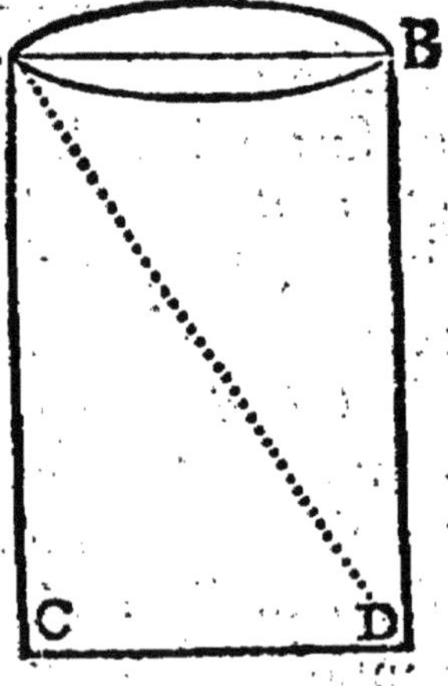

PROBLEME.

SEPTIE'ME PROPOSITION.

Mesurer la hauteur d'un nuage en l'air.

Je suppose que l'air soit tranquille, que le nuage ait peu de mouvement, qu'il soit petit, bien terminé, & qu'il ait quelque endroit remarquable ou deux observateurs puissent en même temps conduire leurs raïons visuels.

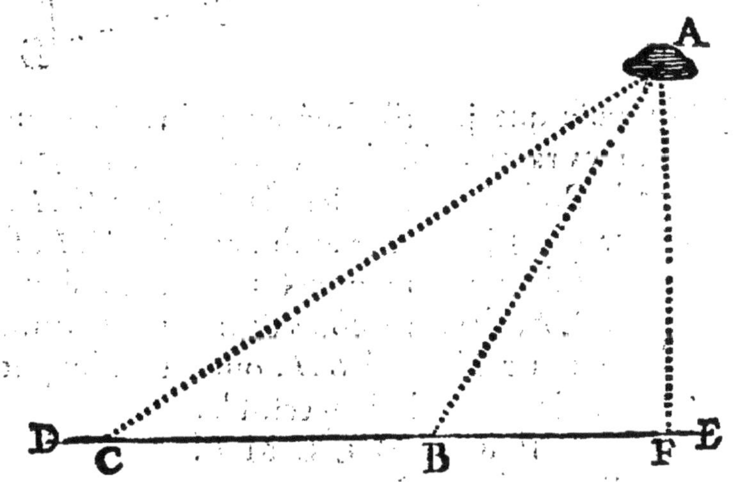

Soit le plan d'une prairie *DCBE*. Soient deux observateurs situés aux points *C*, *B*, chacun ayant son quart de cercle, observera dans le même instant le même bord du nuage *A*; Celui qui est en *B*, mesurera l'angle *EBA*, d'où l'on connoîtra l'angle *CBA*; l'observateur en *C*, observera l'angle *BCA*, dans le même instant: Ensuite l'on mesurera la distance *CB*, & l'on connoîtra dans le triangle *CBA*, le côté *CB*, & deux angles, ainsi l'on connoîtra le côté *BA*. Puis dans le triangle rectangle *BFA*, l'on aura l'angle droit connu, l'angle mesuré *EBA*, & le côté connu *BA*, d'où l'on connoîtra le côté *AF*, qui sera l'élevation perpendiculaire du nuage.

PROBLEME.

HUITIE'ME PROPOSITION.

Mesurer la distance de la terre à la Lune.

Nous choisissons cet exemple, pour faire connoître tout d'un coup l'utilité de la Trigonometrie dans les Sciences les plus sublimes; il faut icy supposer qu'on sçache assés de ce qu'on appelle communément la Sphere pour entendre les termes suivans.

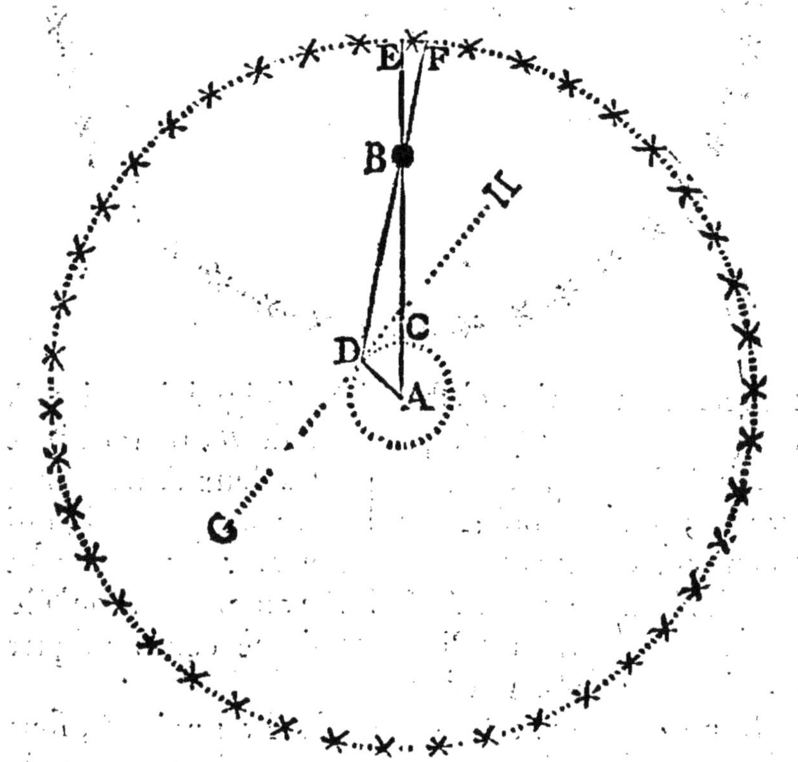

Que le grand cercle soit un meridien du firmament; le petit cercle, un meridien terrestre correspondant au celeste, c'est à dire, en même plan. Que le point *A*, soit le centre de la terre; que *C*, soit un point du meridien terrestre, directement posé sous l'equateur, & que *D*, soit un point du même meridien

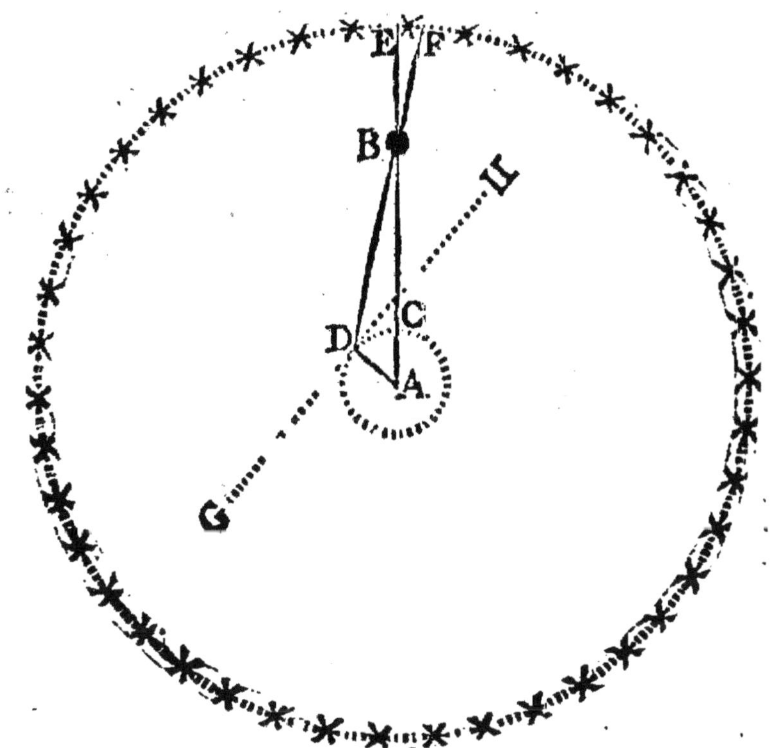

representant Paris, c'est à dire, éloigné du point *C*, de 49 degrés. Que la petite boule *B*, represente le corps de la Lune. Soient supposés deux Astronomes situés ; l'un au point *C* ; l'autre au point *D*, qui soient convenus entre eux, d'observer regulierement tous les jours le corps de la Lune au moment qu'elle passera par leur meridien ; & de se communiquer ensuite leurs observations.

Supposons que celui qui est situé au point *C*, sous l'équateur, ait écrit à l'autre, que le 21. Mars la Lune *B*, se trouva précisément au-dessus de sa tête, c'est à dire, ayant le centre dans son Zenith, & que nôtre Astronome de Paris, ait observé dans le même instant l'angle *HDB*, qui represente l'élevation de la Lune *B*, par-dessus l'horison de Paris, dont la ligne *GH*, est le diametre.

Il se forme le triangle *BDA*, composé du raïon visuel *DB*, qui est celui de l'Observateur de Paris, du raïon de la terre *DA*; & de la ligne *AB*, qui est le raïon visuel de l'Observateur situé au point *C*, joint au raïon de la terre *AC*. Or dans ce triangle l'on connoît l'angle *DAC*, ou *DAB*, de 49 degrés, puisqu'il est mesuré par l'arc qui est entre l'équateur & Paris. L'on connoît l'angle *BDA*, qui est composé de l'angle droit *HDA*, & de l'angle observé *HDB*; donc l'angle *ABD*, sera connu.

Il est fort aisé aprés cela de connoître tout le reste; car comme le sinus de l'angle *ABD*, est au côté *AD*, que l'on sçait être de 1431 lieuës; ainsi le sinus de l'angle *DAB*, est au côté *DB*, qui est la distance de Paris à la Lune.

Il est bon de remarquer en passant que l'angle *ABD*, est ce que les Astronomes appellent la Parallaxe, qui n'est autre chose que la difference qui est entre le point où paroîtroit la Lune par rapport au firmament à un Observateur qui la pourroit voir du centre de la terre, & le point où elle paroîtroit dans le firmament à un autre Observateur, qui la regarderoit d'un point de la surface terrestre. Par exemple, le raïon visuel partant du centre de la terre, & passant par le centre de la Lune se termine au point *E*; dans le firmament, au lieu que le raïon *DB*, partant de la surface se termine dans le firmament au point *F*. Or il est visible que l'angle *EBF*, est opposé au sommet à l'angle *ABD*; & par consequent lui est égal; d'ailleurs il n'y a point de difference par rapport au raïon visuel, entre observer un astre du centre de la terre, ou l'observer quand il passe dans le Zenith. Il est encore trés-évident que plus un astre est éloigné de la terre, moins il a de parallaxe; ainsi observant les étoiles par la methode que nous venons de donner, l'on trouvera que les raïons visuels se confondent & ne forment aucun angle de parallaxe. C'est pourquoi nous pouvons supposer leur distance si grande qu'il nous plaira, si d'autres raisons nous y obligent. Le Soleil lui-même ne fait point de parallaxe sensible, tant il est éloigné de nous, & c'est ce qui oblige à recourir à la methode suivante pour mesurer son éloignement.

PROBLEME.

NEUXIE'ME PROPOSITION.

Déterminer la distance de la terre au Soleil.

Il faut supposer que la Lune ne luisant que par la lumiere qu'elle reçoit du Soleil, & devant par consequent nous paroître tantôt pleine, tantôt demi-pleine, tantôt en croissant, selon qu'elle en est plus ou moins éloignée; la ligne qui separe la partie illuminée, de celle qui ne l'est pas, doit nous paroître d'autant plus courbe, que cette separation se fait plus prés de la circonference visible de la Lune; qu'ainsi dans le moment précis que nous la voyons parfaitement demi-pleine, la ligne qui separe l'ombre de la lumiere, est une ligne parfaitement droite; ce qui ne peut être, que le raïon du Soleil ne fasse un angle droit avec le raïon visuel, qui va de nôtre œil à la Lune.

Icy, par exemple, l'Observateur situé au point *B*, voyant la Lune *C*, précisément demi-pleine; le raïon *AC*, partant du Soleil *A*, pour illuminer la Lune, fait necessairement un angle droit, avec *BC*, raïon visuel de l'Observateur; autrement la Lune lui paroîtroit plus ou moins que demi-pleine; or dans le moment que la Lune paroît demi-pleine,

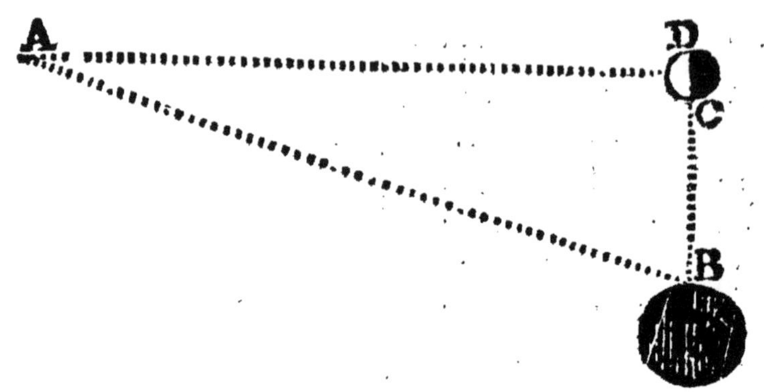

& qu'avec d'excellentes Lunettes, la ligne *CD*, qui separe l'ombre de la lumiere, paroît parfaitement droite ; il est fort aisé de mesurer avec un bon instrument l'angle *CBA* ; c'est à dire, la distance en degrés de la Lune au Soleil, par rapport à l'Observateur ; donc l'on connoîtra dans le triangle rectangle *BCA*, l'angle *BAC*, auquel est opposé le côté *BC*, qui est supposé connu, & qui est la distance de la terre à la Lune ; ainsi comme le sinus de l'angle *BAC*, est à *BC* ; de même le sinus de l'angle droit est à *BA*, distance de la terre au Soleil.

Les observations qu'on a faites avec d'excellens instrumens depuis la découverte des Lunettes d'approche, nous ont appris que l'angle *BAC*, est si petit, que la distance de la terre au Soleil, est au moins de trente millions de lieuës communes.

DIXIE'ME PROPOSITION.

Mesurer la distance de la terre à Jupiter.

Il faut supposer que l'on sçache le temps qu'un des Satellites de Jupiter employe à faire sa revolution autour de cette planete.

Supposons, par exemple, en cette figure que le

Satellite *B*, employe 42 heures à décrire le petit cercle ponctué autour de Jupiter *A*.

Je suppose que je sois situé sur la terre au point *D*, & j'observe le moment que le Satellite *B*, est éclipsé à mon égard par le corps de Jupiter, c'est à dire, que les points *D*, *A*, *B*, sont en une même ligne droite.

J'observe ensuite le moment auquel ce même Satellite par son mouvement propre avançant vers *E*, perdra sa lumiere en entrant dans l'ombre que forme le corps de Jupiter au point *E*, où il intercepte les raisons du Soleil *C*, c'est à dire, que j'observe le moment où les points *C A E*, sont dans une même ligne droite.

Cela étant puisque le Satellite employe 42 heures à faire son tour, sçachant le temps qu'il a employé depuis *B*, jusques en *E*, je sçaurai la grandeur de l'arc *B E*. Je suppose qu'il y ait employé six heures; l'arc *B E*, sera la septiéme partie de la circonference, comme six heures sont la septiéme partie de 42, ainsi dans le triangle *A C D*, je connoîtrai l'angle *C A D*, opposé au sommet à l'angle *B A E*, que je viens de mesurer par mon observation; Je mesurerai l'angle *A D C*, qui est la distance en degrés du centre du Soleil *C*, au centre

de

de Jupiter *A* ; donc le troisiéme angle me sera connu. Et d'ailleurs je connois le côté *DC*, distance de la terre au Soleil, je connoîtrai donc tout le reste, c'est à dire, *DA*, distance de la terre à Jupiter ; & même *AC*, distance de Jupiter au Soleil.

Tout ce que nous avons dit dans cette Trigonometrie, suppose les sinus calculés ; ainsi il est nécessaire de connoître la méthode par laquelle on a fait ce calcul.

Construction de la Table des Sinus, Tangentes & Secantes.

Il faut se souvenir que le Sinus d'un arc, est moitié de la corde qui soûtient le double de cet arc.

L'on suppose ordinairement que le rayon du cercle contient 100000 parties, & dans cette supposition, comme la corde de l'arc de 60 degrés, est égale au rayon, elle sera aussi de 100000 parties.

La corde de 60 degrés est par la définition double du Sinus de l'angle ou arc de 30 degrés ; donc le Sinus de l'arc ou angle de 30 degrés, sera de de 50000 parties.

PROBLEME PREMIER.

Etant donné le Sinus d'un arc ; trouver le Sinus du complement de cet arc ; par exemple, étant donné le Sinus de 30 degrés ; trouver le Sinus de 60.

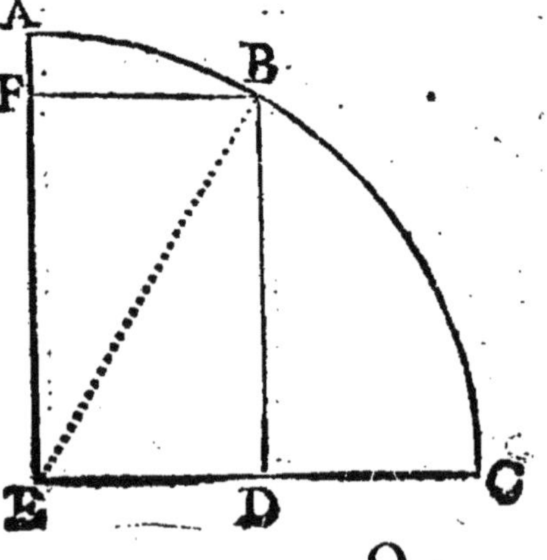

Le Sinus donné *FB*, forme avec *BD*, ou son égale *FE*, un angle droit, dont *EB*, rayon, est la base ; or

BD, est Sinus de l'arc *BC*, qui est le complement de l'arc donné *AB*; ainsi si du quarré de *EB*, c'est à dire, si du quarré de 10000 j'ôte le quarré de *BF*, c'est à dire, le quarré de 50000, restera le quarré de *BD*; dont la racine quarrée sera le Sinus de l'arc *BC*, de 60 degrés.

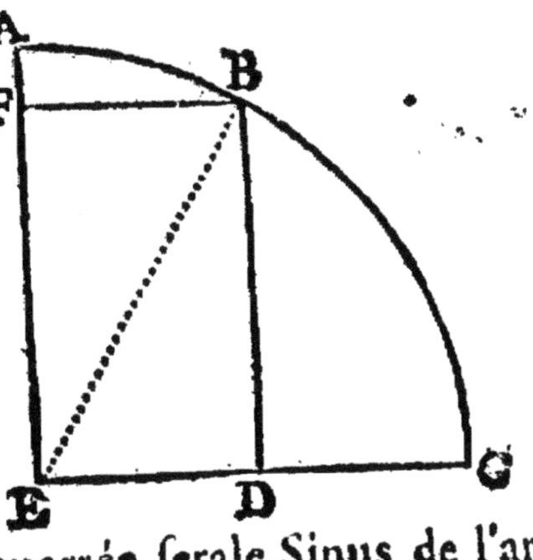

PROBLEME SECOND.

Etant donnée une corde; trouver la corde qui soûtient la moitié de l'arc de la corde donnée.

Soit la corde donnée *BC*, & qu'il faille trouver la corde *BE*, qui soûtient l'arc *BFE*, moitié de l'arc *BFEC*, que soûtient la corde donnée

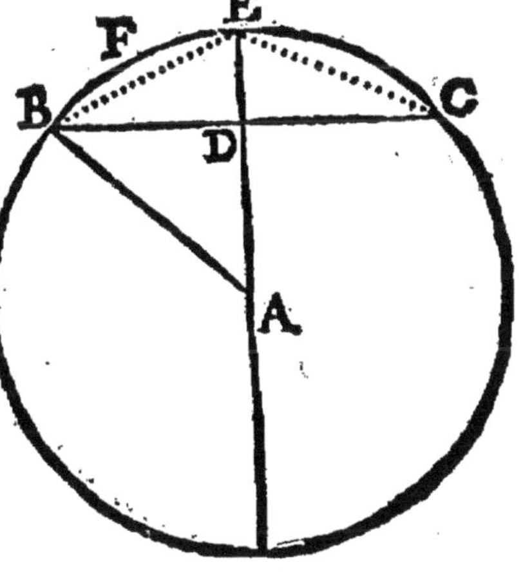

Du centre *A*, soient tirés le rayon *AB*, & le rayon *AE*, qui coupera la corde perpendiculairement, & par la moitié au point *D*, par la premiere Proposition du troisiéme Livre.

Il se forme par là deux triangles rectangles; sçavoir, *EDB*, *BDA*. *BD*, est donnée puisque c'est la moitié de la corde donnée.

Si du quarré du rayon *BA*, j'ôte le quarré *BD*, restera le quarré de *DA*.

Donc sa racine *DA*, m'est connuë, & par conſequent *D E*, qui avec *D A*, eſt égale au rayon.

Maintenant, ſi au quarré de *BD*, je joins le quarré de *DE*, me viendra le quarré de *B E*, & par conſequent la ligne *B E*, elle-même que je cherchois.

PROBLEME TROISIE'ME.

Etant donnée une corde ; trouver la corde qui ſoûtient le double de l'arc ſoûtenu par la corde donnée.

La reſolution de ce Problême, ſuppoſe la Propoſition ſuivante.

En tout quadrilatere inſcrit au cercle, le rectangle des deux Diagonales eſt égal à la ſomme des deux rectangles ſous les côtés oppoſés.

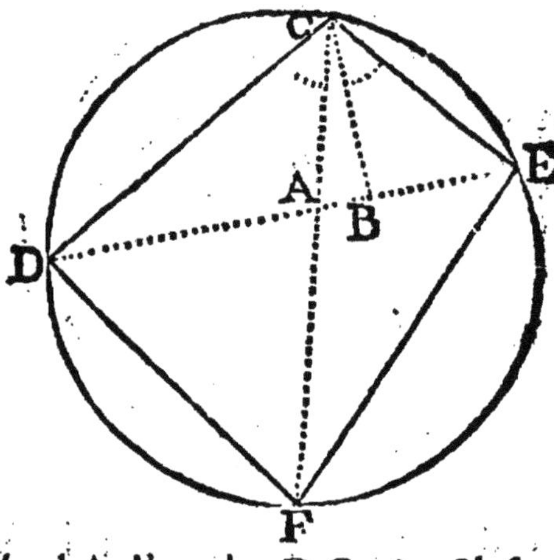

Il faut démontrer que le rectangle de la Diagonale *C F*, par la Diagonale *DE*, eſt égal aux rectangles de la ligne *DC*, par la ligne *E F*, & de la ligne *D F*, par la ligne *C E*.

Soit menée la ligne *CB*, en telle ſorte que l'angle *B C E*, ſoit égal à l'angle *D C A*. Il faut ſe ſouvenir :

Que les triangles ſamblables ont les côtés homologues proportionnels.

Qu'en toute proportion geometrique le produit des extrêmes eſt égal au produit des moyens.

Que c'eſt la même choſe de multiplier une grandeur par une autre quelconque, ou de multiplier cette premiere grandeur par les parties de la ſeconde. En ſorte que dans cette exemple ; le rectangle de *C F*, par *D E*, eſt la même choſe, que le rectangle de *CF*, par *BE*, parce que *DB* & *BE*, sont les parties de la ligne *DE*.

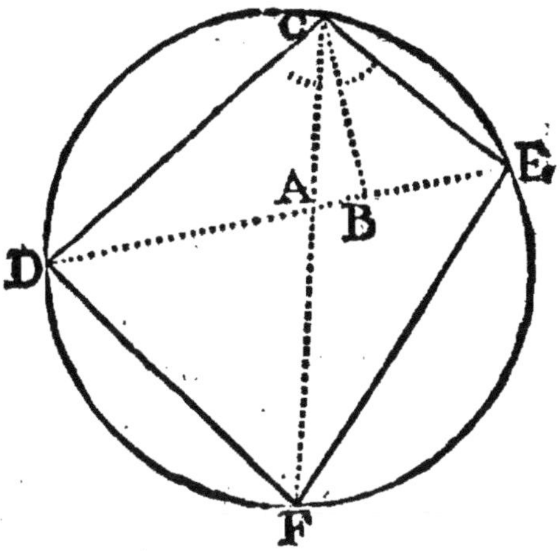

Cela supposé.

Je démontre que le triangle *CDB*, est semblable au triangle *CFE*.

Car l'angle *CDB*, est égal à l'angle *CFE*, parce qu'ils sont appuyés sur le même arc.

L'angle *DCB*, est égal à l'angle *FCE*, parce que l'angle commun *ACB*, est joint pour les former, à deux angles supposés égaux par la construction, c'est à dire, à l'angle *BCE*, d'une part, & à l'angle *DCA*, de l'autre.

Donc le troisiéme angle du triangle *CDB*, est égal au troisiéme angle du triangle *CFE*.

Donc le côté *DC*, est au côté *CF*, comme le côté *DB*, est au côté *FE*.

Donc le produit des extrêmes est égal au produit des moyens.

Voilà donc déja le rectangle *DC*, par *FE*, égal au rectangle de *CF*, par *DB*.

Je n'ay donc plus qu'à démontrer que le rectangle de *DF*, par *CE*, est égal au rectangle de *CF*, par *BE*. Or cela est aisé. Car :

Les triangles *CDF*, *CBE*, sont semblables, puisque l'angle *DFC*, est égal à l'angle *CEB*, étant l'un & l'autre appuyés sur l'arc *DC* ; & que d'ailleurs l'angle *DCF*, est par la construction égal à l'angle *BCE*.

Donc le côté *DF*, est au côté *FC*, comme le côté *BE*, est au côté *CE*.

Donc le produit des extrêmes, est égal au produit des moyens.

Donc le rectangle de *D F*, par *C E*, est égal au rectangle de *F C*, par *B E*.

Or le rectangle de la ligne *C F*, par la ligne *DB*, joint au rectangle de la ligne *C F*, par la ligne *BE*, est la même chose que le rectangle de la ligne *C F*, par la ligne *D E*.

Donc le rectangle de ces deux Diagonales *CF*, *DE*, est égal aux deux rectangles formés par les côtés opposés du quadrilatere inscrit au cercle.

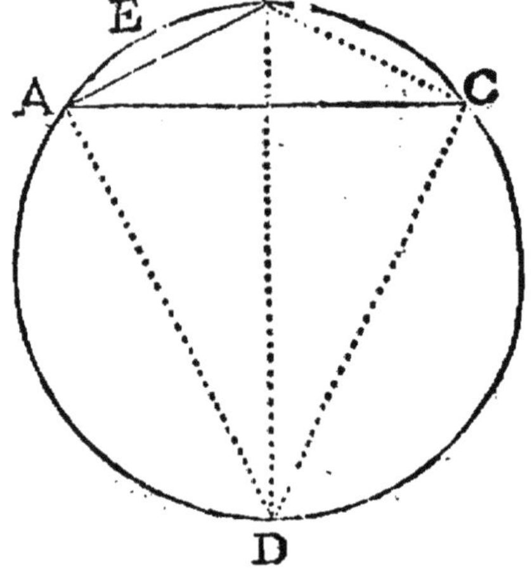

Soit à present donnée, par exemple, une corde de 60 degrés, qui étant égale au rayon, sera de 100000 parties, & qu'il faille trouver la corde *A C*, qui soûtient l'arc *A B C*, que je suppose double de l'arc *A E B*, qui est un arc de 60 degrés.

Je meine le diametre *B D*, qui sera de 200000 ; je cherche la valeur de la corde *A D*, c'est à dire, à cause du triangle rectangle *B A D*, du quarré du diametre, j'ôte le quarré de la corde *A B*, me reste le quarré de la corde *A D*, & je trouve par ce calcul que la corde *A D*, sera de 174922.

La corde *B C*, égale à la corde *A B*, sera de 100000 parties.

La corde *CD*, égale à la corde *AD*, aura 174922 parties.

Si donc je multiplie 174922 par 100000, c'est à dira, *DC*, par *A B*, & que j'en prenne le double, j'aurai la valeur du rectangle du diametre *BD*, par la corde cherchée *AC*.

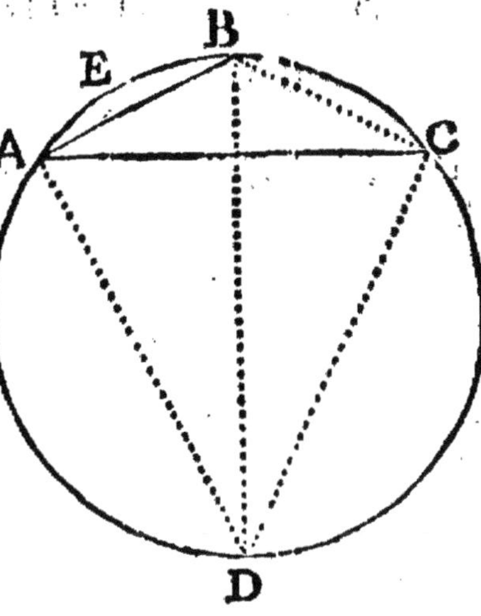

Ce produit sera 3498440000.

Si donc je divise cette somme par 200000, qui est le diametre *BD*, il me viendra 17492 pour la valeur de la corde *AC*, que je cherchois.

Par cette même Proposition, étant données deux cordes differentes, il est aisé de trouver la corde qui soûtient un arc égal aux deux arcs des deux cordes données. C'est la même chose.

COROLLAIRE.

Etant donnée une corde de trois degrés ou de cinq degrés; trouver la corde d'un degré, ou pour exprimer la chose plus generalement. Etant donnée une corde quelconque; trouver la corde qui soûtient le tiers ou la cinquiéme partie de l'arc que soûtient la corde donnée.

Supposons, par exemple, qu'étant donnée la corde de 60 degrés, qui est 100000; on veüille avoir la corde de 20 degrés.

Il est visible que cette corde de 20 degrés doit être plus grande que le tiers de 100000.

Je prens donc le tiers de 100000, & j'y ajoûte quelques parties, & je suppose que la somme qui me vient, est la corde de 20 degrés.

Cela fait: si ma supposition est veritable en cherchant par la Proposition précedente, la corde de 40 degrés, puis la corde de 60, je dois trouver 100000 pour la corde de 60 degrés.

Si donc je trouve quelque chose de plus ou de moins, ma supposition a été trop forte ou trop foible ; j'en fais alors une nouvelle que je diminuë ou augmente, jusques à ce qu'operant, comme il vient d'être dit, je trouve 100000 précisément pour ma corde de 60 degrés ; & pour lors je suis assûré que ma derniere supposition est la corde de 20 degrés.

Je trouverai par la même méthode, la corde qui soûtient un arc, qui sera la cinquiéme partie d'un arc donné.

PROBLEME QUATRIE'ME.

Construire la Table des Sinus.

L'on a la corde de 60 degrés, qui est 100000.

L'on aura la corde de 30 degrés par le second Problême, & par le même Problême, la corde de 15 degrés.

Ayant la corde de 15 degrés, l'on aura par la Proposition précedente, la corde de 3 degrés.

Ayant la corde de 3 degrés, l'on aura la corde d'un degré par la même Proposition.

Ayant la corde d'un degré, on aura par le second Problême la corde de 30 minutes.

Ayant la corde de 30 minutes, on aura par le même Problême la corde de 15 minutes.

Ayant la corde de 15 minutes, on aura par la précedente Proposition la corde de 3 minutes.

Par la même Proposition, ayant la corde de 3 minutes, on aura la corde d'une minute.

Ayant la corde d'une minute, on a la corde de 2 minutes par le troisiéme Problême.

La moitié de cette derniere corde sera le Sinus de l'arc d'une minute.

Il est aisé de voir qu'ayant une fois la corde d'une minute, & la corde de deux minutes, on a aisément la corde de 4 minutes, puis celle de 5 par la précedente Proposition, & qu'ainsi le calcul de tous les Sinus ne demande plus que de la patience, pour appliquer le peu de Propositions, que nous venons d'expliquer.

Il y a plusieurs autres Propositions qui abregent les operations, mais il n'est pas necessaire de les donner; nous ne voulons pas construire une Table. Il suffit d'avoir enseigné la méthode pour en construire une; on en trouve par tout d'imprimées qui sont fort exactes, & nous y renvoyons ceux qui voudront operer par les triangles.

Mais il faut dire un mot des Tangentes & Secantes; dont l'usage est frequent dans les operations d'Astronomie, parce qu'on y employe presque toûjours des Triangles appellés Spheriques, c'est à dire, formés par des arcs de grands cercles de la Sphere.

En cette figure je suppose l'angle *C A D*, de 30 degrés & son Sinus *E B*, par consequent de 50000 parties.

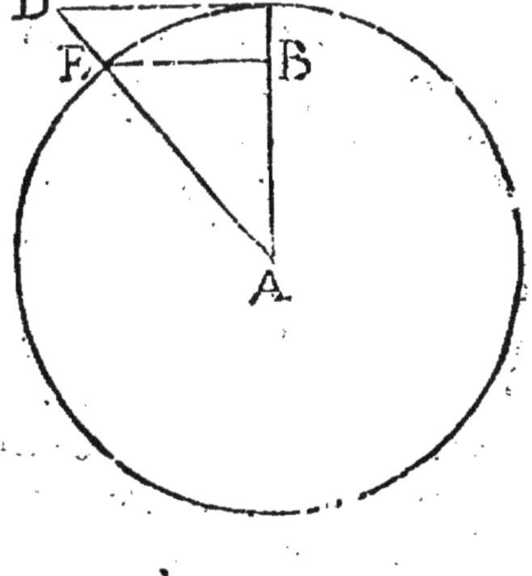

La Tangente *CD*, parallele au Sinus, & terminée par le rayon *AE*, prolongée, est ce qu'on appelle absolument la Tangente de l'arc *CE*; comme la ligne *AD*, en est la Secante.

Il est aisé de déterminer cette Tangente *CD*, & cette Secante *AD*, en parties, dés que l'on a le Sinus *EB* : car le Sinus *EB*, connu, fait connoître la ligne *A B*; puiſque le Triangle *A B E*, eſt rectangle, & qu'il n'y a qu'à ôter du quarré du rayon *A E*, le quarré du Sinus *E B*, pour avoir le quarré de la ligne *A B*, dont la racine quarrée ſera la ligne *A B*.

Or à cauſe des triangles ſemblables *ABE*, *ACD*, comme la ligne *A B*, eſt à la ligne *B E*; ainſi le rayon *A C*, eſt à la Tangente *C D*.

Cette Tangente étant une fois connuë, il eſt bien aiſé de connoître la Secante *A D*.

Car comme le Sinus *B E*, eſt au rayon *E A*; ainſi la Tangente *C D*, eſt à la Secante *D A*, à cauſe des triangles ſemblables.

On pourroit avoir encore autrement la Secante.

Le Triangle *A C D*, étant rectangle, ſi au quarré du rayon *A C*, l'on joint le quarré de la Tangente *C D*; l'on aura le quarré de l'hypotenuſe *A D*, dont la racine quarrée ſera la Secante de l'arc *C E*.

Il ne faut donc que cette ſeule Propoſition pour déterminer en parties toutes les Tangentes & toutes les Secantes de tous les arcs dont on a les Sinus. Mais nous ne nous y arrêterons pas davantage; il y a eu des gens charitables qui nous ont épargné ce travail; leurs Tables ſont imprimées avec celles des Sinus, & chacun peut y recourir dans le beſoin.

TRAITÉ
DES LOGARITHMES.

LEs Tables des Sinus, Tangentes & Secantes, dont nous venons d'expliquer la construction, pourroient absolument suffire, pour la resolution des Problêmes de Trigonometrie; mais l'admirable découverte des Logarithmes, dont on est redevable au fameux Neper, a mis un si grand abregé dans le Calcul, & en facilite à tel point les operations, qu'il ne semble pas permis de laisser ignorer aux Commençans, la nature & l'utilité d'une invention si merveilleuse. L'Ecosse peut se vanter d'avoir produit en la personne de cet illustre Mathematicien, un homme dont le nom vivra tant qu'il y aura des Geometres sur la Terre. Les Astronomes sur tout sentiront à jamais ce qu'ils lui doivent, pour leur avoir enseigné une méthode aussi sûre que facile, de resoudre en un quart d'heure des Problêmes qu'on pouvoit à peine entreprendre en un jour, sans compter que les longs Calculs où l'on tomboit nécessairement, étoient presque toûjours inseparables de quelque erreur.

Il n'y a point de petit Arithmeticien qui ne sçache combien les Additions & les Soustractions sont faciles, en comparaison des Multiplications & des Divisions. Ainsi pour faire voir d'un coup d'œil, le service que Neper a rendu aux Geometres, il n'y a qu'à dire en un mot que sa méthode convertit les Multiplications en Additions, & les Divisions en Soustractions.

DE'FINITION DES LOGARITHMES.

On appelle Logarithmes, une ſuite de nombres en proportion arithmetique, correſpondans à d'autres nombres qui ſont en proportion geometrique; par exemple, ſoit une colomne de nombres en progreſſion geometrique, & à côté des colomnes de nombres en progreſſion arithmetique, telles que l'on voudra les choiſir, comme l'on voit ici:

Progreſſion geometrique.	*Progreſſion arithmetique.*	*Progreſſ. arithmet.*	*Prog. arith.*
1	1	1	0
2	2	3	1
4	3	5	2
8	4	7	3
16	5	9	4
32	6	11	5
64	7	13	6
128	8	15	7
256	9	17	8
512	10	19	9
1024	11	21	10

Si l'on ſe détermine à la premiere progreſſion arithmetique; 1 de cette progreſſion arithmetique, ſera dit logarithme de 1 de la progreſſion geometrique; 2 de la progreſſion arithmetique, ſera logarithme de 2 de la progreſſion geometrique; 3, ſera logarithme de 4; 4 ſera logarithme de 8; & ainſi de ſuite, chaque chiffre de la progreſſion arithmetique, ſera le logarithme du chiffre de la progreſſion geometrique vis-à-vis duquel il eſt placé.

Que ſi l'on s'étoit déterminé à la ſeconde progreſſion arithmetique; 1 de la progreſſion arithmetique ſeroit logarithme de 1 de la progreſſion geometrique ; 3 de la progression arithmetique seroit logarithme de 2 de la progression geometrique ; 5 de la progression arithmetique seroit logarithme de 4 de la progression geometrique ; & toûjours ainsi de suite.

Et si l'on avoit choisi la troisiéme progression arithmetique, qui commence, comme l'on voit, par zero ; 0 de cette progression, seroit logarithme de 1 de la progression geometrique ; 1 de la progression arithmetique seroit logarithme de 2 de la progression geometrique ; 2 de la progression arithmetique seroit logarithme de 4 de la progression geometrique ; 3 de la progression arithmetique seroit logarithme de 8 de la progression geometrique ; & toûjours de même, on verra bien-tôt que cette progression, qui commence par zero, abrege encore plus les operations que ne font les autres.

Il ne sera pas inutile de remarquer que l'on pourroit dans la construction des Tables employer une progression arithmetique, qui croît toûjours en diminuant ; par exemple,

Progression geometrique.	*Progression arithmetique.*
1	7
3	6
9	5
27	4
81	3
243	2
729	1
2187	0
6561	—1
19683	—2
59049	—3

En cette progression les nombres qui sont audessous du zero sont nombres feints ou négatifs, c'est à dire, qui ont avant eux le signe de moins, qui se marque ainsi — ; & l'on va voir qu'ils produisent le même effet que les nombres positifs dans l'usage des logarithmes. En un mot il eſt libre de ſe déterminer à telle progreſſion geometrique que l'on veut ; & de lui faire correſpondre auſſi une progreſſion arithmetique à diſcretion : mais ayant choiſi en commençant une certaine progreſſion geometrique ; & lui ayant fait correſpondre une certaine progreſſion arithmetique, il n'eſt pas permis en continuant les Tables de quitter les progreſſions que l'on a d'abord employées.

En jettant les yeux ſur ces colomnes de nombres, les perſonnes tant ſoit peu appliquées, & qui ont vû dans le Traité des Proportions qu'elles en ſont les proprietés, devinent aiſément l'utilité de la méthode. Car ſi l'on doit multiplier 16 par 64 ; on ſçait que l'unité où 1 eſt à 16, comme 64 au produit cherché ; il faut donc par la regle ordinaire, qu'on nomme regle de trois, multiplier 16 par 64 qui ſont les moyens d'une progreſſion geometrique, puiſque

1, 16 :: 64, au produit 1024.

puis il faut diviſer ce produit 1024, par 1, qui eſt le premier nombre de la proportion geometrique, reſte au quotient 1024, qui eſt l'autre extrême.

Par les Logarithmes, en me ſervant de la premiere progreſſion arithmetique, je place ſous les trois premiers nombres

1, 16 :: 64,

leurs logarithmes 1, 5 :: 7,

à ces trois nombres 1, 5, 7, ſi je veux avoir un quatriéme proportionel arithmetique, on ſçait qu'il faut ajoûter 5 à 7, & de leur ſomme qui eſt 12, ôter 1, il reſte 11 pour le quatriéme proportionel arithmetique. Ainſi voilà ſa proportion arithmetique,

1 eſt à 5 comme 7 eſt à 11 à laquelle correſpond
1, 16, :: 64, 1024 proportion geomet.

donc cherchant le logarithme 11, qui est l'extrême de la proportion arithmetique, je vois qu'il correspond dans la progression geometrique au nombre 1024, extrême de la progression geometrique.

Ce seroit la même chose si je m'étois servi de la seconde progression arithmetique ; car en cette progression le logarithme de 16, est 9 ; celui de 64, est 13 ; j'ajoûte 9, à 13, il vient 22 ; j'en ôte le logarithme de l'extrême, qui est 1, reste 21 ; & je trouve vis-à-vis, dans la colomne geometrique, le même nombre cherché, 1024.

Si je m'étois servi de la troisiéme progression arithmetique, qui commence par zero : dans cette progression, le logarithme de 16, est 4, celui de 64, est 6 ; je les joints ensemble, vient 10, j'ôte 0, c'est à dire rien, reste 10, & je trouve vis-à-vis, dans la colomne geometrique, le même nombre 1024.

La raison en est évidente, 1, 16 :: 64, 1024, c'est à dire, que les deux nombres donnés à multiplier l'un par l'autre, sont les moyens d'une proportion geometrique, dont le produit qu'on demande, & l'unité sont les extrêmes. Or dans toute proportion geometrique, le produit des extrêmes est égal au produit des moyens, donc le produit des moyens divisé par l'un des extrêmes donne l'autre.

D'ailleurs à cette proportion geometrique . . . . 1, 16 :: 64, 1024
qui se trouve dans la premiere colomne, correspond dans la seconde, la proportion arithmet. 1, 5 :: 7, 11
dont les trois premiers 1, 5, 7, sont désignez ; il n'est donc question que d'avoir le quatriéme. Or dans toute proportion arithmetique, la somme des moyens, comme sont ici 5, 7, est égale à la somme

des extrêmes ; par conséquent si de la somme, qui est 12, j'ôte un des extrêmes, qui est 1, restera l'autre extrême, qui est 11, lequel, dans la proportion geometrique, me montre 1024, auquel il correspond.

D'où suit clairement, que pour multiplier deux nombres quelconques l'un par l'autre : il n'y a qu'à ajoûter leurs logarithmes ensemble, puis de cette somme soustraire le logarithme de l'unité, le reste sera le logarithme du produit des deux nombres donnés.

C'est pour cela qu'il est encore plus court de choisir une progression arithmetique, qui commence par zero : car en cet exemple,

	1,	16 ::	64,	1024
logarithme	0,	4 ::	6,	10

je n'ai que faire de soustraire le premier logarithme, puisqu'il est nul, & que la somme des logarithmes moyens est le logarithme extrême, qui me désigne 1024 ; & voilà la raison qui fait que dans la construction des Tables on employe toûjours la progression arithmetique, qui commence par zero, & qui épargne la soustraction de ce premier logarithme.

On voit bien encore que la progression arithmetique cy-dessus, qui va toûjours en diminuant, pourroit servir aux mêmes usages. Considerés la Table cy-dessus, où 7 est logarithme de l'unité. Je veux multiplier 27 par 729. J'ajoûte ensemble leurs logarithmes, qui sont dans cette Table, 4 & 1, la somme est 5, j'ôte de 5 le logarithme de l'unité, qui est 7, reste — 2, vis-à-vis duquel nombre négatif je trouve dans la progression 19683, qui est le produit de 27 par 729.

Il fuit encore de ce que nous venons d'expliquer, que pour diviser deux nombres l'un par l'autre ; par exemple, 8 par 4; du logarithme de 8, qui est 3, il n'y a qu'à soustraire le logarithme de 4, qui est 2; reste 1, logarithme du nombre 2, qui est le quotient de la division.

Tout cela suppose, que o soit logarithme de l'unité: de même voulant diviser 32 par 8; du logarithme de 32, qui est 5, ôtés le logarithme de 8, qui est 3, restera 2, qui est le logarithme du nombre 4, quotient de la division; & ainsi des autres.

La démonstration en est évidente: car le diviseur est au dividende, comme l'unité est au quotient de la division; c'est à dire,

	8, 32	::	1, 4.	prop. geometr.
mettés les logarithmes dessous.	3, 5	comme	0, 2.	prop. arithmet.

Dans cette proportion arithmetique, la somme des extrêmes, qui est 5, est égale à la somme des moyens, qui est aussi 5, parce que le logarithme de l'unité est o. Ainsi du logarithme de 32, qui est 5, ôtant le logarithme d'un extrême, qui est 3, reste nécessairement 2, logarithme du nombre 4, quotient de la division.

La construction de ces Tables seroit bien-tôt faite, si l'on n'avoit à operer que sur les nombres qui se trouvent dans les progressions que l'on a choisies; mais comme en telle progression que l'on puisse choisir, il manque toûjours beaucoup de nombres intermediaires, l'usage des logarithmes ne seroit pas de grande utilité, si l'on ne trouvoit le moyen de le rendre universel. Soit, par exemple, les deux progressions.

geometrique.	*arithmetique.*
1	0
2	1
4	2
8	3
16	4
32	5
64	6
128	7
256 &c.	8

Si je voulois multiplier 7 par 11, comme ni l'un ni l'autre de ces nombres ne se trouve dans la progression geometrique, il n'y aura par consequent dans la progression arithmetique aucuns logarithmes correspondans : il faut donc une méthode pour remedier à cet inconvenient.

Pour cela souvenons-nous d'abord qu'en faisant ces Tables, il est libre de choisir telles progressions que l'on veut : par consequent si j'avois choisi la progression geometrique 1, 2, 4, 8, 16, 32, 64, 128, &c. & que j'y eusse fait correspondre la progression arithmetique 0, 1, 2, 3, 4, 5, 6, 7, &c. Il ne tiendroit qu'à moy d'augmenter les chiffres de la progression geometrique, chacun d'un même nombre de zero, sans que la progression fût blessée ; car y ajoûtant un zero, elle deviendroit 10, 20, 40, 80, 160, 320, 640, 1280, &c. & les logarithmes 0, 1, 2, 3, 4, 5, 6, 7, &c. deviendroient en ce cas logarithmes de cette nouvelle progression geometrique.

De plus, si j'augmentois aussi d'un même nombre de zero, chaque chiffre de la progression arithmetique, comme ici d'un zero, elle deviendroit 00, 10, 20, 30, 40, 50, 60, 70, &c. & ces nombres seroient toûjours logarithmes de la progression geometrique à laquelle ils correspondroient. Cela soppose.

La commodité du Calcul a fait choisir la progression geometrique decimale, c'est à dire, celle où chaque nombre est decuple de celui qui le précede immédiatement.

Progr. geomet.	Progr. arithmet.
1	0
10	1
100	2
1000	3
10000	4
100000	5
1000000	6
10000000	7
100000000	8
1000000000	9

qui contient les logarithmes de cette progression geometrique ; 0 est donc ici logarithme de 1, 1 est logarithme de 10, 2 est logarithme de 100, &c. Ayons toûjours devant les yeux, qu'à quatre nombres geometriquement proportionels, doivent correspondre quatre nombres arithmetiquement proportionels.

Que pour avoir un moyen geometrique entre deux nombres, il faut extraire la racine quarré de leur produit ; & que pour avoir un moyen arithmetique entre deux nombres donnés, il faut les ajoûter ensemble, & prendre la moitié de leur somme ; ce sera le moyen arithmetique cherché.

Dans ces deux dernieres progressions où j'ai 0 pour logarithme de 1, & 1 pour logarithme de 10 ; je veux trouver quel doit être le logarithme du nombre 9.

Le nombre 9 étant placé entre 1 & 10, il faut que le logarithme de ce nombre 9, soit entre les logarithmes de 1 & de 10 qui sont 0, 1.

Or, sans autre preuve, ce logarithme placé entre 0, 1 sera moindre que 1 nécessairement, & partant sera une fraction moindre que l'unité. D'où s'ensuit que les logarithmes, des nombres 8, 7, 6, 5, 4, 3, 2. seroient aussi des fractions toûjours moindres que la fraction qui exprimeroit le logarithme du nombre 9 que je veux trouver : ce qui causeroit un étrange embaras dans le calcul, & feroit perdre toute la facilité que doivent y apporter les logarithmes.

C'est pour cela même qu'étant libre de choisir pour logarithmes telle progression arithmetique que l'on veut ; je puis augmenter la progression arithmetique cy-dessus d'un même nombre de zero, & la supposer comme ici.

Alors le logarithme de l'unité étant	o. 0000000
comme on le voit o. 0000000,	1 0000000
c'est à dire, rien ou zero, & celui	2 0000000
de 10, étant 10000000, qui	3 0000000
surpasse le premier par dix mil-	4 0000000
lions d'unités, je pourrai dans ce	5 0000000
prodigieux intervale, trouver quel-	6 0000000
que nombre, qui sans être frac-	7 0000000
tion, corresponde au nombre 9,	8 0000000
rebattons le principe fondamen-	9 0000000
tal.	

Etant donnés, dans la progression geometrique, les nombres 100, 10000 ; & dans l'arithmetique les nombres 20000000 & 40000000 qui leur correspondent & sont les logarithmes : si l'on tire la racine quarrée du produit des deux premiers 100 & 10000, & que l'on prenne la moitié de la somme des deux derniers 20000000 & 40000000, on aura d'une part 1000 & de l'autre 30000000, qui sera le logarithme du nombre 1000, moyen proportionel entre les deux premiers nombres donnés 100 & 10000. Voilà de quoy il se faut bien souvenir ; car c'est le fondement de tout le Calcul logarithmique.

Ne nous lassons point de repeter, car nous n'écrivons pas pour ceux qui sçavent ; mais pour ceux qui ne sçavent pas.

Si entre deux nombres donnés, comme 1 & 256, on trouve tant de moyens geometriques proportionels que l'on voudra ; & que entre o & 8 déterminés pour être logarithmes des deux nombres donnés, on trouve autant de moyens proportionnels arithmetiques: le premier moyen arithmetique trouvé sera le logaritlime du premier moyen geometrique trouvé : le second moyen arithmetique qu'on trouvera entrele premier moyen arithmetique trouvé, & 8 sera logarithme du second moyen geometrique qu'on trouvera entre le premier trouvé, & 256 ; & ainsi toûjours de même : car considerés ces colomnes où nous employons exprés de petits nombres.

Progression geometrique.	*Progress. arithmet.*
1	o
2	1
4	2
8	3
16	4
32	5
64	6
128	7
256	8

Entre 1 & 256 je cherche le moïen geometrique proportionel, pour cela je multiplie 1 par 256, vient au produit 256 ; j'en tire la racine quarrée, vient 16 pour le premier moyen geometrique, qui se trouve entre les deux nombres donnés 1, 256.

Entre o & 8 déterminés pour logarithmes de 1, 256. Je cherche un moyen proportionel arithmetique, leur somme o 8, est 8 ; dans la moitié 4 est logarithme de 16, comme il se voit dans les colomnes.

Entre 16, premier moyen geometrique trouvé, & 256, je cherche un moyen geometrique, je multiplie l'un par l'autre ; je tire la racine du produit, il me vient 64 pour second moyen geometrique.

Entre 4, premier moyen arithmetique trouvé, & 8, je cherche le moyen arithmetique, leur somme 4, 8, est 12; j'en prens la moitié, qui est 6, pour logarithme de 64.

Continuant, entre 64 & 256, je cherche le moyen geometrique, vient 128.

Entre 6 & 8 je cherche le moyen arithmetique, j'ajoûte 6, 8, vient 14, dont la moitié 7 est le logarithme de 128.

Mais pour éclaircir encore plus la matiere, considerés les colomnes entre 2 & 4, cherchés un moyen geometrique proportionel, leur produit est 8, dont la racine est $\sqrt{8}$: car c'est ainsi qu'on marque les racines sourdes; ce nombre sourd, $\sqrt{8}$, est moyen geometrique proportionel, suivant la regle.

Le logarithme de 2 est 1, celui de 4 est 2, leur somme est 3, dont la moitié $\frac{3}{2}$ est logarithme de $\sqrt{8}$; & vous l'allés voir.

Entre 8 & 16, je prens le moyen geometrique, & c'est $\sqrt{128}$. Entre 3 & 4, logarithmes de 8 & 16, je cherche le moyen arithmetique, & c'est $\frac{7}{2}$, qui est logarithme de $\sqrt{128}$.

Pour le prouver, je veux multiplier $\sqrt{8}$ par $\sqrt{128}$; par la pratique des logarithmes, je joins leurs logarithmes $\frac{3}{2}$ & $\frac{7}{2}$, la somme est $\frac{10}{2}$ ou 5, que vous voyés dans la colomne être le logarithme de 32.

Or $\sqrt{8}$, multiplié par $\sqrt{128}$, produit $\sqrt{1024}$, qui est en effet 32; & ainsi de tous les autres.

Il suit visiblement de ce que nous venons de remarquer, que si entre deux nombres donnés, comme 1 & 10, je cherche, ſuivant cette méthode, des moyens proportionels geometriques; & qu'entre les logarithmes de ces deux nombres, leſquels logarithmes ſont 0, 1; je cherche des moyens proportionels arithmetiques : le premier moyen geometrique trouvé, aura pour logarithme le premier moyen arithmetique trouvé : le ſecond moyen geometrique trouvé, aura pour logarithme le ſecond moyen arithmetique : le quinziéme moyen geometrique, aura pour logarithme le quinziéme moyen arithmetique : le vingt-ſixiéme moyen geometrique, aura pour logarithme le vingt-ſixiéme moyen arithmetique, &c. & tous ces logarithmes ſeront déterminés entr'eux, par raports aux deux premiers établis 0, 1.

Cela étant,

Progr. geometr.	*Progreſſ. arithmet.*
1	0.000000000
10	1 000000000
100	2 000000000
1000	3 000000000
10000	4 000000000
100000	5 000000000
1000000	6 000000000
10000000	7 000000000
100000000	8 000000000
1000000000	9 000000000

je cherche quel doit être le logarithme du nombre 9. Je prens le moyen proportionel geometrique entre 1 & 10, qui ont ici pour logarithmes 0. 00000000 & 100000000. J'ajoûte enſemble ces deux logarithmes, leur ſomme eſt 100000000, la moitié de cette ſomme 50000000 ſera logarithme du moyen proportionel geometrique entre 1 & 10, quel qu'il ſoit.

Mais comme pour avoir le moyen geometrique

proportionel entre 1 & 10, il est nécessaire de tirer la racine quarrée de 10, qui n'a point de racine exacte, il faut au moins en approcher si près, que ce qui pour ramanquer à la précision devienne comme imperceptible, & ne puisse causer aucune erreur dans le Calcul.

On sçait la méthode ordinaire pour aprocher à l'infini de la veritable racine : car en réduisant le nombre donné 10 en fraction, comme $\frac{1000}{100}$ qui vaut 10, & qui a pour son dénominateur un nombre quarré ; & tirant la racine quarrée du numérateur & du dénominateur, il vient $\frac{31}{10}$ ou $3\frac{1}{10}$.

Mais si l'on réduit le nombre 10 en une fraction composée d'un plus grand nombre de chiffres, comme $\frac{100000}{10000}$ qui vaut toûjours 10, la racine sera $\frac{316}{100}$ ou $3\frac{16}{100}$ qui est plus grande que la premiere racine $3\frac{1}{10}$: ainsi augmentant toûjours de deux zero le numérateur & le dénominateur de la fraction, elle vaudra toûjours 10 ; & sa racine approchera toûjours de plus en plus de la veritable.

Tout cela supposé, pour trouver le moyen proportionel entre 1 & 10, je convertis ces deux nombres en ces deux grandes fractions

$\frac{10000000}{10000000}$, $\frac{10.0000000}{10000000}$. Je multiplie l'une par l'autre, vient $\frac{10\,00000000000000}{100000000000000}$. Je tire la racine quarrée de cette derniere fraction, vient

$\frac{31622777}{10000000}$, dont le quarré differe de 10, à peine de la cinq cent milliéme partie d'une unité.

Cette racine donc $\frac{31622777}{10000000}$ aura pour logarithme 50000000 : mais cette racine n'est pas le nombre dont je cherche le logarithme. Le nombre dont je cherche le logarithme, est $\frac{90000000}{10000000}$ ou en entiers, 9.

Ainsi je prendrai le moyen proportionel geometrique entre $\frac{31622777}{10000000}$ & $\frac{10.0000000}{1\ 0000000}$, il me viendra $\frac{5.6234132}{1\ 0000000}$, dont j'aurai le logarithme, en ajoûtant 5.00000000, logarithme de $\frac{31622779}{10000000}$ au logarithme de 10, qui est 10.00000000, & prenant la moitié de cette somme, laquelle moitié sera 7500000.

J'ai donc le nombre $\frac{56234132}{10000000}$ avec son logarithme. Mais ce nombre plus grand que le premier moyen geometrique proportionel, est encore beaucoup plus petit que $\frac{90000000}{10000000}$, dont je cherche le logarithme.

C'est pourquoy entre ce nombre $\frac{56234.132}{10000000}$ & $\frac{10\ 0000000}{1\ 0000000}$. Je cherche encore par la même methode un moyen geom. proportionel, qui se trouve être

$\frac{74989421}{10000000}$, dont j'aurai le logarithme, en joignant 7500000, logarithme de $\frac{56234132}{10000000}$ au logarithme de 10, & prenant la moitié de la somme qui se trouve 8750000.

J'ai donc à present le nombre $\frac{74989421}{10000000}$ avec son logarithme 8750000.

Mais ce nombre est encore plus petit que $\frac{90000000}{10000000}$ dont je cherche le logarithme.

Ainsi entre $\frac{74989421}{10000000}$ & $\frac{10.0000000}{10000000}$ je cherche encore un moyen proportionel geometrique, que je trouve être $\frac{86596432}{10000000}$, & dont le logarithme se trouve par la même pratique 9375000.

Or ce nombre $\frac{86596432}{10000000}$ est encore plus petit que $\frac{90000000}{10000000}$. Ainsi je cherche entre $\frac{86596432}{10000000}$ & $\frac{10.0000000}{10000000}$ un moyen proportionel geometrique que je trouve par la même méthode, être $\frac{93057204}{10000000}$ avec son logarithme 9687500.

Ce dernier moyen geometrique proportionel étant plus grand que $\frac{90000000}{10000000}$, donc je cherche le logarithme : je ne dois pas entre lui & $\frac{10.0000000}{10000000}$ chercher un moyen geometrique proportionel, qui se trouveroit encore plus grand que celui-cy, qui l'est déja trop ; c'est pourquoy j'en chercherai un entre $\frac{86596432}{10000000}$ & $\frac{93057204}{10000000}$, & prendrai aussi le logarithme. Ainsi ce moyen proportionel geometrique sera $\frac{89768713}{10000000}$, & son logarithme 95312500.

Ainsi en cherchant toûjours entre le plus prochainement moindre, & le plus prochainement plus grand que $\frac{90000000}{10000000}$ des moyens geometriques proportionels avec leurs logarithmes, on approchera toûjours de plus en plus du nombre cherché $\frac{90000000}{10000000}$, ensorte que le vingt-sixiéme nombre que l'on trouvera, moyen proportionel geometrique entre $\frac{90000004}{10000000}$ & $\frac{89999998}{10000000}$ sera précisément le nombre cherché $\frac{9.0000000}{10000000}$, ou entiers 9, & son logarithme sera 95424251.

C'est une suite naturelle de ce que nous avons démontré cy-dessus.

Il est aisé d'avoir par la même méthode le logarithme de $\frac{60000000}{10000000}$ ou entiers 6 : car ayant trouvé cy-dessus le nombre $\frac{56234137}{10000000}$ qui est plus petit que $\frac{60000000}{10000000}$ & $\frac{74989421}{10000000}$ qui est plus grand, avec leurs logarithmes ; il faut chercher entre ce nombre plus petit, & ce nombre plus grand, un moyen proportionel geometrique ; & un moyen proportionel arithmetique entre leurs logarithmes : continuant toûjours, comme l'on vient de faire pour le nombre 9 ; viendra enfin d'une part $\frac{60000000}{10000000}$ ou 6 ; & d'autre part son logarithme 7781512.

Cette seule méthode pourroit absolument suffire à trouver les logarithmes de tous les nombres intermédiaires de la progression geometrique ; mais il y a des abregés considerables qu'il ne faut pas ignorer.

Dés qu'on a les logarithmes de 9, de 7, de 6, par les méthodes qu'on vient d'expliquer, on en trouve une infinité d'autres sans peine ; car on voit clairement, par ce qui a été dit, que le logarithme de 9 donne celui de 3, puisque 9 n'est autre chose que 3 multiplié par 3, & que

1, 3 :: 3, 9 geometriquement & arithmetiquement 0, est au logarithme de 3, comme le logarithme de 3, au logarithme de 9 : donc la somme du logarithme de 9 & de 0, logarithme de l'unité ; c'est à dire le logarithme de 9 est égal au logarithme de 3, & au logarithme de 3, ou au double de logarithme de 3 : donc le logarithme de 3 est moitié du logarithme de 9.

On voit encore clairement par là qu'étant donné le logarithme d'un nombre quarré, il n'y a qu'à prendre la moitié de ce logarithme, pour avoir le logarithme de la racine d'un nombre donné. Ainsi 9542425I étant logarithme de 9 ; la moitié 47712125 sera logarithme de 3, qui est racine de 9.

Par la même raison, étant donné le logarithme d'un nombre cubique, comme 216, dont le logarithme eſt 23344537; ſi je prens le tiers de ce log. qui ſera 7781512; ce tiers ſera logarithme, de 6, racine cubique du nombre 216; & c'eſt une grande facilité pour l'extraction des racines.

Ayant le logarithme de 3, & le logarithme de 6, il eſt facile d'avoir le logarithme de 2, puiſque le nombre 6 eſt le produit de 3 par 2, & que par conſequent 1, 2::3, 6 geometriquement, donc arithmetiquement o eſt au logarithme de 2, comme le logarithme de 3 au logarithme de 6; donc la ſomme de o & du logarithme de 6; c'eſt à dire, le logarithme de 6 eſt égal à la ſomme du logarithme de 2 & du logarithme de 3; donc ſi du logarithme de 6 on ôte le logarithme de 3, reſtera le logarithme de 2.

Ayant le logarithme de 2, qui ſe trouve 3010300, il n'y a qu'à le doubler, viendra 6020600 pour le logarithme du nombre 4, puiſque 2 eſt racine de 4.

Par la même raiſon, doublant le logarithme de 4, on a le logarithme de 16; doublant le logarithme de 16, on a le logarithme de 256, quarré de 16, &c.

Ayant le logarithme de 2 & celui de 4, on a celui de 8, puiſque 1, 2 :: 4, 8 geometriquement & arithmetiquement o eſt au logarithme de 2, comme le logarithme de 4 au logarithme de 8; donc la ſomme des deux moyens eſt égale à celle des extrêmes; c'eſt à dire, le logarithme de 2, ajoûté au logarithme de 4, fait le logarithme de 8, qui ſe trouve 9030900.

Ayant le logarithme de 2 & celui de 10, on a auſſi le logarithme de 5, puiſque 10 eſt le produit de 5 par 2, & que 1, 2::5, 10 geometriquement, donc arithmetiquement o eſt au logarithme de 2, comme logarithme de 5 au logarithme de 10 ; donc la somme de 0 & du logarithme de 10 ; c'est à dire, le logarithme de 10 est égal aux deux logarithmes de 5 & de 2 ; donc ôtant du logarithme de 10 le logarithme de 2, restera le logarithme de 5, qui se trouve 6989700.

Voilà donc les logarithmes de 1, 2, 3, 4, 5, 6, 7, 8, 9, 10, lesquels par la simple addition ou soustraction en donnent une infinité d'autres, ainsi que l'on vient de l'expliquer ; comme 12, 14, 18, 20, 15, 21, 24, 27, 30, 28, &c. en un mot les logarithmes des produits de deux nombres quelconques, dont on a les logarithmes, les logarithmes des quarrés, dont on a la racine avec son logarithme, &c.

A l'égard des nombres, qui ne sont point produits d'autres nombres, ou qui ne sont point sousmultiples de quelque nombre, dont le logarithme soit connu ; comme par exemple, 11, 13, 17, 31, &c. il faut employer la méthode dont on s'est servi pour le logarithme du nombre 9. Ainsi pour trouver le logarithme de 13, comme l'on a aisément le logarithme de 12 & le logarithme de 14 ; il faut chercher des moyens geometriques proportionels entre $\frac{120000000}{10000000}$ & $\frac{140000000}{10000000}$; & des moyens arithmetiques proportionels entre leurs logarithmes connus, jusqu'à ce qu'on trouve d'une part $\frac{130000000}{10000000}$, & de l'autre 1113943, qui est le logarithme de 13.

Mais comme il y a eu des personnes laborieuses, qui ont bien voulu construire toutes ces Tables avec un grand soin ; on n'a qu'à profiter de leur travail ;

il suffit d'avoir fait icy connoître le chemin qu'il a fallu tenir pour y arriver ; on avertira seulement que les Tables de feu M. Ozanam, imprimées en 1685, sont d'une exactitude surprenante ; & que des gens fort habiles & fort exercés aux operations astronomiques, qui s'en servent depuis trente ans, n'y ont jamais trouvé la moindre faute d'impression ; aussi travailloit-il avec grand soin tout ce qu'il donnoit au public, & son nom sera toûjours honneur à la Souveraineté de Dombes, où il avoit pris naissance.

On n'ignore pas qu'il y a d'autres méthodes pour trouver les logarithmes, & qu'il y en a même de puisées dans les speculations de la plus sublime Geometrie ; mais il ne doit pas en être question dans un Traité purement élementaire.

Il faut ajoûter icy la méthode de trouver le logarithme d'une fraction, & le logarithme d'un nombre entier auquel une fraction peut être jointe ; cela est aisé, après ce qui a été dit. Je veux trouver le logarithme de la fraction $\frac{3}{4}$.

Puisque o est le logarithme de l'unité ou de 1, & que $\frac{3}{4}$ est moindre que 1, il faut que le logarithme de $\frac{3}{4}$ soit moindre que o ; c'est à dire, qu'il soit un nombre nié, autrement un nombre feint, qui est precedé du signe — ; or cette fraction $\frac{3}{4}$ n'est autre chose que 3, divisé par 4 ; donc par la méthode ordinaire des logarithmes, il n'y a qu'à ôter du logarithme de 3, le logarithme de 4 ; c'est à dire, de 4771212, ôter 6020600, il restera —1249388.

De même si je veux trouver le garithme de $9 + \frac{3}{4}$, je le réduis en une seule fraction, qui est $\frac{39}{4}$. Du logarithme de 39 j'ôte le logarithme de 4 ; c'est à dire, de 15910646, j'ôte 6020600, reste 9890046, qui est nombre positif & logarithme de $9 + \frac{3}{4}$.

Comme la construction des Tables est d'un grand travail ; les Tables des Logarithmes ne vont ordinairement que depuis l'unité jusques au nombre 10000 : mais il est aisé de trouver dans le besoin, le logarithme d'un nombre beaucoup plus grand ; & la méthode en est nécessaire pour avoir les logarithmes des sinus & des tangentes, dont les nombres excedent de beaucoup le nombre 10000.

Je veux savoir le logarithme de 3255682 ; ce nombre est beaucoup plus grand que 10000, ainsi il n'est pas dans la Table des nombres.

De ce nombre 3255682, je retranche 682, qui sont les trois dernieres figures, afin qu'il me reste 3255, qui est le plus grand nombre qui se puisse trouver dans la Table, en faisant le retranchement ; car si je ne retranchois que deux chiffres de la fin, il me resteroit 32556, qui est plus grand que 10000 ; ainsi je ne puis en retrancher moins de trois.

Je prens le logarithme de 3255, que je trouve dans la Table 35125510.

Si à ce logarithme je joins le logarithme du nombre 1000, j'aurai le logarithme d'un nombre mille fois plus grand que 3255 ; c'est à dire, que j'aurai le logarithme du nombre 3255000 ; c'est une suite bien claire de ce qui a été expliqué.

Je prens ensuite le logarithme de 3256, nombre plus grand d'une unité que le nombre 3255

Le logarithme de 3256 se trouve dans la Table 35126844

j'y joins le logarithme de 1000, qui est 30000000

la somme est 65126844, logarithme 3256000:

J'ai donc le logarithme du nombre 3255000, qui est 65125510; & celui du nombre 3256000, je prens la différence des logarithmes, qui est 1334, puis je fais une regle de proportion, & je dis:

Si 1000, différence de 3255000 & 3256000 donnent 1334 pour différence des logarithmes; combien donneront les figures retranchées 682, vient le nombre 909, je l'ajoûte à 65125510, & j'ai 65126419, qui sera le logarithme cherché du nombre 3255682.

Ce nombre dont nous venons de trouver le logarithme est le sinus d'un angle de 19 degrés, comme il est marqué dans les Tables ordinaires; mais les personnes peu versées dans ces calculs, seront étonnées que le logarithme de ce sinus y soit marqué beaucoup plus grand que nous ne le trouvons icy; il faut leur en expliquer la raison.

Le sinus de 19 degrés, qui est marqué 3255682, suppose le raïon de 10000000; & ce nombre est suffisant pour la construction de la Table des sinus; mais pour les Tables de leurs logarithmes, on suppose un raïon mille fois plus grand, c'est à dire, de 10000000000 parties, afin d'avoir les logarithmes dans une plus grande précision.

Par cette supposition d'un raïon mille fois plus grand, le sinus de 19 degrés devient aussi mille fois plus grand; c'est à dire, 3555682, multiplié par 1000: or pour avoir le logarithme de ce produit, il faut, suivant ce qui a été expliqué cy-dessus

sus ajoûter le logarithme de 1000 au logarithme de 3555682 ; c'est à dire, 3000000 à 6512649 ; & j'aurai 9512649, tel qu'il est marqué dans la Table.

Il faut encore avertir les Commençans de ne se pas méprendre à la définition des logarithmes, qui pourroit les induire à erreur.

En considerant la Table, on trouve par exemple,

Nombres.	*Logarithmes.*
2	3010300
3	4771212
4	6020600
5	6989700
6	7781512
7	8450980 &c.

On a défini les logarithmes ; nombres en proportion arithmetique : or il est visible que ces six nombres logarithmiques ne sont pas en proportion arithmethique, puisque l'excés du second sur le premier est bien plus grand que l'excés du troisiéme sur le second.

Il ne faut donc pas s'arrêter à cette seule partie de la définition, il y faut joindre la seconde : ce sont veritablement des nombres en proportion arithmetique, mais correspondans à des nombres qui sont en proportion geometrique.

Ainsi dans l'exemple que nous venons de choisir ; quoique le premier, le second, le troisiéme & le quatriéme logarithme ne soient point en proportion arithmetique ; cependant le premier, le second, le troisiéme & le cinquiéme sont en proportion arithmetique : car le premier est moindre que le second de 1760912, comme le troisiéme est moindre que le cinquiéme aussi de 1760912 ; & ces quatre nombres 3010300, 4771212, 6020600, 7781512 correspondent aux quatre nombres 2, 3, 4, 6 qui sont en proportion geometrique : d'où suit, que suivant la définition entenduë comme elle doit l'être, ces quatre derniers nombres 2, 3, 4, 6 ont pour logarithmes 3010300, 4771212, 6020600, 7781512 qui ſont veritablement en proportion arithmetique, mais non pas en proportion continuë; non plus que les quatre nombres 2, 3, 4, 6 qui ſont en proportion geometrique, mais non pas en proportion continuë. Car quoique 2 ſoit à 3, comme 4 eſt à 6 geometriquement, 2 n'eſt pas à 3 geometriquement, comme 3 eſt à 4. J'ai vû des perſonnes aſſés avancées dans la connoiſſance des Elemens, que cette difficulté toute mediocre qu'elle eſt, avoit embaraſſée.

Il n'eſt pas inutile de faire obſerver à ceux qui commencent à ſe ſervir des Tables, que les différences des logarithmes des premiers nombres ſont bien plus grandes que celles des logarithmes des derniers, ainſi qu'il eſt facile de le remarquer.

Le logarithme du nombre 3 eſt 4771212; le logarithme du nombre 4 eſt 6020600: leur différence eſt donc 1249388. Or le logarithme du nombre 9996 eſt 39998262, & le logarithme du nombre 9997, qui ne ſurpaſſe ſon précedent que de l'unité, eſt 39998697: la différence de ces deux derniers logarithmes eſt 435, qui eſt deux mille huit cens ſoixante & douze fois moindre que la différence des logarithmes de 3 & de 4. La pratique de la conſtruction des Tables rend toute ſeule raiſon de ces grandes inégalités: car

Progreſſ. geometr.	*Progreſſ. arithmet.*
1	0
10	1
100	2

Entre 1 & 10 il faut trouver huit nombres intermédiaires, dont il faut que les logarithmes ſe trouvent entre 0 & 1. Entre 10 & 100, il en faut trouver 88, dont il faut que les logarithmes ſe trouvent entre 1 & 2: ainſi la progreſſion arithmetique n'augmentant jamais que de l'unité ; cette unité correſpond, dans la progreſſion geometrique à d'autant plus de nombres que la progreſſion geometrique va en augmentant. Cette obſervation rendra raiſon d'une pratique que nous allons expliquer.

Je veux ſçavoir à quel nombre appartient le logarithme 38652390 ; je cherche dans la Table le logarithme le plus prochainement moindre, & je trouve que c'eſt 38652225, qui eſt logarithme du nombre 7332. Mais le logarithme donné étant plus grand, il faut auſſi que le nombre, dont il eſt logarithme, ſoit plus grand que 7332 : or cet excès ne peut être qu'une fraction ; car le logarithme de 7333 eſt dans la Table 38652817 plus grand que le logarithme propoſé.

Pour ſçavoir quelle doit être cette fraction, je prens la différence du logarithme donné 38652390, & du logarithme le plus prochainement moindre ; cette différence eſt 165 que je mets à part.

Je prens enſuite la différence du logarithme du nombre 7332 & du logarithme du nombre 7333, laquelle eſt 592.

Enſuite faiſant une regle de trois, je dis :

Si la différence des deux logarithmes 592 donne l'unité ou 1, combien donnera 165, différence du logarithme propoſé 3.8652390, & du logarithme le plus prochainement moindre, & je trouve $\frac{165}{592}$: ainſi le nombre, dont 38652390 eſt le logarithme, ſera $7332 + \frac{165}{592}$.

Mais ſi l'on me propoſoit le logarithme 1607654, & qu'il fallût trouver le nombre dont il eſt le logarithme, cette méthode ne me donneroit pas exactement la fraction qu'il faut trouver : car prenant la différence de ce logarithme donné, & du plus prochainement moindre, je trouve qu'elle est 55913, & c'est la différence du logarithme du nombre 40 & du logarithme donné.

Je prens ensuite la différence du logarithme de 40 & du logarithme 41, qui se trouve être 107239.

Si je faisois maintenant une regle de trois, & que je dise :

Si 107239 donnent 1, combien 55913.

Comme les différences de ces premiers logarithmes sont trés-grandes, & diminuent fort inégalement ; cette regle ne donneroit pas ce qu'il faut : car quoique 55913 soit presque la moitié de 107239, cette unité qu'il faut diviser, & dont il faut prendre une partie, ne doit pas être à beaucoup prés divisée dans la proportion de ces deux nombres, à cause de la grande inégalité du décroissement des logarithmes.

Pour remedier à cet inconvenient, au logarithme donné 16076543, j'ajoûte le logarithme de 100, qui est 20000000, vient 36076543, par la méthode cy-dessus je cherche le nombre auquel 36075543 appartient, & je trouve que ce logarithme convient au nombre 4018 $\frac{4}{5}$, cette fraction $\frac{4}{5}$ est exacte, ou trés-peu s'en faut ; parce que les différences de ces grands logarithmes n'ont pas les inégalités des premiers.

Mais comme ce logarithme 3.6076543 a été formé par l'addition du logarithme donné 16076543,

& du logarithme de 100, qui est 20000000, la somme des deux logarithmes est logarithme d'un nombre cent fois plus grand que celui dont 16076543 est logarithme, suivant ce que nous avons dit tant de fois; donc il faut prendre la centiéme partie du nombre trouvé 4018 $\frac{4}{5}$, qui sera 40 $\frac{94}{500}$.

On voit par là combien cette fraction est éloignée d'avoir avec l'unité la même proportion que 55913 avec 107239.

C'est pourquoi lorsque le logarithme donné est moindre que le logarithme de 1000, il faut l'augmenter comme nous venons de le pratiquer.

Que si l'on me proposoit un logarithme plus grand que le logarithme de 10000, lequel est 4.0000000; par exemple, si l'on me proposoit 4.5524118, qui ne se peut trouver dans la Table; de ce logarithme donné, j'ôte le logarithme du nombre 10, qui est 10000000, me reste 35524118, que je trouve appartenir au nombre 3567 $\frac{9}{10}$, lequel nombre, par les principes cy-dessus posés, doit être la dixiéme partie du nombre dont le logarithme a été proposé; parce que de ce logarithme on a retranché le logarithme de 10; ainsi multipliant 3567 $\frac{9}{10}$, par 10 on aura 35679 pour le nombre dont 4552418 est le logarithme.

Par les mêmes principes, si l'on me propose le logarithme négatif cy dessus — 1249988, & que l'on me demande de quelle fraction il est logarithme; à ce nombre négatif j'ajoûte un logarithme à discretion; par exemple, le logarithme du nombre 360, qui est 25563025, la somme est 24313037;

ce logarithme est correspondant au nombre 270, lequel doit être 360 fois plus grand que le nombre dont on a proposé le logarithme, puisqu'on a ajoûté le logarithme de 360 au logarithme proposé; donc divisant 270 par 360, on doit avoir la fraction cherchée; c'est à dire, $\frac{270}{360}$, ou $\frac{27}{36}$, ou $\frac{3}{4}$ dont —1249988 est le logarithme, comme on l'a trouvé cy-dessus.

Il ne nous reste plus qu'à donner quelques exemples de l'utilité de ces Tables.

Soit donné le triangle rectiligne *ACB*, l'angle *C* de 88 degrés, le côté *BA* de 9895 toises, le côté *CA*, de 9799 toises, on demande l'angle *B*, par la pratique ordinaire des Sinus, comme 9895 est au Sinus de 88ᵈ 99939 :: ainsi 9799 est au Sinus de l'angle *B*; il faudra donc multiplier 99939 par 9799, & diviser le produit par 9895; ce qui est assés long & sujet à erreur de calcul.

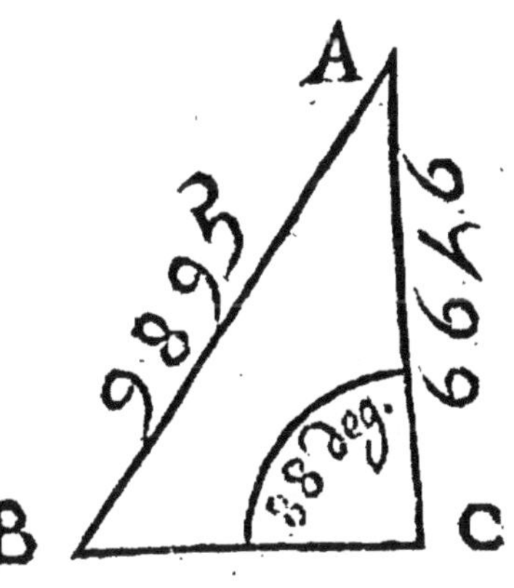

Par les logarithmes, le logarithme de 99939, Sinus est — 999973

le logarithme du nombre 9799 est — 399118

j'en fais l'addition, vient — 1399091

j'ôte de cette som. le log. de 9895, qui est — 399541

reste — 9.99550

que je trouve dans la table être le logar. de 81ᵈ 46' qui est l'angle cherché.

Cela est bien-tôt fait & bien plus sûre, puisqu'il n'y a qu'une simple addition, & ensuite une soustraction à faire.

Mais ce n'est rien en comparaison de l'utilité qu'on trouve dans les operations astronomiques. En voicy une qui peut faire juger des autres. Cet exemple ne peut être bien compris que par ceux qui sçavent les principes du calcul des triangles spheriques, les autres doivent s'en rapporter à nous.

Je veux sçavoir l'heure qu'il est par l'observation de la hauteur du centre du Soleil : cela dépend de la resolution d'un triangle spherique dont les trois côtés sont connus.

Le 19 May 1721, à Chastenay, où l'élevation du Pole est $48^d, 45', 55''$; & par consequent l'élevation de l'équateur $41^d, 14, 5''$, j'observai la hauteur du centre du Soleil de $30^d, 2', 26''$.

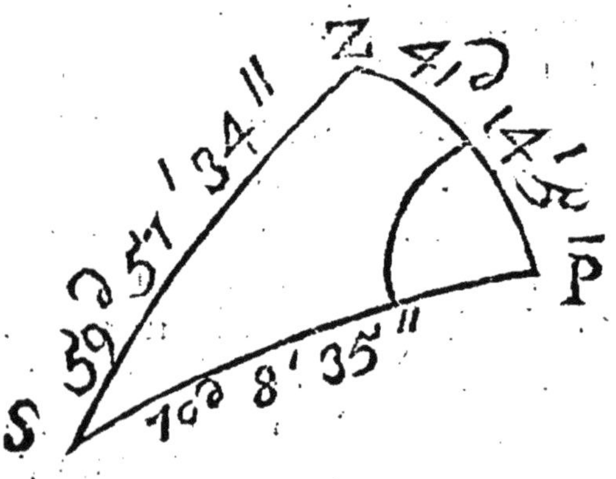

Dans le triangle spherique *SPZ*, où *S* désigne le centre du Soleil, *Z*, le Zenith, *P*, le Pole, les trois côtés sont connus; car *SZ* est la distance du centre du Soleil au Zenith, qui est le complément de 30. 2. 26'', élevation observée ; & partant l'arc *SZ* est de 59. 57. 34''. *ZP* est la distance du Pole au Zenith, c'est à dire, 41. 14. 5''. *SP* est la distance du Soleil au Pole, que l'on connoît exactement par les Tables à jour & à heures marqués, & qui étoit alors 70. 8. 35''. Il faut de là tirer la connoissance de l'angle *P*, qui donne la distance du Cercle horaire au Méridien.

Pour cela, avant l'invention des logarithmes, il falloit d'abord prendre la somme des trois côtés du triangle 171. 20. 14. prendre la moitié de cette somme 85. 40'. 7". ôter de cette moitié le côté 70. 8. 35. mettre à part ce qui reste 15. 31. 32". ôter ensuite de cette même moitié 85. 40'. 7". l'autre côté 41. 14'. 5". mettre aussi à part ce qui reste 44. 26. 2". ces deux restes se nomment les différences.

Aprés cette préparation, il falloit faire ces deux regles de proportion.

Comme le Sinus de 70. 8. 35" est au Sinus de 15. 31. 32"; ainsi le Sinus de 44. 26. 2" à un quatriéme Sinus: puis ayant ce quatriéme Sinus, il falloit faire,

Comme le Sinus de 41. 14'. 5" est à ce quatriéme Sinus trouvé, ainsi le Sinus total à un autre Sinus.

Il falloit enfin multiplier cet autre dernier Sinus par le Sinus total, puis tirer la racine quarrée du produit; & cette racine quarrée étoit le Sinus de la moitié de l'angle cherché *ZPS*.

Il n'y a point de bon calculateur qui puisse finir ces operations en trois heures de travail, au hazard de se tromper dans ces longues multiplications, divisions & extractions de racine.

Par les logarithmes, l'affaire se fait en un quart d'heure par de simples additions.

Je prens le logarithme de	15. 31. 32", qui est	9. 42759
le logarithme de	44. 26. 2.	9. 84514
le compl. logarithmique	70. 8. 35.	2663
le compl. logarithm. de	41. 14. 5.	18103
leur somme est		19. 48039

La

La moitié de cette somme est 9.74019, c'est le logarithme de 33. 21. 9', dont le double 66d. 42'. 18" est l'angle cherché, lequel converti en temps à 15 degrés par heure, montre qu'il étoit alors 4 heures 26' minutes 49" secondes.

Et ainsi des autres.

Trouver la racine cubique de 9261.

j'en prens le logarithme, qui est 39666579,
je prens le tiers de ce logarithme, qui est 13222193; c'est le logarithme de 21, qui par conséquent est la racine cubique du nombre donné.

Trouver la racine quarrée quarrée de 6561.

j'en prens le logarithme qui est 38169700,
je prens le quart de ce logarithme, qui est 9542425; c'est le logarithme de 9, qui est la racine quarrée quarrée de 6561.

Trouver la racine cinquiéme de 28629151.

cherchés-en le logarithme par les méthodes cy-dessus, ce logarithme sera 74568085, prenés-en la cinquiéme partie, vous aurés 14913617, qui sera le logarithme de 31, racine cinquiéme du nombre donné.

Entre deux nombres donnés, trouver tant de moyens proportionels qu'on voudra.

Prenés la différence des logarithmes des nombres donnés. Si vous ne voulés qu'un moyen proportionel, divisés la différence en deux parties : si vous voulés deux moyens, divisés cette même différence en trois parties; divisés-là en quatre parties, si vous voulés trois moyens; & toûjours de même. Cette différence ainsi divisée, ajoûtée au logarithme du premier nombre donné, donnera le logarithme du premier moyen, puis ajoûtée à ce logarithme du premier moyen, elle donnera le logarithme du second moyen; & ainsi de suite.

Par exemple, entre 8 & 4096 on demande deux moyens geometriques proportionels.

Le logarithme de 8 est 9030900, le logarithme de 4096 est 36123599, leur différence est 27092700; je la divise en trois parties, vient 9030900, que j'ajoûte au premier logarithme 9030900, viendra 18061800 logarithme de 64, premier moyen cherché. J'ajoûte cette même différence divisée par trois, c'est à dire, 9030900 à ce dernier logarithme, & j'ai 27092700 logarithme de 512 second moyen proportionel cherché, ainsi

8, 64, 512, 4096

sont en proportion geometrique continuë.

Si l'on ne comprend pas toutes ces operations, c'est qu'on n'aura pas bien compris ce que nous avons expliqué le plus nettement qu'il nous a été possible de la nature & de la construction des logarithmes. Il faut relire plusieurs fois ce petit Traité pour s'imprimer dans l'esprit les propositions qu'il renferme; & avec un peu d'attention on peut se répondre de se le rendre familier.

On avertit encore ceux qui commencent, que lorsque l'on calcule par les logarithmes pour abreger les operations, on peut retrancher de chaque logarithme deux figures à la fin, sans que ce retranchement puisse causer aucune erreur. Les Calculateurs en peuvent aisément faire l'experience, & les nombres ainsi retranchés gardent toûjours entre eux la proportion arithmetique.

Fin des Elemens.

INTRODUCTION

A

L'APPLICATION DE L'ALGEBRE

A

LA GEOMETRIE.

INTRODUCTION
A
L'APPLICATION DE L'ALGEBRE
A
LA GEOMETRIE.

DE'FINITIONS.

I. L'ALGEBRE est l'Art de faire sur les Lettres de l'Alphabet, les operations que l'on fait sur les nombres, c'est à dire, l'Addition, la Soustraction, la Multiplication, la Division & les Extractions de racines.

L'on se sert des Lettres de l'Alphabet préferablement à d'autres caracteres arbitraires, dont on pourroit également se servir, tant parce qu'on les connoît & qu'on les écrit avec plus d'habitude que tous autres caracteres, que parce que ces lettres ne signifiant rien d'elles-mêmes, on peut s'en servir pour exprimer tout ce qu'on voudra.

Ce qui fait qu'on ne peut pas tirer le même avantage des caracteres Arithmetiques & des Nombres, que des lettres, dans l'Application de l'Algebre à tous ses usages, c'est 1°. qu'aprés avoir fait quelques-unes des operations dont on vient de parler sur les lettres, on en connoît non seulement le réſultat, mais on connoît & on diſtingue en même temps toutes les quantités qu'il renferme ; ce qui n'eſt point de même dans les réſultats des mêmes operations faites ſur les nombres.

2°. Que les quantités inconnuës entrent dans le calcul auſſi-bien que les connuës, & que l'on opere avec la même facilité ſur les unes que ſur les autres.

3°. Que les démonſtrations que l'on fait par le calcul algebrique ſont generales, & qu'on ne ſçauroit rien prouver par les nombres que par induction.

C'eſt préciſément en ces trois choſes que conſiſte le grand avantage qu'on tire du calcul algebrique dans ſon application à toutes les parties des Mathematiques, & en ce qu'on en démontre tous les Theorêmes, & qu'on en reſout tous les Problêmes avec autant de facilité qu'il y auroit de difficulté à faire les mêmes choſes ſelon la maniere des Anciens.

On s'eſt accoûtumé à employer les premieres lettres de l'Alphabet a, b, c, d, &c. pour exprimer les quantités connuës ; & les dernieres m, n, p, q, r, $ſ$, t, u, x, y, z pour exprimer les inconnuës.

1. Outre les lettres qu'on employe dans l'Algebre, il y a encore quelques autres ſignes qui ſervent pour marquer les operations que l'on fait ſur les mêmes lettres. Ce ſigne $+$, ſignifie *plus*, & eſt la marque de l'Addition. Ainſi $a + b$, marque que b eſt ajoutée avec a.

Ce ſigne $-$, ſignifie *moins*, & eſt la marque de la Souſtraction. Ainſi $a - b$, marque que b eſt ſouſtraite de a

Celui-ci $\times$ ſignifie *multiplié par*, & eſt la marque de la Multiplication. Ainſi $a \times b$, marque que a & b, ſont multipliées l'une par l'autre.

On néglige trés-ſouvent ce ſigne, parce qu'on

eſt convenu que lorſque deux ou pluſieurs lettres ſont jointes enſemble ſans aucun ſigne qui ſepare ces lettres, les quantitez qu'elles expriment, ſont dites multipliées ; par exemple, ab marque aſſez que a & b ſe multiplient : mais on s'en ſert toûjours pour marquer que deux quantitez exprimées par des lettres majuſcules de l'Alphabet ſe multiplient. Ainſi $AB \times CD$, marque que la grandeur exprimée par AB eſt multipliée par la grandeur exprimée par CD. On employe encore le ſigne de multiplication en d'autres occaſions qu'on trouvera dans la ſuite.

Ce ſigne $=$, ſignifie *égal*, & marque qu'il y a égalité entre les quantitez qui le précedent, & celles qui le ſuivent. Ainſi $a = b$ marque que a eſt égale à b.

Celui-ci $>$ ſignifie *plus grand*. Ainſi $a > b$ marque que a ſurpaſſe b.

Celui-ci $<$ ſignifie *plus petit*. Ainſi $a < b$ marque que a eſt moindre que b.

Celui-ci ∞ ſignifie infini. Ainſi $x = \infty$ marque que x eſt une quantité infiniment grande.

2. Les lettres de l'Alphabet ſont nommées *quantitez algebriques*, lorſqu'on les employe pour exprimer des grandeurs ſur leſquelles on veut operer.

3. Les quantités algebriques ſont nommées *ſimples*, *incomplexes* ou *monomes*, lorſqu'elles ne ſont point liées enſemble par les ſignes $+$ & $-$; a, ab, $\frac{aa}{b}$ &c. ſont des quantités incomplexes.

4. Elles ſont nommées *compoſées*, ou *complexes*, ou *polinomes*, lorſqu'elles ſont liées enſemble par les ſignes $+$ & $-$; $a + b$, $ab + bb$, $ab - bc + cd$, $\frac{ab + bb}{d}$, ſont des quantités complexes.

5. Les parties des quantités complexes distinguées par les signes + & — sont nommées *termes*, $ab + bc - cd$, est une quantité complexe, qui renferme trois termes, ab, bc & cd. Il y a quelques remarques à faire sur le mot de *terme* qu'on trouvera ailleurs.

6. Les quantités complexes qui n'ont que deux termes sont nommées *binomes* ; celles qui en ont trois, *trinomes*, &c.

7. Les quantités incomplexes qui sont précedées du signe +, ou plutôt qui ne sont précedées d'aucun signe (car les quantités incomplexes, & les premiers termes des quantités complexes qui ne sont précedées d'aucun signe sont supposées être précedées du signe +) sont nommées *positives*, & celles qui sont précedées du signe — *négatives* ; d'où il suit que les quantités complexes sont positives, lorsque les termes qui ont le signe + surpassent ceux qui ont le signe — ; négatives, lorsque les termes précedés du signe — surpassent ceux qui sont précedés du signe +.

8. Les quantités incomplexes, & les termes des quantités complexes qui contiennent les mêmes lettres sont nommées *semblables*. $2abc$ & abc sont des quantités incomplexes semblables ; $3aab - 2aab + 4abb$ est une quantité complexe qui renferme deux termes semblables $3aab$ & $-2aab$; le troisiéme terme $4abb$, n'a point de semblable.

9. Pour s'appercevoir plus facilement de la similitude des quantités algebriques, il faut toûjours écrire les premieres lettres de l'Alphabet les premieres, & les autres dans leur ordre, c'est à dire par exemple, qu'au lieu d'écrire bac, ou cab, il faut écrire abc.

10. Les nombres qui précedent les quantités al-

gebriques ſont nommés *coefficiens.*

Dans cette quantité $aa + 3ab + 4bb$, 3 & 4 ſont les coefficiens des termes $3ab$ & $4bb$. L'on prend l'unité pour coefficient des quantités qui ne ſont précedées d'aucun nombre, & quoique l'on n'ait point accoutumé de l'écrire, on l'a doit néanmoins toûjours ſuppoſer. Ainſi aa doit être regardée comme s'il y avoit $1aa$.

REDUCTION
Des quantités complexes algebriques à leurs plus ſimples expreſſions.

11. Il faut ajoûter les coefficiens des termes ſemblables, lorſqu'ils ont le même ſigne $+$ ou $-$, & donner à la ſomme le même ſigne : & lorſqu'ils ont differens ſignes, il faut ſouſtraire les plus petits coefficiens des plus grands, & donner au reſte le ſigne du plus grand. Ainſi $3ab + 2ab$ étant réduite, devient $5ab$; $4ac + 4ab - 6ab$ devient $4ac - 2ab$; $3a - 5a$ devient $-2a$; $3abc - abc$, ou $3abc - 1abc$, devient $2abc$. Il en eſt ainſi des autres.

Dans tous les calculs algebriques, il ne faut jamais laiſſer de termes ſemblables ſans être réduits.

ADDITION
Des quantités algebriques incomplexes & complexes.

12. Il n'y a qu'à les écrire de ſuite, ou au-deſſous les unes des autres, avec leurs ſignes, & réduire enſuite les termes ſemblables, & l'on aura la ſomme des quantités qu'il falloit ajoûter enſemble. Ainſi pour ajoûter $3ab - 4bc + 5cd$ avec $2ab - 3cd$, l'on écrira $3ab - 4bc + 5cd + 2ab - 3cd$, qui ſe réduit à $5ab - 4bc + 2cd$. Pour ajoûter $5abc - 4bcd$ avec $5abd - 8abc + 6bcd$,

l'on écrira $5abc - 4bcd + 5abd - 8abc + 6bcd$, qui se réduit à $5abd - 3abc + 2bcd$. Pour ajoûter $6a + 3b$ avec $2a - 3b$, l'on écrira $6a + 3b + 2a - 3b$, qui se réduit à $8a$. Il en est ainsi des autres.

SOUSTRACTION
Des quantités algebriques incomplexes & complexes.

13. Il n'y a qu'à les écrire de suite, ou au-dessous l'une de l'autre en changeant tous les signes de celles qui doivent être soustraites; & l'on aura aprés la réduction des termes semblables, la difference des quantités proposées.

Pour soustraire $3a - 2b + 3c$ de $5a - 3b - 5c$, l'on écrira $5a - 3b - 5c - 3a + 2b - 3c$, qui se réduit à $2a - b - 8c$. Pour soustraire $3ab - 2bc + 2cd$ de $5ab - 4bc + 2cd$, l'on écrira $5ab - 4bc + 2cd - 3ab + 2bc - 2cd$, qui se réduit à $2ab - 2bc$. Il en est ainsi des autres.

MULTIPLICATION
Des quantités algebriques incomplexes, & de leurs puissances.

14. On est convenu que pour multiplier deux ou plusieurs lettres, il n'y a qu'à les écrire de suite sans aucun signe qui les separe, & l'on aura le produit cherché. Ainsi pour multiplier a par b, l'on écrira ab. Pour multiplier ab par ac, l'on écrira $aabc$. Il en est ainsi des autres.

Il y a souvent des nombres, ou coefficiens qui précedent les quantités algebriques qu'il s'agit de multiplier; il faut aussi avoir égard à leurs signes. Voicy la regle qu'il faut suivre.

15. On multipliera les coefficiens, ensuite les lettres & on donnera au produit le signe $+$ si les

deux quantités sont précedées du même signe + ou —, & on lui donnera le signe —, si l'une des quantités est précedée du signe +, & l'autre du signe —.

Pour multiplier $3a$ par $2b$, on dira trois fois 2 font 6, a par b fait ou donne, ou est égal à ab; ainsi l'on aura $6ab$ pour le produit $3a \times 2b$. De même $3ab \times -2ab = -6aabb$. $-3ab \times -2cd = +6abcd$. $5ab \times cd$, ou $1cd = 5abcd$. $aab \times abb = aaabbb$, ou $a^3 b^3$: car lorsque la même lettre se trouve plus de deux fois dans un produit, on l'écrit seulement une fois, & l'on écrit à sa droite un caractere arithmetique qui exprime combien de fois cette lettre doit être écrite. Ainsi pour $aaaa$, l'on écrira a^4; pour $aaabbb$, l'on a écrit $a^3 b^3$; on peut aussi pour aa écrire a^2; pour bb, b^2, &c.

DÉFINITION.

16. Le caractere arithmetique qui marque combien de fois une lettre doit être écrite dans un produit, est nommé *exposant*. Ainsi dans $a^3 b^4$, 3 est l'exposant de a, & 4 celui de b; dans $a^3 b$, 3 est l'exposant de a, & 1 l'exposant de b : car quand une lettre est seule, ou qu'elle ne doit être écrite qu'une fois dans un produit, on doit supposer qu'elle a pour exposant l'unité, quoiqu'on ne l'écrive point. Ainsi a exprime la même chose que a^1, ou $1a^1$; $a^3 b$, la même chose que $a^3 b^1$. &c.

REMARQUE.

17. De même que la multiplication de deux lignes droites engendre ou produit un rectangle, si elles sont inégales; ou un quarré, si elles sont égales; la multiplication de trois lignes droites inéga-

les, produit un parallelepipede, ou solide; ou un cube, si elles sont égales; par la même raison les Algebristes appellent rectangle algebrique, le produit de deux lettres differentes, comme ab; quarré algebrique, le produit d'une lettre par elle-même, comme aa ou a^2; solide algebrique, le produit de trois lettres differentes comme abc, ou aab; cube algebrique, le produit d'une lettre multipliée consecutivement par elle-même, comme a^3, ou b^3. Mais ils n'en demeurent pas là, & quoiqu'il n'y ait point dans la nature de solide qui ait plus de trois dimensions, ils ne laissent pas que d'en imaginer d'algebriques dont le nombre de dimensions va à l'infini, comme a^3, a^4, a^5, $a^3 b$, $aabb$, $a^3 b^3$, *&c.* Et ces quantités algebriques sont d'autant plus composées que le nombre de leurs dimensions est grand; de sorte qu'un produit algebrique qui a quatre dimensions, est plus composé que celui qui n'en a que trois; celui qui en a trois, est plus composé que celui qui n'en a que deux, *&c.* Et le nombre des dimensions algebriques est égal au nombre d'unités que contient la somme des exposans des quantités qui le forment. Par exemple, $a^3 b$ est un produit de quatre dimensions, parce que 3 (exposant de a) $+$ 1 (exposant de b) $=$ 4. $a^3 b^4$ est un produit de sept dimensions, parce que $3 + 4 = 7$. Il en est ainsi des autres.

Ils appellent *puissance*, ou degré; le produit d'une quantité algebrique, multipliée par elle-même une fois, deux fois, trois fois, & ainsi à l'infini. Ainsi a, ou a^1 est le premier degré, ou la premiere puissance de a; aa ou a^2, le second degré, ou la seconde puissance, ou le quarré de a; a^3 le troisiéme degré, ou la troisiéme puissance ou le cube de a; a^4, le quatriéme degré, ou la quatriéme puissance, ou le quarré quarré de a ; a^5, le cinquiéme degré, ou la cinquiéme puissance, ou le quarré cube de a ; a^6, le sixiéme degré, ou la sixiéme puissance, ou le cube cube de a ; a^7, le septiéme degré, ou la septiéme puissance de a ; & ainsi à l'infini, d'où l'on voit que les puissances tirent leur nom de leurs exposans.

18. Une puissance peut aussi être regardée comme le produit de deux puissances, ou comme la puissance d'une autre puissance : ainsi a^6 peut être regardée comme le produit de $a^3 \times a^3$, ou comme la seconde puissance de a^3, ou comme la troisiéme de a^2.

19. Il y a aussi des puissances faites du produit de deux ou plusieurs lettres multipliées l'une par l'autre : ainsi $aabb$, est la seconde puissance de ab ; $a^3 b^6$, la troisiéme puissance de abb. Il en est ainsi des autres.

DÉFINITION.

20. Si deux quantités differentes, ou égales forment un produit, ou une puissance, ces quantités sont nommées *côtés* ou *racines* de ce produit ou de cette puissance. Ainsi a & b sont les côtés, ou les racines de ab ; a le côté ou la racine de aa, &c.

FORMATION
Des puissances des quantités incomplexes.

21. Il est évident (n°. 17.) que pour élever une quantité incomplexe à une puissance donnée, il n'y a qu'à multiplier cette quantité par elle-même autant de fois moins une que l'exposant de la puissance donnée contient d'unités. Ainsi pour élever ab à la troisiéme puissance, il faut multiplier ab deux fois par elle-même, ce qui donnera $a^3 b^3$. Il en est ainsi des autres.

22. D'où il est aisé de voir qu'on peut faire la même chose d'une maniere plus courte, en multipliant les Exposans de la grandeur donnée par l'Exposant de la puissance à laquelle on veut élever cette grandeur. Ainsi la troisiéme puissance de ab, ou $a^1 b^1$ est $a^{1 \times 3} b^{1 \times 3} = a^3 b^3$; la quatriéme puissance de a^3 est $a^{3 \times 4} = a^{12}$; la troisiéme puissance de aab^3, ou $a^2 b^3$ est $a^{2 \times 3} b^{3 \times 3} = a^6 b^9$; la troisiéme puissance de $-a$, ou $-a^1$ est $-a^{1 \times 3} = -a^3$; la quatriéme puissance de $-a$ ou $-a^1$ est $a^{1 \times 4} = a^4$, & en general la puissance n de a^m est a^{mn}. La puissance n de $-a^m$ est $\pm a^{mn}$, selon que n signifie un nombre pair, ou impair.

23. Il est clair (nº. 14 & 15) que pour multiplier un produit ou une puissance par un autre produit, ou par une autre puissance où se trouvent les mêmes lettres, il n'y a qu'à ajoûter les Exposans. Ainsi $a^3 \times a^2 = a^{3+2} = a^5$; $a^2 b^2 \times a^2 b^3 = a^{2+2} b^{2+3} = a^4 b^5$; $a^3 \times a^{-5} = a^{3-5} = a^{-2} = \frac{1}{a^2}$; $a^3 \times a^{-3} = a^{3-3} = a^0 = 1$. On verra dans la suite pourquoi $a^{-2} = \frac{1}{a^2}$, & pourquoi $a^0 = 1$.

MULTIPLICATION

Des quantités complexes algebriques, & de la Formation de leurs puissances.

REGLE.

24. On multipliera tous les termes de l'une des quantités par chacun de ceux de l'autre, en ob-

vant les Regles prescrites n°. 14 & 15, & l'on aura le produit total que l'on réduira (n°. 11] à sa plus simple expression.

EXEMPLES.

25. Soit la quantité	$A.\ a+2b-c.$
à multiplier par	$B.\ 2a+3b.$
Produits particuliers.	$\begin{cases} C.\ 2aa+4ab-2ac. \\ D.\quad +3ab+6bb-3bc. \end{cases}$
Produit total.	$E.\ 2aa+7ab-2ac+6bb-3bc.$

Le premier terme $2a$ de la quantité B multipliant tous les termes de la quantité A donnera la quantité C.

Le second terme $3b$ de la quantité B, multipliant tous les termes de la quantité A donnera la quantité D; & ayant fait la réduction des deux quantités C & D, l'on aura la quantité E qui sera le produit des deux quantités A & B. Donc $\overline{a+2b-c}\times\overline{2a+3b}=2aa+7ab-2ac+6bb-3bc.$

26. Soit la quantité	$A.\ aa+bb.$
à multiplier par	$B.\ aa-bb.$
Produits particuliers.	$\begin{cases} C.\ a^4+aabb. \\ D.\quad -aabb-b^4 \end{cases}$
Produit total	$E.\ a^4-b^4.$

Le premier terme aa de la quantité B, multipliant la quantité A produit la quantité C. Le deuxiéme terme $-bb$ de la quantité B multipliant la quantité A produit la quantité D, & en réduisant les produits particuliers C & D, l'on a le produit total E. Donc $\overline{aa+bb}\times\overline{aa-bb}=a^4-b^4$.

27. On ſe contente quelquefois pour exprimer la multiplication de deux quantités complexes, d'écrire entre deux le ſigne de multiplication.

Ainſi pour multiplier $\overline{a+b}$ par $\overline{a-b}$, l'on écrit $a+b \times a-b$, ou $\overline{a+b} \times \overline{a-b}$. Il en eſt ainſi des autres.

FORMATION

Des puiſſances des quantités complexes.

28. Pour élever une quantité complexe à une puiſſance donnée, il faut, comme pour les quantités incomplexes, la multiplier conſecutivement autant de fois moins une que l'expoſant de la puiſſance donnée contient d'unités. Ainſi pour élever $a+b$, à la troiſiéme puiſſance, il faut (n°. 24) multiplier $a+b$ par $a+b$, ce qui donne $aa+2ab+bb$, qui étant encore multipliée par $a+b$, donne $a^3+3aab+3abb+b^3$, qui eſt la troiſiéme puiſſance, ou le cube de $a+b$. Il en eſt ainſi des autres.

On peut abreger l'operation lorſqu'il s'agit d'élever un polynome au quarré.

29. On écrira le quarré du premier terme $+$ ou $-$ deux fois le rectangle ou produit du premier par le ſecond, $+$ le quarré du ſecond; & ces trois termes ſeront le quarré cherché, ſi c'eſt un binome. Mais ſi c'eſt un trinome, on écrira encore $+$ ou $-$ deux fois le produit des deux premiers par le troiſiéme $+$ le quarré du troiſiéme. Si c'eſt un quadrinome, on écrira encore $+$ ou $-$ deux fois le produit des trois premiers par le quatriéme $+$ le quarré du quatriéme, & ainſi de ſuite. Ainſi le quarré de $a-b+c$ eſt $aa-2ab+bb+2ac-2bc+cc$.

On a mis ici cette abréviation, parce que l'on a trés-ſouvent beſoin de cette operation dans l'Application de l'Algebre à la Geometrie.

Voici une abréviation plus conſiderable pour élever un binome à une puiſſance quelconque.

30. L'on écrira au premier terme la premiere lettre du binome élevée à la puiſſance donnée ; au ſecond la même lettre élevée à une puiſſance plus baſſe de l'unité, & multipliée par la ſeconde lettre ; au troiſiéme, la même lettre élevée à une puiſſance encore plus baſſe de l'unité & multipliée par le quarré de la ſeconde ; & ainſi de ſuite, en abaiſſant à chaque terme la puiſſance de la premiere lettre de l'unité, & élevant au contraire celle du ſecond de l'unité, juſqu'à ce que l'on arrive au terme, où la même premiere lettre n'aura qu'une dimenſion qui ſera la pénultiéme ; & l'on écrira au dernier terme la ſeconde lettre élevée à une puiſſance égale à celle du premier. Ainſi pour élever $a \pm b$ à la quatriéme puiſſance, l'on écrira, *A*. $a^4 \pm a^3 b + aabb \pm ab^3 + b^4$. Si le binome eſt tout poſitif, tous les termes de la puiſſance auront le ſigne $+$; ſi la ſeconde lettre eſt négative, les termes où elle ſe trouvera élevée à une puiſſance impaire, ou dont l'expoſant eſt un nombre impair, auront le ſigne $-$, & tous les autres le ſigne $+$, comme on voit dans la puiſſance *A*.

Il reſte encore à trouver les coefficiens ; en voici la Méthode.

On donnera au ſecond terme pour coefficient l'expoſant du premier ; on multipliera le coefficient du ſecond par l'expoſant que la premiere lettre a du binome a au même ſecond & le produit diviſé par 2, ſera le coefficient du troiſiéme. De même, le coefficient du troiſiéme multiplié par l'expoſant que la premiere lettre a au même troisiéme, & le produit divisé par 3, sera le coefficient du quatriéme; & ainsi de suite. De maniere que le coefficient d'un terme quelconque multiplié par l'exposant que la premiere lettre du binome a dans le même terme, & le produit divisé par le nombre qui marque le lieu que ce même terme occupe dans l'ordre des termes de la puissance, est le coefficient du terme suivant. Ainsi la quatriéme puissance du binome $a \pm b$ entierement formée est, $a^4 \pm 4a^3 b + 6aabb \pm 4ab^3 + b^4$. Il en est ainsi des autres.

S'il y a quelque nombre entier ou rompu qui précede l'un des deux, ou tous les deux termes du binome, on multipliera le coefficient de chaque terme de la puissance par une puissance de ce nombre égale à celle où la lettre qu'il précede y est élevée. Ainsi pour élever $a + 2b$ à la troisiéme puissance, l'on y élevera premierement $a + b$, & l'on aura $a^3 + 3aab + 3abb + b^3$, l'on multipliera ensuite les coefficiens des termes où b se rencontre par la puissance de 2 égale à celle où b y est élevée, c'est à dire que l'on multipliera $3aab$ par 2, $3abb$ par 4, & b^3 par 8, & l'on aura $a^3 + 6aab + 12abb + 8b^3$, qui sera le cube de $a + 2b$.

On peut aussi élever par les mêmes regles un binome quelconque $p + q$ à une puissance indéterminée m (m signifie un nombre quelconque entier ou rompu, positif ou négatif) qui sera,

$$p^m + mp^{m-1}q + m \times \frac{m-1}{2} p^{m-2} q^2 + m \times \frac{m-1}{2} \times \frac{m-2}{3} p^{m-3} q^3 + m \times \frac{m-1}{2} \times \frac{m-2}{3} \times \frac{m-3}{4} p^{m-4} q^4$$

&c. Où l'on voit que la premiere lettre p du binome a pour exposant dans tous les termes, m moins un nombre entier; c'est pourquoi si ce nombre entier ſe trouve dans quelqu'un égal à m, l'expoſant de p y ſera $=0$; & par conſéquent $p=1$, & ce terme ſera le dernier de la puiſſance m du binome $p+q$. Mais ſi ce nombre entier ne ſe trouve jamais $=m$, la puiſſance m du binome $p+q$ pourra être continuée à l'infini.

31. Le binome $p+q$ élevé à la puiſſance m, comme on vient de faire, peut ſervir de formule générale, pour élever un binome, ou un polynome quelconque à une puiſſance donnée.

Soit par exemple $2ax-xx$ qu'il faut élever à la troiſiéme puiſſance.

Ayant ſuppoſé $2ax=p$, $-xx=q$, & $m=3$, l'on ſubſtituera en la place de p, de q, & de m, leurs valeurs $2ax$, $-xx$, & 3 ; & en la place des puiſſances de p & de q, les puiſſances égales de leurs valeurs $2ax$ & $-xx$, & l'on aura $8a^3x^3-12aax^4+6ax^5-x^6$ pour la puiſſance cherchée : car m devient $=3$ au quatriéme terme de la Formule. De même pour élever $a+b-c$ à la troiſiéme puiſſance. Ayant ſuppoſé $a=p$, $b-c=q$, & $m=3$, l'on aura aprés les ſubſtitutions $a^3+3aab+3abb+b^3-3aac-6abc+3acc-3bbc+3bcc-c^3$. Il en eſt ainſi des autres.

32. On ſe contente quelquefois pour élever un polynome à une puiſſance donnée, d'écrire à ſa droite l'expoſant de la puiſſance à laquelle on le veut élever. Ainſi pour élever $a\pm b$ au quarré, on écrit $\overline{a\pm b}^2$; pour l'élever au cube, l'on écrit $\overline{a+b}^3$; & en général, pour élever $a\pm b$ à la puiſſance m, l'on écrit $\overline{a+b}^m$. m ſignifie un nombre quelconque entier ou rompu, poſitif ou négatif.

33. Il eſt clair que pour élever une puiſſance

quelconque d'un polynome, formée comme on vient de dire, à une puissance donnée, il n'y a qu'à multiplier l'exposant de l'une par l'exposant de l'autre. Ainsi pour élever $\overline{a+b}^2$ à la troisiéme puissance, l'on écrira $\overline{a+b}^{2\times 3}=\overline{a+b}^6$ pour élever $\overline{a+b}^m$ au quarré, ou à la deuxiéme puissance, l'on écrira $\overline{a+b}^{2m}$. Pour élever $\overline{a+b}^m$ à la puissance n, l'on écrira $\overline{a+b}^{m\,n}$. Il en est ainsi des autres.

34. Il est encore évident que pour multiplier deux puissances de la même quantité complexe, formées comme on a dit n°. 32. il n'y a qu'à ajoûter ensemble leurs Exposans. Ainsi pour multiplier $\overline{a+b}^2$ par $\overline{a+b}^3$, l'on écrira $\overline{a+b}^{2+3}=\overline{a+b}^5$; $\overline{a+b-c}^2 \times \overline{a+b-c}^{-5}=\overline{a+b-c}^{2-5}=\overline{a+b-c}^{-3}$; $\overline{a-b}^m \times \overline{a-b}^n=\overline{a-b}^{m+n}$; $\overline{a+b}^m \times \overline{a+b}^{-n}=\overline{a+b}^{m-n}$; $\overline{a+b}^m \times \overline{a+b}^{-m}=\overline{a+b}^{m-m}=\overline{a+b}^0=1$.

DIVISION

Des quantités algebriques incomplexes ou complexes.

REGLE GENERALE.

35. On écrira le diviseur au-dessous du dividende en forme de fraction, & l'on prendra cette fraction pour le quotient de la division. En effet, puisque toute division numerique exprimée, comme on vient de dire, est égale à son quotient, par exemple $\frac{12}{4}=3$; $\frac{15}{3}=5$, & qu'elle peut par consequent être prise pour son quotient; il en doit être de même

me des divisions algebriques. Ainsi pour diviser ab par c, l'on écrira $\frac{ab}{c}$; pour diviser $aa+bb$ par $c+d$, l'on écrira $\frac{aa+bb}{c+d}$; &c.

36. Mais comme il est toûjours necessaire de réduire les quantités algebriques à leurs plus simples expressions lorsqu'il est possible,& que les divisions, ou fractions dont on vient de parler, n'y sont pas toûjours réduites, il faut donner les regles necessaires pour cet effet.

Il y a differentes manieres, ou plutôt, il y a des cas où il faut operer d'une certaine maniere; d'autres, où il faut operer d'une autre maniere pour réduire les fractions, ou les divisions à leurs plus simples termes. Nous ne donnerons à present que le cas où l'operation est celle qu'on a toûjours nommée division; les autres se trouveront ailleurs.

DIVISION
Des quantités incomplexes.

37. Il est évident (n°. 14 & 15) que lorsque le dividende est le produit du diviseur par une autre quantité quelconque, le quotient sera le dividende, aprés en avoir effacé le diviseur. Ainsi le quotient de ab divisé par a est b, c'est à dire que $\frac{ab}{a}=b$; le quotient de abc divisé par ab est c, c'est à dire que $\frac{abc}{ab}=c$; de même $\frac{a^3}{aa}=a$; $\frac{a^3bb}{aab}=ab$. Il en est ainsi des autres.

Il y a souvent des nombres autres que l'unité qui précedent ou le dividende, ou le diviseur, & quelquefois tous les deux. Il faut aussi avoir égard aux signes. Voici la regle qu'il faut observer.

38. On divisera par les regles de la division numerique, le nombre qui précede le dividende par celui qui précede le diviseur, & (nº. 37), les lettres du dividende par celles du diviseur, & l'on donnera au quotient le signe + si le dividende & le diviseur ont tous deux le même signe + ou —; & si l'un a + & l'autre —, l'on donnera au quotient le signe —. Ainsi le quotient de $12ab$ par $3a$ est $4b$: car $\frac{12}{3} = 4$, & $\frac{ab}{a} = b$, & partant $\frac{12ab}{3a} = 4b$. De même $\frac{12abc}{-4ac} = -3b$; $\frac{-15a^3bb}{3aab} = -5ab$; $\frac{-12a^3bb}{-3ab} = 4aab$. Il en est ainsi des autres.

39. Si le dividende & le diviseur sont semblables, & égaux, le quotient sera l'unité. Ainsi $\frac{a}{a} = 1$; $\frac{12ab}{12ab} = 1$. Ce qui suit de ce que toute quantité se mesure, ou se contient elle même une fois.

40. Il arrive souvent que les nombres se peuvent diviser, & que les lettres ne se peuvent pas diviser; & au contraire, auquel cas il faut diviser ce qui se peut diviser, & laisser le reste en fraction. Ainsi $\frac{12ab}{3c} = \frac{4ab}{c}$; $\frac{8abc}{3ab} = \frac{8c}{3}$.

41. Lorsque ni les nombres, ni les lettres ne se peuvent diviser, on écrit le diviseur au-dessous du dividende en forme de fraction; & c'est en ce cas qu'il est nécessaire de prendre cette fraction pour le quotient de la division. Ainsi pour diviser a par b, l'on écrira $\frac{a}{b}$; pour diviser $3ab$ par $2c$, l'on écrira $\frac{3ab}{2c}$; pour diviser $-2ab$ par $3c$, l'on écrira

$\frac{-2ab}{3c}$, ou $\frac{2ab}{-3c}$; pour diviser $5ab$ par $-2c$, l'on écrira $\frac{5ab}{-2c}$, ou $\frac{-5ab}{2c}$; pour diviser $-4ab$ par $-3c$, l'on écrira $\frac{-4ab}{-3c}$, ou $\frac{4ab}{3c}$. On trouvera ailleurs la raison des changemens de signes que l'on vient de faire.

Si l'on multiplie le quotient d'une division par le diviseur, il viendra la quantité à diviser : car la multiplication, & la division ont des effets contraires, aussi-bien que l'addition & la soustraction.

42. Il est clair (nº. 21 & 37) que pour diviser une puissance quelconque d'une quantité incomplexe par une puissance quelconque de la même quantité, il n'y a qu'à soustraire l'exposant du diviseur de l'exposant du dividende. Ainsi $\frac{a^3}{aa} = a^{3-2} = a$; $\frac{a^4b^3}{a^3b} = a^{4-3}b^{3-1} = abb$; $\frac{a^3}{a^3} = a^{3-3} =$ (nº. 31) 1; $\frac{a^3}{a^5} = a^{3-5} = a^{-2} = \frac{1}{a^2}$; $\frac{a^p}{a^q} = a^{p-q}$; $\frac{a^p}{a^p} = a^{p-p} = 1$, &c.

DIVISION

Des quantités complexes.

43. Lorsque le dividende est le produit du diviseur par quelqu'autre quantité, il est clair que la division se fera toûjours exactement aussi-bien que celle des quantités incomplexes.

Or il est souvent aisé de voir si une quantité que l'on veut diviser par une autre quantité, est le produit de la quantité qui doit être le diviseur par une troisiéme quantité ; & alors le quotient sera cette troisiéme quantité. Ainsi $ax-bx$ divisée par $a-b$, donne au quotient x : car $ax-bx$ est le produit de $a-b\times x$; & $ax-bx$ divisée par x, donne au quotient $a-b$. Pareillement $\frac{aaxx-bbxx}{aa-bb}=xx$, & $\frac{aaxx-bbxx}{xx}=aa-bb$, &c.

44. Lorsqu'on ne peut pas aisément voir si une quantité complexe peut être divisée par une autre quantité complexe, il faut l'examiner par la regle qui suit, qui est celle qu'on appelle division.

45. Pour faire plus facilement la division des quantités complexes, on examine dans les deux quantités que l'on veut diviser l'une par l'autre, qu'elle est la lettre qui se trouve le plus frequemment avec des dimensions differentes ; & l'on écrit dans l'une & dans l'autre quantité le terme, où cette lettre a plus de dimensions, le premier, & ensuite les autres termes, selon l'ordre des puissances de la même lettre. Quelques-uns appellent cette lettre, lettre dominante.

REGLE.

46. On écrit le diviseur à la gauche du dividende ; & suivant les regles de la division des quantités incomplexes, on divise le premier terme du dividende par le premier du diviseur, & l'on écrit le resultat, ou quotient à la droite du dividende. On multiplie tous les termes du diviseur par le quotient ; & l'on soustrait le produit du dividende, ce qui se fait (n°. 13) en écrivant le même produit au-dessous du dividende avec des signes contraires ; & on fait ensuite la réduction, en regardant le dividende & ce produit comme une seule quantité.

On divise de nouveau par le même diviseur les quantités qui restent aprés la réduction, ce qui donne un nouveau terme au quotient ; & on acheve cette seconde operation comme on a fait la premiere. On réïtere encore la même operation autant de fois qu'il est nécessaire, ou jusqu'à ce que la réduction devienne nulle, ou égale à zero, qui arrive toûjours lorsque la quantité à diviser est le produit du diviseur par une troisiéme quantité, qui est le quotient de la division. Les Exemples éclairciront la regle.

EXEMPLE I.

47. Soit $a^3 - 3aab + 3abb - b^3$ à diviser par $a - b$. Ayant écrit le dividende & le diviseur comme on vient de dire, l'on opere en cette sorte en prenant a pour la lettre dominante.

Diviseur.	*Dividende.*	*Quotient.*
$a - b$	$a^3 - 3aab + 3abb - b^3$	$aa - 2ab + bb.$
Prod.	$-a^3 + aab$	
1re Rédu. A	$0 - 2aab + 3abb - b^3$	
Produit.	$+2aab - 2abb$	
2e Rédu. B	$0 + abb - b^3$	
Produit.	$- abb + b^3$	
3e Rédu. C	$0 \quad 0$	

Le premier terme $+ a^3$ du dividende divisé par le premier $+ a$ du diviseur donne pour quotient $+ aa$, & multipliant le diviseur $a - b$ par le quotient $+ aa$, l'on a $a^3 - aab$, & ayant écrit $- a^3 + aab$ au-dessous du dividende, & fait la Réduction, l'on aura la quantité A, que j'appelle premiere Réduction.

Le premier terme $- 2aab$ de la premiere Réduction A divisé par le premier $+ a$ du diviseur, donne pour quotient $- 2ab$, & multipliant le diviseur $a-b$ par le nouveau terme du quotient $-2ab$, l'on a $-2aab+2abb$; & ayant écrit $+2aab-2abb$ au-dessous de la premiere Réduction A, l'on aura la seconde Réduction B.

Le premier terme $+abb$ de la seconde Reduction B, divisé par le premier $+a$ du diviseur donne pour quotient $+bb$; & multipliant le diviseur $a-b$ par $+bb$, l'on a $+aab-b^3$; & ayant écrit $-aab+b^3$ au-dessous de la seconde Réduction, l'on aura zero pour la troisiéme Reduction, qui marque que la division est faite.

Donc $\frac{a^3-3aab+3abb-b^3}{a-b}=aa-2ab+bb.$

EXEMPLE II.

48. *Diviseur.*	*Dividende.*	*Quotient.*
$aa-ab+cd$	$a^4-aabb+2abcd-ccdd$	$aa+ab-cd.$
Produit.	$-a^4+a^3b-aacd$	
1re Réduct.	$0+a^3b-aabb-aacd+2abcd-ccdd$	
Produit.	$-a^3b+aabb\quad-abcd$	
Seconde Réduct.	$0\quad 0\quad -aacd+abcd-ccdd$	
Produit.	$+aacd-abcd+ccdd$	
Troisiéme Réduction.	$0\quad 0\quad 0$	

Donc $\frac{a^4-aabb+2abcd-ccdd}{aa-ab+cd}=aa+ab-cd.$

EXEMPLE III.

49. *Diviseur.* *Dividende.* *Quotient.*

$$yy - aa - bb \left\{ \begin{array}{l} y^6 + aay^4 + b^4yy - a^6 \\ -2bby^4 - a^4yy - 2a^4bb \\ \qquad\qquad\qquad - aab^4 \end{array} \right\} \begin{array}{l} y^4 + 2aayy \\ -bbyy + a^4 \\ + aabb. \end{array}$$

Produit. $\left\{ \begin{array}{l} -y^6 + aay^4 \\ \quad + bby^4 \end{array} \right\}$

1re Réduct. $\left\{ \begin{array}{l} 0 + 2aay^4 + b^4yy - a^6 \\ - bby^4 - a^4yy - 2a^4bb \\ \qquad\qquad\qquad - aab^4 \end{array} \right\}$

Produit. $\left\{ \begin{array}{l} -2aay^4 + 2a^4yy \\ \qquad + 2aabbyy \end{array} \right\}$

2e Réduct. $\left\{ \begin{array}{l} -bby^4 + b^4yy - a^6 \\ \qquad + a^4yy - 2a^4bb \\ \qquad + 2aabbyy - aab^4 \end{array} \right\}$

Produit. $\left\{ \begin{array}{l} + bby^4 - aabbyy \\ \qquad - b^4yy \end{array} \right\}$

3e Réduct. $\left\{ \begin{array}{l} 0 + a^4yy - a^6 \\ \quad + aabbyy - 2a^4bb \\ \qquad\qquad - aab^4 \end{array} \right\}$

Produit. $\left\{ \begin{array}{l} - a^4yy + a^6 \\ \qquad + a^4bb \end{array} \right\}$

4e Réduction. $\left\{ \begin{array}{l} + aabbyy - a^4bb \\ \qquad - aab^4 \end{array} \right\}$

Produit. $\left\{ \begin{array}{l} - aabbyy + a^4bb \\ \qquad + aab^4 \end{array} \right\}$

5e Réduction. $0 \quad 0$

Donc $\dfrac{y^6 + aay^4 + b^4yy - a^6 - 2bby^4 - a^4yy - 2a^4bb - aab^4}{yy - aa - bb} = y^4 + 2aayy - bbyy + a^4 + aabb.$

EXEMPLE IV.

50. *Diviseur.*	*Dividende.*	*Quotient.*
$3xx - aa$	$9x^4 + 12ax^3 - 4a^3x - a^4$	$3xx + 4ax$
Produit.	$-9x^4 + 3aaxx$	$+aa.$
1re Réduction.	$0 + 12ax^3 + 3aaxx - 4a^3x - a^4$	
Produit.	$-12ax^3 \qquad + 4a^3x$	
2e Réduction.	$0 \quad + 3aaxx \quad 0 \quad - a^4$	
Produit,	$+3aaxx \qquad + a^4$	
3e Réduction.	$0 \qquad 0$	

Donc $\frac{9x^4 + 12ax^3 - 4a^3x - a^4}{3xx - aa} = 3xx + 4ax + aa.$

51. Il y a des divisions qui ne se font qu'en partie, ce qui arrive lorsqu'il vient une Réduction où toutes les lettres du diviseur ne se trouvent plus, ou bien ne s'y trouvent point dans l'état & dans l'ordre qu'elles gardent dans le diviseur : & en ce cas, l'on écrit le diviseur au-dessous de la derniere Réduction, ce qui forme une fraction que l'on ajoûte au Quotient, comme on va voir dans l'Exemple qui suit.

EXEMPLE V.

52. *Diviseur.*	*Dividende.*	*Quotient.*
$ac - dd$	$aabc + ac^3 - abdd - ccdd + d^4$	$ab + cc.$
Produit.	$-aabc \qquad + abdd$	
1re Réduct.	$-\ 0 + ac^3 \quad 0 \quad - ccdd + d^4$	
Produit.	$-ac^3 \qquad + ccdd$	
2e Réduction.	$0 \qquad 0 \quad + d^4$	

Donc $\frac{aabc + ac^3 - abdd - ccdd + d^4}{ac - dd} = ab + cc + \frac{d^4}{ac - dd}.$

53. Il y a des divisions que l'on pourroit continuer, même à l'infini, quoique tous les termes du

diviſeur ne ſe trouvent point dans la derniere Réduction : mais le Quotient deviendroit plus compoſé, & la diviſion deviendroit inutile ; c'eſt pourquoi, dans ces ſortes de diviſions, il en faut demeurer à l'endroit, où le Quotient eſt le plus ſimple qu'il puiſſe être.

54. Il arrive auſſi fort ſouvent que les coefficiens, ou les nombres qui précedent les termes ; ou quelqu'un des termes du dividende, ou du diviſeur, empêchent que la diviſion ne ſe faſſe, quand même toutes les lettres ſeroient dans l'un & dans l'autre diſpoſées de maniere que la diviſion ſe pût faire.

55. Il y a auſſi des diviſions qui ne ſe peuvent point du tout faire ; ce qui arrive lorſqu'aucun des termes du diviſeur ne ſe trouve point tout entier dans aucun de ceux du dividende : & alors on écrit le diviſeur au-deſſous du dividende, ce qui forme une fraction que l'on prend pour le Quotient de la diviſion, comme on a dit nº. 34.

L'on a ſouvent beſoin de connoître tous les diviſeurs d'un nombre donné, & d'une quantité algébrique donnée pour choiſir celui d'entr'eux qui convient à de certaines operations que l'on eſt obligé de faire ; c'eſt pourquoi nous en allons donner ici la Méthode.

METHODE.

Pour trouver tous les Diviſeurs du nombre donné.

56. Il faut diviſer le nombre donné par 2, s'il eſt poſſible, & autant de fois qu'il eſt poſſible ; enſuite diviſer le dernier Quotient par 3, s'il eſt poſſible ; & autant de fois qu'il eſt poſſible ; de même par 5, par 7, par 9, *&c.* juſqu'à ce que le dernier Quotient ſoit l'unité, ou que le Diviſeur devienne le nombre propoſé, auquel cas, il n'a aucun divi-

seur que lui-même ; & ayant écrit dans une rangée de haut en bas tous les diviseurs dont on s'est servi, on multipliera le premier diviseur par le 2e, & on écrira le Produit à la droite du 2e. On multipliera ensuite les deux premiers diviseurs, & le produit qu'on a déja trouvé par le troisiéme diviseur, & l'on écrira les Produits vis à vis le même troisiéme diviseur ; on multipliera de même tout ce qui est au-dessus du quatriéme diviseur par le même quatriéme diviseur, & l'on écrira les Produits à sa droite, & ainsi de suite, & tous ces Produits seront autant de diviseurs du nombre proposé.

EXEMPLE.

Soit le nombre 150 dont il faut trouver tous les diviseurs.

	A	*B*
Je divise 150		
par 2, & j'écris	150	2.
le Quotient 75	75	3. 6.
au-dessous de *A*,	25	5. 10. 15. 30.
& le diviseur 2	5	5. 25. 50. 75. 150.
au-dessous de *B*;	1	

Je divise 75 par 3, & j'écris le Quotient 25, sous *A* & le diviseur 3 sous *B*; je divise 25 par 5. & j'écris le Quotient 5, & le diviseur 5, sous *A* & sous *B*; je divise 5 par 5, & j'écris le Quotient 1 sous *A*, & le diviseur 5 sous *B*. Cela fait, je multiplie le premier diviseur 2 par le second 3, & j'écris le Produit 6 à côté de 3. Je multiplie tout ce qui est au-dessus du troisiéme diviseur 5, par lui-même, & j'écris les Produits 10, 15, 30, à sa droite ; enfin je multiplie tout ce qui est au-dessus du quatriéme diviseur 5, par lui-même, & j'écris les Produits 25, 50, 75, & 150 ; (car on néglige 10, 15, 30 qui s'y trouvent déja) comme on les voit. Il eſt clair que tous ces nombres qui ſont du côté de *B* peuvent diviſer ſans reſte, le nombre donné 150.

57. C'eſt la même regle pour les quantités algebriques. Soit par exemple, la quantité $a^3b+aabb$, dont il faut trouver tous les diviſeurs.

A	*B*
$a^3b+aabb$	$a.$
$aab+abb.$	$a.\ aa.$
$ab+bb.$	$b.\ ab.\ aab.$
$a+b.$	$a+b.\ aa+ab.\ a^3+aab.\ ab+bb.\ aab+abb.$
1.	$a^3b+aabb.$

Je diviſe $a^3b+aabb$ par a, & j'écris le Quotient $aab+abb$ ſous *A*, & le diviſeur a ſous *B*, Je diviſe $aab+abb$ encore par a, & j'écris le Quotient $ab+bb$ ſous *A*, & le diviſeur a ſous *B*. Je diviſe $ab+bb$, par b, & j'écris le Quotient $a+b$ ſous *A*, & le diviſeur b ſous *B*. Enfin je diviſe $a+b$ par $a+b$, & j'écris le Quotient 1 ſous *A*, & le diviſeur $a+b$ ſous *B*. J'acheve l'operation comme celle des nombres, & je trouve tous les diviſeurs de la quantité $a^3b+aabb$ au-deſſous de *B*.

RE'SOLUTION

Des Puiſſances, ou de l'extraction des Racines des quantités algebriques.

58. Extraire la racine d'une puiſſance, ou d'une quantité algebrique, c'eſt trouver, par une operation contraire à celle de la formation des puiſſances, une quantité plus ſimple que la propoſée, qui étant multipliée par elle-même, autant de fois qu'il eſt néceſſaire, produiſe la puiſſance ou la quantité propoſée.

Il y a autant de ſortes de racines, qu'il y a de

puissances, & l'on donne à chaque racine le nom de la puissance à laquelle elle se rapporte. Ainsi la quantité qu'il ne faut multiplier qu'une fois par elle-même pour produire la quantité ou la puissance dont elle est la racine, est nommée *racine quarrée*, ou seconde racine ; celle qu'il faut multiplier deux fois par elle-même, pour produire la puissance dont elle est la racine, est appellée *racine cube*, ou troisiéme racine ; celle qu'il faut multiplier trois fois, est nommée *racine quarrée quarrée*, ou quatriéme racine ; celle qu'il faut multiplier quatre fois *racine quarré cube*, ou cinquiéme racine ; celle qu'il faut multiplier cinq fois *racine cube cube*, ou sixiéme racine, *&c.*

On se sert de ce caractere $\sqrt{}$ qu'on appelle *signe radical*, pour signifier le mot de *racine* : mais pour le déterminer à signifier une telle racine, on y joint l'exposant de la puissance à laquelle se rapporte la racine en question, & cet exposant est alors appellé exposant du signe radical. Ainsi $\sqrt[2]{}$, ou simplement $\sqrt{}$, signifie racine quarrée, ou seconde racine ; $\sqrt[3]{}$, signifie racine cube, ou troisiéme racine ; $\sqrt[4]{}$, signifie racine quarrée quarrée, ou quatriéme racine, *&c.* De sorte que $\sqrt{ab}$, ou $\sqrt{aa+bb}$, $\sqrt{aa+2ab+bb}$, signifie qu'il faut extraire la racine quarrée de ab, ou de $aa+bb$, ou de $aa+2ab+bb$, &c.

Il y a des quantités dont la racine proposée s'extrait exactement ; d'autres, dont on ne la peut extraire qu'en partie ; & d'autres, dont on ne la peut point du tout extraire.

59. Les quantités dont on ne peut extraire exactement la racine, & qu'on est obligé d'exprimer par le moyen du signe radical, sont nommées *sourdes*,

ou *irrationelles*, & celles qui ne sont affectées d'aucun signe radical, sont nommées *rationnelles*. Ainsi $\sqrt{ab}$, $\sqrt{aa+bb}$, sont des quantités irrationnelles, parce que l'on n'en peut pas extraire la racine quarrée; $\sqrt[3]{aab}$ est une quantité irrationnelle, parce que l'on n'en peut pas extraire la racine cube, *&c.*

EXTRACTION

Des racines des quantités incomplexes.

60. Puisque (n°. 22.) pour élever une quantité incomplexe à une puissance donnée, il faut multiplier les exposans de cette quantité par l'exposant de la puissance proposée; il est clair que pour extraire la racine proposée d'une quantité incomplexe, il n'y a qu'à diviser les exposans de cette quantité par l'exposant du signe radical convenable; ou, ce qui revient au même, multiplier les exposans de la quantité proposée par une fraction dont le numerateur soit l'unité, & le dénominateur soit l'exposant du signe radical dont il s'agit, c'est à dire, par $\frac{1}{2}$, s'il s'agit de la racine quarrée; $\frac{1}{3}$, s'il s'agit de la racine cube; $\frac{1}{4}$, s'il s'agit de la racine quarrée quarrée, *&c.* car les dénominateurs 2, 3 & 4 sont les exposans des signes radicaux $\sqrt[2]{}$, $\sqrt[3]{}$, $\sqrt[4]{}$, *&c.* L'on rend par-là l'operation de l'extraction des racines, semblable à celle de la formation des puissances, & l'on a des exposans pour les racines aussi-bien que pour les puissances: car $\frac{1}{2}$ est l'exposant de la racine quarrée; $\frac{1}{3}$, l'exposant de la racine cube; $\frac{1}{4}$, l'exposant de la racine quarrée quarrée, *&c.* &

l'on peut par conséquent énoncer l'extraction des racines, en disant qu'il faut élever une quantité donnée à la puissance $\frac{1}{2}$, $\frac{1}{3}$, $\frac{1}{4}$, &c. au lieu de dire qu'il en faut extraire la racine quarrée, cube, quarrée quarrée, &c.

Si aprés la multiplication des exposans de la quantité proposée par les fractions dont on vient de parler, les exposans qui sont alors fractionnaires, se peuvent tous réduire en entier, la racine proposée sera une quantité rationnelle; si une partie de ces exposans se peut réduire en entier, & que l'autre partie demeure fractionnaire, la racine ne sera extraite qu'en partie, & l'on mettra la partie rationnelle devant le signe radical, & la partie irrationnelle aprés; si tous ces exposans demeurent fractionnaires, la racine ne sera point extraite, & l'on se contentera de mettre le signe radical devant la quantité proposée; enfin si les exposans fractionnaires qui ne peuvent être réduits en entier surpassent l'unité, la puissance de la lettre dont ils sont exposans, sera en partie rationnelle, & en partie irrationnelle. Il faudra operer sur les coefficiens, comme sur les lettres, en y employant les extractions numeriques des racines, & la Méthode de trouver tous les diviseurs d'un nombre, expliquée n°. 56. Tout ce qu'on vient de dire sera éclairci par les Exemples qui suivent.

EXEMPLES.

61. Soit $a^2 b^4 c^6$ dont il faut extraire la racine quarrée, ou qu'il faut élever à la puissance $\frac{1}{2}$; ayant multiplié les exposans 2, 4 & 6 par $\frac{1}{2}$, l'on aura

$a^{\frac{2}{2}} b^{\frac{4}{2}} c^{\frac{6}{2}}$, ou ab^2c^3 aprés avoir réduit les exposans fractionnaires en entier, de sorte que $\sqrt{a^2b^4c^6} = ab^2c^3$, ce qui est évident. De même $\sqrt{a^2b} = ab^{\frac{1}{2}} = a\sqrt{b}$: car a est la racine de aa, ou a^2, & $b^{\frac{1}{2}}$ est la même chose que $\sqrt{b}$; $\sqrt{ab} = a^{\frac{1}{2}} b^{\frac{1}{2}} = \sqrt{ab}$; c'est à dire que $\sqrt{ab}$ est une quantité toute irrationnelle ; $\sqrt{a^3 b} = a^{\frac{3}{2}} b^{\frac{1}{2}} = a^{1+\frac{1}{2}} b^{\frac{1}{2}} =$ (nº. 23.) $a^1 a^{\frac{1}{2}} b^{\frac{1}{2}} = a\sqrt{ab}$; $\sqrt{72a^3b^3} = 6ab\sqrt{2ab}$: car il est clair par les Exemples précedents, que $\sqrt{a^3b^3} = ab\sqrt{ab}$, & je démontre que $\sqrt{72} = 6\sqrt{2}$, en cette sorte. Si l'on cherche (nº. 56.) tous les diviseurs de 72, & qu'on examine les quarrés qui s'y rencontrent (s'il s'agissoit de la racine cube, il faudroit examiner tous les cubes, & ainsi des autres racines) on trouvera que 36 est le plus grand, Or $\frac{72}{36} = 2$ & $36 \times 2 = 72$; c'est pourquoi $\sqrt{72}$ peut être regardée comme le produit de $\sqrt{36} \times \sqrt{2}$: mais $\sqrt{36} = 6$; donc $\sqrt{72} = 6\sqrt{2}$, & partant $\sqrt{72a^3b^3} = 6ab\sqrt{2ab}$. On trouvera de même que $\sqrt{12aab} = 2a\sqrt{3b}$, & que $\sqrt{6aabc} = a\sqrt{6bc}$; parce que 6 ne peut être divisé par aucun quarré. Il en est ainsi des autres.

EXTRACTION
Des racines des Polynomes.

62. La Méthode d'extraire les racines des Polynomes, selon la maniere ordinaire, est semblable à celle d'extraire la racine des nombres.

EXEMPLE I.

Soit la quantité $aa + 2ab + bb + 2ac + 2bc + cc$, dont il faut extraire la racine quarrée.

Diviseurs.	*Quantité proposée.*	*Racine, ou Quot.*
	$aa + 2ab + bb + 2ac + 2bc + cc.$	$a + b + c.$
	$-aa.$	
1. $2a + b.$	*A*. $0 + 2ab + bb + 2ac + 2bc + cc$	
	$-2ab - bb$	
2. $2a + 2b + c.$	*B*. $0 \quad 0 + 2ac + 2bc + cc$	
	$-2ac - 2bc - cc$	
	C. $0 \quad 0 \quad 0$	

Je dis, le premier terme aa eſt un quarré, dont la racine eſt a que j'écris au Quotient, & je ſouſtrait le quarré de a, qui eſt aa, du premier terme aa de la quantité propoſée, en l'écrivant au-deſſous avec le ſigne —. Je réduis à la maniere de la diviſion la quantité propoſée, & le quarré ſouſtrait, & j'écris la Réduction *A* au-deſſous d'une ligne.

Je double le Quotient a, ce qui me donne $2a$ que j'écris à la gauche de la Réduction *A*, & qui fait partie du premier diviſeur. Je diviſe le premier terme $+ 2ab$ de la quantité *A* par $2a$; ce qui me donne $+ b$ que j'écris au Quotient, & à la droite du diviſeur $2a$, & j'ai le premier diviſeur complet $2a + b$ que je multiplie par le nouveau Quotient b, & j'ai $+ 2ab + bb$ que je ſouſtrais de la quantité *A*, en l'écrivant au-deſſous avec des ſignes contraires, & la Réduction de ces deux quantités me donne la quantité *B*. Je double le Quotient $a + b$, & j'ai $2a + 2b$ pour une

une partie du nouveau diviſeur que j'écris à la gauche de B. Je diviſe de nouveau le premier terme $2ac$ de la quantité B par $+2a$, ce qui me donne $+c$ que j'écris au Quotient, & à la droite du nouveau diviſeur $2a+2b$; ce qui fait $2a+2b+c$ pour le ſecond diviſeur complet. Je multiplie ce ſecond diviſeur $2a+2b+c$ par le nouveau Quotient c, & j'ai $+2ac+2bc+cc$ que j'écris au-deſſous de la quantité B avec des ſignes contraires; & réduiſant ces deux quantités je trouve zero pour la troiſiéme Réduction; d'où je conclus que l'operation eſt achevée, & que par conſéquent,

$$\sqrt{aa+2ab+bb+2ac+2bc+cc}=a+b+c.$$

EXEMPLE II.

Soit la quantité $9aa-12ab+4bb$ dont il faut extraire la racine quarrée.

Diviſeurs.		*Quantité propoſée.*	*Racine ou Quotient.*
		$9aa-12ab+4bb.$	$(3a-2b.$
		$-9aa$	
$6a-2b.$	$A.$	$0\ -12ab+4bb$	
		$+12ab-4bb$	
	$B.$	$0\quad 0$	

Le premier terme $9aa$ étant un quarré dont la racine eſt $3a$; j'écris $3a$ au Quotient, & ſon quarré $9aa$ au-deſſous de $9aa$ avec le ſigne $-$, & la premiere Réduction eſt la quantité A. Je double le Quotient $3a$, ce qui me donne $6a$, qui font partie du premier diviſeur, & que j'écris à la gauche de la quantité A. Je diviſe $-12ab$ par $+6a$, ce qui me donne $-2b$ que j'écris au Quotient & à la droite de $6a$, & j'ai par ce moyen le diviſeur complet $6a-2b$. Je multiplie $6a-2b$ par $-2b$, ce qui me donne $-12ab+4bb$, & j'écris $+12ab$ $-4bb$ au-dessous de la quantité A. Je réduis ces deux dernieres quantités, & la Réduction B qui se trouve égale à zero, fait voir que la quantité proposée est un quarré dont la racine est $3a-2b$, c'est à dire que $\sqrt{9aa-12ab+4bb}=3a-2b$.

S'il venoit une Réduction qui ne pût être divisée par le double du Quotient, ce seroit une marque que la quantité proposée ne seroit point quarrée ; & il faudroit alors se contenter de la mettre sous le signe radical. Par exemple, si on vouloit extraire la racine quarrée de $aa+bb$, l'on trouveroit que la racine de aa est a : mais on ne pourroit diviser la Réduction bb par $2a$, ce qui feroit voir que $aa+bb$, n'est point un quarré ; c'est pourquoi il faudroit se contenter d'en exprimer la racine en cette sorte $\sqrt{aa+bb}$. Il en est ainsi des autres.

Au reste, il est aisé de connoître par la formation des puissances, ou lorsqu'on a un peu d'habitude dans le calcul algebrique, si une quantité proposée est quarrée, ou cube, &c. & d'en extraire par consequent la racine sans le secours d'aucune operation, ou par la seule inspection des termes de la quantité proposée.

63. Mais sans cela, & sans le secours des Regles que nous venons de donner, l'on peut, avec toute la facilité possible extraire toutes sortes de racines, quarrées, cubes, quarrées quarrées, &c. par le moyen de la formule générale proposée n°. 30 : car pour cela il n'y a qu'à regarder les quantités dont on veut extraire une racine quelconque, comme des quantités qu'il faut élever à une puissance dont l'exposant soit celui de la racine qu'on veut

extraire, c'eſt à dire que cet expoſant ſoit $\frac{1}{2}$, ſi c'eſt la racine quarrée; $\frac{1}{3}$, ſi c'eſt la racine cube; $\frac{1}{4}$, ſi c'eſt la racine quarrée quarrée, &c. ce qui eſt facile en ſuivant ce qui eſt preſcrit nº 31, comme on va voir par les Exemples qui ſuivent.

EXEMPLE I.

Soit la quantité $a^3 - 3aab + 3abb - b^3$ dont il faut extraire la racine cube, ou ce qui eſt la même choſe, qu'il faut élever à la puiſſance $\frac{1}{3}$.

Ayant fait $a^3 = p$, $-3aab + 3abb - b^3 = q$, & mettant ces valeurs de p & de q dans les deux premiers termes, $p^m + mp^{m-1}q$ de la formule générale propoſée nº. 30; (car les autres termes ſont inutiles, lorſque les racines qu'on veut extraire, ſont rationnelles;) l'on aura $a^{3m} + ma^{3m-3} \times \overline{-3aab + abb - b^3}$, & faiſant encore $m = \frac{1}{3}$, l'on aura $a^1 + \frac{1}{3}a^{-2} \times \overline{-3aab + 3abb - b^3}$, ou $a - a^{-2+2}b + a^{-2+1}bb - \frac{1}{3}a^{-2}b^3$: mais parce que le ſecond terme $-a^{-2+2}b = -a^0 b = 1b = b$; le troiſiéme & quatriéme terme ſont nuls. Ainſi l'on a $a - b$ pour la racine cherchée, c'eſt-à-dire, que $\overline{a^3 - 3aab + 3abb - b^3}^{\frac{1}{3}}$; ou $\sqrt[3]{a^3 - 3aab + abb - b^3} = a - b$.

EXEMPLE II.

Soit la quantité $aa + 2ab - 2ac + bb -$

$2bc + cc$ dont il faut extraire la racine quarrée, ou qu'il faut élever à la puissance $\frac{1}{2}$.

Ayant fait aa ou $a^2 = p$, $+ 2ab - 2ac + bb - 2bc + cc = q$, & mettant ces valeurs de p & de q dans les deux premiers termes de la Formule $p^m + mp^{m-1}q$, l'on aura $a^{2m} + ma^{2m-2} \times$ $\times \overline{2ab - 2ac + bb - 2bc + cc}$, ou en faisant $m = \frac{1}{2}$, $a + \frac{1}{2}a^{1-2} \times \overline{2ab - 2ac + bb - 2bc + cc}$; ou $a + a^{1-2+1}b - a^{1-2+1}c + \frac{1}{2}a^{1-2}bb -$ $a^{1-2}bc + \frac{1}{2}a^{1-2}cc$. Mais parce que le second & troisiéme terme deviennent $+ b$, & $- c$; il suit que tous les autres termes où b & c se rencontrent sont nuls. Ainsi $\overline{aa + 2ab - 2ac + bb - 2bc + cc}^{\frac{1}{2}}$, ou $\sqrt{aa + 2ab - 2ac + bb - 2bc + cc} = a + b - c$.

EXEMPLE III.

Soit la quantité $9aa + 12ab + 4bb$ dont il faut extraire la racine quarrée, ou qu'il faut élever à la puissance $\frac{1}{2}$.

Ayant supposé $9aa$, ou $9a^2 = p$, & $12ab + 4bb = q$, & mettant ces valeurs de p & de q dans les deux premiers termes de la Formule $p^m + mp^{m-1}q$, l'on aura $9^m a^{2m} + m9^{m-1}$ $a^{2m-2} \times \overline{12ab + 4bb}$, ou en faisant $m = \frac{1}{2}$, $9^{\frac{1}{2}}$ $\times a^{1+\frac{1}{2}} \times 9^{-\frac{1}{2}} a^{-1} \times \overline{12ab + 4bb}$, ou $9^{\frac{1}{2}} a + \frac{1}{2}$

$\times \frac{1}{9} a^{-1} \times \overline{12ab + 4bb}$: mais $9^{\frac{1}{2}}$ ou $\sqrt{9} = 3$; donc $3a + \frac{1}{2} \times \frac{1}{3} a^{-1} \times \overline{12ab + 4bb}$, ou $3a + \frac{1}{6} a^{-1} \times \overline{12ab + 4bb}$, ou $3a + \frac{12}{6} a^{-1+1} b + \frac{4}{6} a^{-1} bb$, ou $3a + 2a^{0} b + \frac{2}{3} a^{-1} \times bb$: mais le second terme $2a^{0}b = 1b$; c'est pourquoi ce second terme est le dernier, & le troisiéme est nul. Ainsi $\overline{9aa + 12ab + 4bb}^{\frac{1}{2}}$, ou $\sqrt{9aa + 12ab + 4bb} = 3a + 2b$.

REMARQUE.

64. Si dans aucun terme la valeur de m, exposant de p, ne se trouvoit point $= 0$, la racine de la quantité proposée seroit irrationnelle, & l'extraction se pourroit continuer à l'infini ; ce qu'on appelle approximation des racines : mais cela n'est point nécessaire pour l'application de l'Algebre à la Geometrie : car lorsque la racine d'une quantité est irrationnelle, on se contente de l'exprimer par le moyen du signe radical qui lui convient, comme on a déja dit, & comme on pourra voir dans la suite.

Pour s'assûrer si on a bien extrait une racine, il est bon de l'élever à sa puissance : car s'il vient la quantité proposée, l'extraction aura été bien faite. Par exemple, l'on vient de trouver $3a + 2b$ pour la racine quarrée de $9aa + 12ab + 4bb$. Or si l'on multiplie $3a + 2b$ par $3a + 2b$, l'on trouvera $9aa + 12ab + 4bb$ qui est la quantité proposée, c'est pourquoi l'extraction a été bien faite.

REDUCTION
Des quantités irrationelles à leurs plus ſimples expreſſions.

65. Il y a des quantités complexes, comme d'incomplexes, dont on ne peut point extraire exactement la racine demandée : mais il arrive ſouvent que ces quantités ſont le produit de la puiſſance dont on veut extraire la racine par quelqu'autre quantité ; & en ce cas on peut extraire la racine en partie, en mettant devant le ſigne radical la racine de cette puiſſance, & l'autre quantité ſous le ſigne radical. Par exemple, il eſt aiſé de voir que $aab+aac$ n'eſt point un quarré ; & qu'on n'en peut par conſequent extraire la racine quarrée, qu'en l'écrivant ſous le ſigne radical en cette ſorte $\sqrt{aab+aac}$: mais on voit aiſément que $aab+aac$ eſt le produit de aa qui eſt un quarré, par $b+c$, ou que $\sqrt{aab+aac}=\sqrt{aa}\times\sqrt{b+c}$: or $\sqrt{aa}=a$; donc $\sqrt{aab+aac}=a\times\sqrt{b+c}=a\sqrt{b+c}$; & c'eſt ce qu'on appelle extraire une racine en partie, ou plutôt ce qu'on appelle réduire une quantité irrationnelle à ſa plus ſimple expreſſion, ce qu'on doit toûjours faire quand cela ſe peut, ſoit que les quantités ſoient complexes ou incomplexes.

Lorſqu'on ne voit pas par la ſeule inſpection des termes, ſi une quantité irrationuelle complexe ou incomplexe peut être réduite à une expreſſion plus ſimple, on l'examinera en cherchant (n°. 56 ou 57) tous les diviſeurs qui la peuvent exactement diviſer ; & s'il s'en trouve quelqu'un qui ſoit une puiſſance du même nom que la racine qu'on veut extraire, la quantité propoſée ſe pourra réduire à une plus ſimple expreſſion : car elle pourra être regardée comme le produit de cette puiſſance, & du quotient qui vient en la diviſant par la même puiſſance. Par exemple, s'il faut extraire la racine quarrée de $a^3 - 3aab + 3abb - b^3$, en cherchant tous les diviſeurs de cette quantité, on trouvera que $aa - 2ab + bb$, qui eſt un quarré, en eſt un, & qu'en diviſant $a^3 - 3aab + 3abb - b^3$ par $aa - 2ab + bb$, il vient au quotient $a - b$; c'eſt pourquoi $\sqrt{a^3 - 3aab + 3abb - b^3} = \sqrt{aa - 2ab + bb} \times \sqrt{a - b}$: or $\sqrt{aa - 2ab + bb} = a - b$; donc $\sqrt{a^3 - 3aab + 3abb - b^3} = \overline{a - b}\sqrt{a - b}$.

Lorſqu'on trouve pluſieurs diviſeurs qui ſont des puiſſances de même nom que les racines qu'on veut extraire, on ne ſe ſervira que du plus grand.

66. On ajoûte, on ſouſtrait, on multiplie, & on diviſe les quantités irrationelles comme les rationelles ; & ces quatre operations ſe font de la même maniere pour les unes & pour les autres : mais pour une plus grande facilité, il les faut auparavant réduire à leurs expreſſions les plus ſimples ; & comme les quantités irrationelles ne different des rationelles que par le ſigne radical qui caractériſe de maniere celles qu'il précede, que quand elles contiendroient les mêmes lettres que celles qui le précedent, elles ne leur ſeroient pas pour cela ſemblables ; de ſorte que les quantités qui ſont hors du ſigne radical, ne doivent point être mêlées dans aucune de ces quatre operations, avec celles qui ſont ſous le ſigne radical.

Il faut néanmoins remarquer que les quantités irrationelles ſont ſemblables, lorſque celles qui ſont ſous les ſignes radicaux, ne different en rien du tout les unes des autres, & lorſque celles qui ſont hors des ſignes radicaux ne different de même en rien du tout, ou ne different que par leurs coefficiens. Ainſi $3a\sqrt{a}$ & $2a\sqrt{a}$; $3a\sqrt{a+b}$ & $a\sqrt{a+b}$; $\frac{a}{b}\sqrt{ax-xx}$, & $\frac{3a}{b}\sqrt{ax-xx}$, ſont des quantités irrationelles ſemblables. On ſuppoſe que le ſigne radical ſoit le même, ce qui arrive toûjours dans l'Application de l'Algebre à la Geometrie.

ADDITION

Des quantités irrationelles.

67. On les écrira de ſuite, ou au-deſſous les unes des autres avec les ſignes qu'on leur trouve, & lorſqu'elles ſeront ſemblables, on en fera (n°. 11.) la réduction comme ſi c'étoit des quantités rationelles. Ainſi pour ajoûter $2a\sqrt{b}$ avec $3a\sqrt{b}$, l'on écrira $2a\sqrt{b}+3a\sqrt{b}$, qui ſe réduit à $5a\sqrt{b}$. Pour ajoûter $3a\sqrt{b}$ avec $2c\sqrt{b}$, l'on écrira $3a\sqrt{b}+2c\sqrt{b}$, & il eſt indifferent de laiſſer ces quantités en cet état, ou de les écrire en cette ſorte $\overline{3a+2c}\sqrt{b}$. Pour ajoûter $a\sqrt{ax-xx}$ avec $b\sqrt{ax-xx}$, l'on écrira $a\sqrt{ax-xx}+b\sqrt{ax-xx}$, ou $\overline{a+b}\sqrt{ax-xx}$. Pour ajoûter $3a\sqrt{b}$ avec $2c\sqrt{d}$, l'on écrira $3a\sqrt{b}+2c\sqrt{d}$ qui ne peut point avoir d'autre expreſſion.

SOUSTRACTION

Des quantités irrationelles.

68. On les écrira de ſuite en changeant les ſignes de celles qui doivent être ſouſtraites; & lorſqu'elles ſeront ſemblables, on en fera (n°. 11.) la réduction comme ſi c'étoit des quantités rationelles,

Ainsi pour soustraire $3a\sqrt{b}$ de $5a\sqrt{b}$, l'on écrira $5a\sqrt{b} - 3a\sqrt{b}$ qui se réduit à $2a\sqrt{b}$. Pour soustraire $3a\sqrt{2b}$ de $5b\sqrt{2b}$, l'on écrira $5b\sqrt{2b} - 3a\sqrt{2b}$, ou $\overline{5b - 3a}\sqrt{2b}$. Pour soustraire $-2b\sqrt{ax - xx}$ de $3b\sqrt{ax - xx}$, l'on écrira $3b\sqrt{ax - xx} + 2b\sqrt{ax - xx}$, qui se réduit à $5b\sqrt{ax - xx}$. Pour soustraire $2c\sqrt{d}$ de $3a\sqrt{b}$ l'on écrira $3a\sqrt{b} - 2c\sqrt{d}$, qui ne peut avoir d'autre expression.

MULTIPLICATION

Des quantités irrationelles.

69. Si les quantités que l'on veut multiplier sont incomplexes, l'on multipliera la partie rationelle par la rationelle ; & la partie irrationelle par l'irrationelle, & l'on écrira le produit des parties rationelles devant le signe radical & le produit des irrationelles après, & l'on réduira le produit total à son expression la plus simple. Ainsi $a\sqrt{b} \times c\sqrt{b} = ac\sqrt{bb}$: mais $\sqrt{bb} = b$; donc $ac\sqrt{bb} = abc$; d'où l'on voit que lorsque les parties irrationelles sont semblables, il n'y a qu'à multiplier le produit des rationelles par ce qui se trouve sous le signe radical. De même $a\sqrt{b} \times \sqrt{c}$, ou $a\sqrt{b} \times 1\sqrt{c}$ (car on prend l'unité pour partie rationelle, lorsqu'il n'y en a point d'autre) $= a\sqrt{bc}$; $2a\sqrt{b} \times 3b$, ou $2a\sqrt{b} \times 3b\sqrt{1} = 6ab\sqrt{b}$; $2a\sqrt{bc} \times b\sqrt{ab} = 2ab\sqrt{abbc} = 2abb\sqrt{ac}$; $2a\sqrt{3bc} \times 3b\sqrt{6ab} = 6ab\sqrt{18abbc} = 18abb\sqrt{2ac}$; $a\sqrt{2b} \times 2b\sqrt{3c} = 2ab\sqrt{6bc}$. $\sqrt[3]{ab} \times \sqrt[3]{ab} = \sqrt[3]{aabb}$; $2a\sqrt[3]{ab} \times 3b\sqrt[3]{aa} = 6ab\sqrt[3]{a^3b} = 6aab\sqrt[3]{b}$. Il en est ainsi des autres.

70. Si les quantités que l'on veut multiplier sont

complexes, on multipliera tous les termes de l'une par chacun de ceux de l'autre, en ſuivant les regles des quantités incomplexes, & la Réduction des produits particuliers étant faite, l'on aura le produit total. Ainſi $\sqrt{aa+bb} \times \sqrt{aa+bb} = aa+bb$; $\sqrt{aa-bb} \times -\sqrt{aa-bb} = -aa+bb$; $2a\sqrt{aa+bb} \times b\sqrt{aa+bb} = 2a^3b+2ab^3$. Ceci eſt évident; car lorſque la même quantité ſe trouve ſous le ſigne radical $\sqrt{}$, en ôtant le ſigne radical, cette quantité ſe trouve multipliée par elle-même. Ce qu'on peut encore prouver en cette ſorte: $\sqrt{aa+bb} \times \sqrt{aa+bb} = \overline{aa+bb}^{\frac{1}{2}} \times \overline{aa+bb}^{\frac{1}{2}}$ $=$ (num. 34.) $\overline{aa+bb}^{\frac{1}{2}+\frac{1}{2}}$, ou (num. 33.) $\overline{aa+bb}^{\frac{1}{2}\times 2} = aa+bb$. Il en eſt ainſi des autres.

Pour multiplier $\sqrt{a+b}$ par $\sqrt{a-b}$, on multipliera $a+b$ par $a-b$, comme ſi c'étoit des quantités rationelles, & l'on aura $\sqrt{aa-bb}$. De même $a+\sqrt{ab} \times b = ab+b\sqrt{ab}$; $a+\sqrt{ab} \times \sqrt{bc} = a\sqrt{bc}+\sqrt{abbc} = a\sqrt{bc}+b\sqrt{ac}$; $3a\sqrt{bc}-2b\sqrt{ac} \times 2c\sqrt{ab} = 6ac\sqrt{abbc}-4bc\sqrt{aabc} = 6abc\sqrt{ac}-4abc\sqrt{bc}$.

Voici des Exemples plus composés.

$a + \sqrt{aa - bb}$ multiplié

par $a + \sqrt{aa - bb}$

$aa + a\sqrt{aa - bb}$

$+ a\sqrt{aa - bb} + aa - bb$

Produit. $aa + 2a\sqrt{aa - bb} + aa - bb.$

$a + \sqrt{aa - xx}$ multiplié

par $a - \sqrt{aa - xx}$

$aa + a\sqrt{aa - xx}$

$- a\sqrt{aa - xx} - aa + xx$

Produit. $aa \quad * \quad - aa + xx.$

$\sqrt{ab} + \sqrt{aa - xx}$ multiplié

par $\sqrt{ab} + \sqrt{aa + xx}$

$ab + \sqrt{a^3b - abxx}$

$+ \sqrt{a^3b - abxx} + aa - xx$

Produit. $ab + 2\sqrt{a^3b - abxx} + aa - xx.$

$ac + b\sqrt{aa - xx}$ multiplié

par $bc - c\sqrt{aa - yy}$

$abcc + bbc\sqrt{aa - xx}$

$- acc\sqrt{aa - yy}$

$[- bc\sqrt{a^4 - aaxx - aayy + xxyy}$

Produit. $abcc + bbc\sqrt{aa - xx} - acc\sqrt{aa - yy}$

$[- bc\sqrt{a^4 - aaxx - aayy + xxyy}.$

DIVISION

Des quantités irrationelles.

71. On écrira le dividende au-dessous du diviseur en forme de fraction, & l'on prendra cette fraction pour le Quotient de la division. Mais lorsque l'on s'appercevra que le dividende sera le produit du diviseur par une autre quantité, ce qui est aisé dans les quantités incomplexes, on prendra cette autre quantité pour le Quotient. Et dans les quantités complexes, lorsqu'on n'apercevera pas le Quotient, on examinera (nº. 46.) si la division se peut faire ; & si elle se fait, l'on aura un Quotient sans fraction : mais si elle ne se fait point, on se contentera de la division indiquée. Ainsi $\frac{\sqrt{ab}}{\sqrt{a}} = b$; $\frac{ac\sqrt{bc}}{a\sqrt{b}} = c\sqrt{c}$; $\frac{12ac\sqrt{6bc}}{4c\sqrt{2b}} = 3a\sqrt{3c}$; $\frac{\sqrt{aa-xx}}{\sqrt{a+x}} = \sqrt{a-x}$: car $a+x \times a-x = aa-xx$. Il en est ainsi des autres.

Il y a d'autres Réductions pour les divisions indiquées qu'on trouvera ailleurs ; & tout ce que nous allons dire des rapports & des fractions, se doit aussi entendre de ces sortes de divisions, soit qu'elles soient rationelles ou irrationelles.

THEORIE.

Des Raisons ou Raports, des Fractions, des Equations & des Proportions.

DE'FINITIONS.

I. RAison, ou Raport est la comparaison de deux grandeurs de même genre, telles que sont deux nombres, deux lignes, deux surfaces, deux corps, deux espaces de temps, deux quantités de mouvement, deux vitesses d'un même, ou de differens mobiles, deux poids, deux sons, &c.

Or comparer les grandeurs, c'est operer sur les grandeurs; & comme l'on ne peut operer sur les grandeurs qu'en les ajoûtant, soustrayant, multipliant, divisant, & en extrayant les racines; il faut necessairement que leur comparaison se fasse par quelques-unes de ces operations.

Mais parce que l'Addition & la Multiplication les confondent, & n'en marquent point l'égalité ou l'inégalité, en quoy consiste précisément la comparaison des grandeurs, & que l'extraction des racines n'agit que sur une seule; & qu'au contraire la Soustraction fait connoître l'égalité de deux grandeurs, ou l'excés de l'une pardessus l'autre, ou la difference de l'une à l'autre, & que la Division détermine combien de fois une grandeur en contient, ou est contenuë dans une autre; ou, ce qui est la même chose, indique la maniere dont une grandeur en contient, ou est contenuë dans une autre, ou en marque l'égalité; il suit qu'il n'y a que la Soustraction & la Division qui puissent servir à comparer les grandeurs.

1. La comparaison de deux grandeurs par la Soustraction ; ou ce qui est la même chose, la Soustraction elle même, est nommée raison ou raport *arithmetique*. Ainsi 12 — 4 ; $a - b$, ou $b - a$, &c. sont des raisons ou des raports arithmetiques.

2. La comparaison de deux grandeurs par la Division ; ou, ce qui est la même chose, la Division elle-même est appellée raison ou raport *geometrique*. Ainsi $\frac{12}{4}$, ou $\frac{4}{12}$; $\frac{a}{b}$, ou $\frac{b}{a}$, &c. sont des raisons ou des raports geometriques.

On prend ici la Soustraction indiquée pour la Soustraction même ; ou pour la difference des deux grandeurs qui la composent ; & l'on prend de même la Division indiquée pour la Division même, ou pour le Quotient des deux quantités qui la forment.

On appellera dans la suite *Réduction*, la résultat de ces deux regles, ou de ces deux Raports, c'est à dire, la difference & le Quotient des deux quantités qui les composent.

COROLLAIRE I.

3. Il est clair que les raisons ou raports tant arithmetiques que geometriques, sont égaux lorsque leurs Réductions sont égales. Ainsi $12 - 4 = 16 - 8$, parce que $12 - 4 = 8$, & $16 - 8 = 8$. De même $\frac{12}{4} = \frac{9}{3}$, parce que $\frac{12}{4} = 3$, & $\frac{9}{3} = 3$. Par la même raison, si $\frac{a}{b} = f$, & $\frac{c}{d} = f$, l'on aura $\frac{a}{b} = \frac{c}{d}$.

4. Mais les Réductions, ou les Quotiens des divisions, ou des raports geometriques, sont toûjours égaux, lorsque les dividendes contiennent, ou sont contenus de même maniere dans les diviseurs. C'est pourquoy lorsqu'une grandeur a contiendra, ou sera contenuë dans une autre grandeur b, comme une troisiéme c contient ou est contenuë dans une quatriéme d, ces quatre grandeurs formeront toûjours deux raports geometriques égaux, $\frac{a}{b} = \frac{c}{d}$.

COROLLAIRE II.

5. Il est de même évident que les raisons ou raports tant arithmetiques que geometriques, sont inégaux, lorsque les Réductions sont inégales, & que le plus grand est celui dont la Réduction est la plus grande. Ainsi $12 - 4 > 10 - 6$: car $12 - 4 = 8$, & $10 - 6 = 4$. De même $\frac{12}{6} > \frac{16}{8}$: car $\frac{12}{6} = 3$, & $\frac{16}{8} = 2$.

6. Le premier terme d'un raport arithmetique, & le terme superieur d'un raport geometrique, sont nommés *antecedens*; le second d'un rapport arithmetique, & l'inferieur d'un raport geometrique, sont nommés *consequens*. Ainsi dans les raports $a - b$, & $\frac{a}{b}$, a est l'antecedent, & b le consequent : mais comme les raisons ou les raports geometriques ne sont autre chose que des Divisions indiquées, & que ces Divisions sont, à proprement parler, des fractions, il suit qu'il n'y a aucune difference entre raison, raport, division, & fraction; de sorte que tout ce qu'on dira dans la suite des uns, se doit aussi entendre des autres. On remarquera

seulement que pour parler comme les autres, lorsqu'il s'agira des raisons ou raports, on appellera les deux termes *antecedens* & *consequens*; lorsqu'il s'agira de divisions, on les apellera *dividende* & *diviseur*; & lorsqu'il s'agira de fractions, on les appellera *numerateur* & *dénominateur*.

7. Lorsque l'antecedent d'une raison est égal à son consequent, on l'appelle *raison d'égalité*; & lorsque l'un surpasse l'autre, on l'appelle *raison d'inégalité*.

8. Lorsque l'antecedent d'un raport geometrique, contient plusieurs fois exactement son consequent, il est nommé *multiple* de ce consequent. & lorsque l'antecedent est contenu plusieurs fois exactement dans son consequent, il est nommé *soûmultiple* du même consequent.

9. De tels raports tirent leur dénomination du nombre de fois que l'antecedent contient le conséquent, ou y est contenu. De sorte que si l'antecedent contient deux, trois, quatre fois, &c. son conséquent, le raport sera nommé *double*, *triple*, *quadruple*, &c. & si l'antecedent est contenu deux, trois, quatre fois, &c. dans le conséquent, le raport sera nommé *soûdouble*, *soûtriple*, *soûquadruple*, &c. Ainsi $\frac{12}{4}$ est un raport triple, & $\frac{4}{12}$ est un raport soûtriple.

10. On appelle *équation* deux quantités algebriques differentes, entre lesquelles se trouve le signe d'égalité; ainsi $a = b$; $ax - xx = yy$; $x = \frac{ab}{c}$ sont des équations.

11. Les deux quantités algebriques qui se trouvent de part & d'autre du signe d'égalité sont nommées *membres* de l'équation; celle qui le precede est nommée

mée le premier membre, & celle qui le suit, le second. D'où l'on voit que les deux membres d'une équation sont les expressions algebriques d'une même quantité, ou de deux quantités égales.

COROLLAIRE.

12. Il est évident que deux raports égaux arithmetiques, ou geometriques, peuvent toûjours former une équation. Ainsi si a surpasse, ou est surpassée par b, de la même quantité que c surpasse, ou est surpassée par d, l'on aura toûjours $a - b = c - d$, ou $b - a = d - c$. De même si a contient ou est contenuë dans b, comme c contient ou est contenuë dans d, l'on aura toûjours $\frac{a}{b} = \frac{c}{d}$, ou $\frac{b}{a} = \frac{d}{c}$.

13. Mais si au lieu de former une équation de deux raports égaux, arithmetiques ou geometriques, on arange leurs quatre termes de suite, en sorte que l'antecedent de l'un des deux raports soit le premier, son conséquent, le second; l'antecedent de l'autre raport, le troisiéme, & son conséquent le quatriéme, en séparant les deux raports par quatre points, & les deux termes de chaque raport par un seul point, en cette sorte $a.\ b :: c.\ d$, (en supposant que $a - b = c - d$, ou $\frac{a}{b} = \frac{c}{d}$); on appellera *proportion*, ou *analogie* cette disposition des quatre termes des deux raports égaux. De sorte que proportion ou analogie, n'est autre chose que l'égalité de deux raports arangés autrement qu'en équation. Si les raports sont arithmetiques, on la nommera *proportion arithmetique*; s'ils sont geometriques, on la nommera *proportion geometrique*.

14. Pour énoncer une proportion, comme celle-ci *a*. *b* :: *c*. *d*; on dira, si elle est arithmetique, *a* surpasse *b*, ou est surpassée par *b*, comme *c* surpasse *d*, ou est surpassée par *d*; & si elle est geometrique, on dira *a* contient *b*, ou est contenuë dans *b*, comme *c* contient *d*, ou est contenuë dans *d*. Mais pour abreger, soit que la proportion soit arithmetique ou geometrique, on dit *a* est à *b*, comme *c* est à *d*, ou comme *a* est à *b*, ainsi *c* à *d*, en observant neanmoins que le mot *est* signifie *surpasse*, ou *est surpassé* dans la proportion arithmetique; & que dans la geometrique, il signifie *contient* ou *est contenu*.

L'on distingue deux sortes de proportions, tant arithmetiques que geometriques, la *discrete*, & la *continuë*.

15. La proportion discrete est celle dont les quatre termes sont differens, comme celle-ci *a*. *b* :: *c*. *d*.

16. La proportion continuë, est celle où la même quantité est le consequent du premier raport, & l'antecedent du second, comme celle-ci *a*. *b* :: *b*. *c*.

17. Les quantités qui forment une proportion sont nommées *proportionnelles*. Ainsi la proportion discrete renferme quatre proportionnelles, & la continuë n'en renferme que trois, & celle du milieu est nommée *moyenne proportionnelle*, arithmetique ou geometrique, selon que la proportion est arithmetique ou geometrique, & dans l'une & dans l'autre proportion; le premier & le dernier termes sont nommés *extrêmes*, & les deux du milieu, *moyens*.

18. Lorsqu'une proportion continuë renferme plus de trois termes: ou plûtôt lorsque plusieurs gran-

deurs dont le nombre ſurpaſſe 3, ſont rangées de ſuite, de maniere que chacune d'elles puiſſe ſervir de conſequent à celle qui la precede ; & d'antecedent à celle qui la ſuit, cette rangée de grandeurs eſt appellée *progreſſion* arithmetique ou geometrique, ſelon que les raports que les grandeurs qui la compoſent ont entr'elles, ſont arithmetiques ou geometriques. *A*, *B*, *C*, ſont des progreſſions arithmetiques. *D*, *E*, *F*, des progreſſions geometriques.

A. 1. 2. 3. 4. 5, *&c.* *D*. 1. 2. 4. 8. 16, *&c.*
B. 10. 8. 6. 4. 2, *&c.* *E*. 81. 27. 9. 3. 1, *&c.*
C. 4. 2. 0 — 2 — 4, *&c.* *F*. 4. 2. 1. $\frac{1}{2}$. $\frac{1}{4}$, *&c.*

COROLLAIRE I.

19. Il eſt clair (nº. 18.) que dans une progreſſion arithmetique, l'excés d'un terme quelconque pardeſſus celui qui le ſuit, ou qui le précede, doit être toûjours le même. De ſorte que ſi on nomme le premier terme d'une progreſſion arithmetique a ; & l'excés qui regne dans la progreſſion m, (m peut ſignifier un nombre quelconque, entier, ou rompu, poſitif, ou négatif) l'on pourra former par le moyen de ces deux lettres, une progreſſion arithmetique generale en cette ſorte, a. $a + m$. $a + 2m$. $a + 3m$, &c.

COROLLAIRE II.

20. Il n'eſt pas moins évident que ſi dans la progreſſion geometrique, l'on diviſe un terme quelconque par celui qui le ſuit, la réduction, ou le quotient ſera toûjours le même ; c'eſt pourquoi ſi l'on nomme le premier terme d'une progreſſion geometrique b, & la réduction ou quotient qui regne dans la progreſſion n (n ſignifie un nombre po-

sitif, entier, ou rompu), l'on pourra former une progression geometrique generale, en cette sorte. $b . \frac{b}{n} . \frac{b}{n^2} . \frac{b}{n^3}$, &c. car si une quantité b divisée par une autre, donne au quotient n, la même quantité b, divisée par le quotient n donnera cette autre.

21. Ceci se peut aussi appliquer aux proportions tant arithmetiques que geometriques. Soit, par exemple, la proportion arithmetique suivante $a . b :: c . d$; si l'on nomme $a - b$, ou $b - a$, m; $c - d$, ou $d - c$ sera aussi m; donc $a . a - m :: c . c - m$, ou $a . a + m :: c . c + m$, d'où l'on voit que la somme des extrêmes est égale à la somme des moyens, c'est à dire $a + c \pm m = a \pm m + c$, puisque ces deux sommes, qui sont les deux membres de cette équation, renferment les mêmes quantités.

22. De même, si dans la proportion geometrique suivante $a . b :: c . d$, on fait $\frac{a}{b} = n$, l'on aura aussi $\frac{c}{d} = n$; & partant (n°. 20.) $a . \frac{a}{n} :: c . \frac{c}{n}$; d'où l'on voit aussi que le produit des extrêmes est égal au produit des moyens, c'est à dire, $\frac{ac}{n} = \frac{ac}{n}$: car ces deux produits qui sont deux membres de cette équation, renferment les mêmes quantités.

AXIOME I.

23. Si l'on ajoûte, ou si l'on soustrait, ou si l'on multiplie, ou si l'on divise des quantités égales par des quantités égales; les sommes, ou les differences, ou les produits, ou les quotiens seront égaux.

COROLLAIRES.

1re. Il suit qu'on peut ajoûter, soustraire, multiplier, ou diviser les deux membres d'une équation par les deux membres d'une autre, chacun par chacun. Par exemple, si $a = b$, & $c = d$, l'on aura $a \pm c = b \pm d$, ou $a \pm d = b \pm c$; $ac = bd$, ou $ad = bc$; $\frac{a}{c} = \frac{b}{d}$, ou $\frac{a}{d} = \frac{b}{c}$.

2e. Il suit aussi de cet Axiome, & de ce que l'Addition ou Soustraction ont des effets contraires, que l'on peut passer tel terme que l'on voudra d'un membre d'une équation dans l'autre en changeant son signe, ce qu'on appelle *transposition*. On peut même passer tous les termes d'un des membres dans l'autre, ce qu'on appelle égaler tout à zero. Ainsi cette équation $a + b - c = g$ se peut changer en celle-ci $a + b = g + c$, ou en celle-ci $a + b - c - g = 0$, ou $0 = g - a - b + c$: car par exemple, dans le premier changement, on ne fait qu'ajoûter c de part & d'autre du signe d'égalité, parce qu'elle y est soustraite, ce qui donne $a + b - c + c = g + c$, qui se réduit à $a + b = g + c$. Il en est ainsi des autres changemens.

3e. Il suit de ce Corollaire que l'on peut changer tous les signes d'une équation : car il n'y a qu'à supposer qu'on fait passer tous les termes d'un membre dans l'autre ; & que l'on peut mettre seuls dans un des membres, les termes qu'on veut, avec les signes qu'on veut.

4e. Il suit encore du même Axiome, & de ce que la division détruit ce que fait la multiplication ; & au contraire, qu'on peut délivrer une équation de toutes les fractions qui s'y peuvent rencontrer : car il n'y a qu'à multiplier toute l'équation par tous les dénominateurs l'un aprés l'autre, ou ce qui revient au même, la multiplier une ſeule fois par le produit de tous les dénominateurs, & enſuite réduire (art. 1. nº. 37.) les termes fractionnaires. Par exemple, pour ôter les fractions de cette équation $\frac{abx}{c} + gx = \frac{bcd}{a}$, on la multipliera par c & puis par a, ou une ſeule fois par ac, & l'on aura $\frac{aabcx}{c}$ $+ acgx + \frac{abccd}{a}$: mais (art. 1. nº. 37.) $\frac{aabcx}{c}$ $= aabx$, & $\frac{abccd}{a} = bccd$; donc $aabx + acgx$ $= bccd$ qui n'a plus de fractions.

L'on abrege l'operation, & particulierement quand les dénominateurs ſont des polynomes, en écrivant les numérateurs des termes fractionnaires ſans y rien changer, & en multipliant les autres termes par les dénominateurs. Ainſi pour ôter la fraction de cette équation $\frac{xx - aa}{b - y} = c$, ayant multiplié c par $b - y$, l'on aura $xx - aa = bc - cy$. Il en eſt ainſi des autres.

5e. Il ſuit auſſi qu'on peut délivrer une lettre, ou telle puiſſance qu'on voudra d'une même lettre, qui ſe trouve dans une équation, de toutes autres quantités qui la multiplient ; ce qu'on appelle trouver la valeur d'une lettre ou d'une puiſſance : car il n'y a pour cela qu'à diviſer toute l'équation par les quantités qui multiplient cette lettre aprés avoir mis dans un des membres tous les termes où ſe trouve cette lettre, & tous les autres termes dans l'autre membre, & qu'à faire enſuite la réduction. Par exemple, ſi dans cette équation $ax = bc$, l'on veut mettre x ſeule dans le premier membre, l'on aura en divisant toute l'équation par a, $\frac{ax}{a} = \frac{bc}{a}$: mais (art. 1. n°. 37.) $\frac{ax}{a} = x$; donc $x = \frac{bc}{a}$. Le second membre ne peut être réduit.

Si dans celle-ci $ax = ab + bx - bc$, l'on veut avoir x seule dans un des membres, l'on aura en transposant, & en supposant que a surpasse b, $ax - bx = ab - bc$, & en divisant tout par $a - b$, l'on aura $\frac{ax - bx}{a - b} = \frac{ab - bc}{a - b}$: mais (art. 1. n°. 43 ou 46) $\frac{ax - bx}{a - b} = x$; donc $x = \frac{ab - bc}{a - b}$.

Si dans cette équation $ax - bx = aa - bb$, l'on veut avoir x seule, en divisant par $a - b$, l'on aura $\frac{ax - bx}{a - b} = \frac{aa - bb}{a - b}$: mais (art. 1. n°. 46.) $\frac{ax - bx}{a - b} = x$, & $\frac{ab - bb}{a - b} = a + b$; donc $x = a + b$.

Si dans cette équation $aaxx + aayy - 2ax^3 - 2axyy + xxyy = 0$, l'on veut mettre yy seule dans le premier membre, l'on aura en transposant $aayy - 2axyy + xxyy = 2ax^3 - aaxx$, & en divisant chaque membre par $aa - 2ax + xx$ l'on aura $yy = \frac{2ax^3 - aaxx}{aa - 2ax + xx}$. Il en est ainsi des autres.

AXIOME II.

24. Les puissances & les racines des quantités égales sont égales.

Ainsi si $x = \pm a$, l'on aura en quarrant chaque membre $xx = aa$; & si $xx = aa$, les racines seront $x = \pm a$; si $xx = ab$, les racines seront $x = \pm \sqrt{ab}$. Si $xx = -ab$, les racines seront

$x = \pm \sqrt{-ab}$, qu'on appelle racine *imaginaire*, parce que l'on n'en peut pas exprimer la valeur; telles sont toutes les quantités irrationelles négatives.

Si $yy = \frac{2ax^3 - aaxx}{aa - 2ax + xx}$, les racines seront $y = \frac{\sqrt{2ax^3 - aaxx}}{\sqrt{aa - 2ax + xx}}$: mais (art. I. nº. 66.) $\sqrt{2ax^3 - aaxx} = x\sqrt{2ax - aa}$, & $\sqrt{aa - 2ax + xx} = a - x$; donc $y = \frac{x\sqrt{2ax - aa}}{a - x}$.

Si $xx = ax + bb$, les racines seront $x = \frac{1}{2}a \pm \sqrt{\frac{1}{4}aa + bb}$: car en transposant, l'on a $xx - ax = bb$: or si l'on extrait (art. I. nº. 62.) la racine du premier membre $xx - ax$, on trouvera qu'il y manque $+ \frac{1}{4}aa$, afin qu'il soit quarré; c'est pourquoi en ajoûtant de part & d'autre $\frac{1}{4}aa$, l'on aura $xx - ax + \frac{1}{4}aa = \frac{1}{4}aa + bb$: mais $\sqrt{xx - ax + \frac{1}{4}aa} =$ (art. I. num. 62.) $x - \frac{1}{2}a$, & la racine du second membre ne s'extrait que par le moyen du signe radical; donc $x - \frac{1}{2}a = \pm \sqrt{\frac{1}{4}aa + bb}$, ou en transposant $x = \frac{1}{2}a + \sqrt{\frac{1}{4}aa + bb}$. Si les signes étoient differens, cela n'apporteroit aucun changement dans l'operation.

C'est aussi parce que les puissances des quantités égales sont égales, que l'on peut délivrer une équation des quantités irrationelles qui s'y rencontrent, ce qu'on appelle *faire évanoüir des signes radicaux* : car s'il ne s'y en rencontre qu'une, aprés l'avoir mise seule dans un des membres de l'équation par les Corollaires précedens ; il n'y aura qu'à élever chaque membre à la puissance qui a pour exposant celui du signe radical. Ainsi pour délivrer des quantités irrationelles cette équation $xx = \overline{a-x} \times \sqrt{xx+yy}$, l'on aura en divisant par $a-x$, $\frac{xx}{a-x} = \sqrt{xx+yy}$, ou en divisant par $\sqrt{xx+yy}$, $\frac{xx}{\sqrt{xx+yy}} = a-x$, & en quarrant chaque membre, l'on aura $\frac{x^4}{xx+yy} = aa - 2ax + xx$, où il n'y a plus de quantités irrationelles.

Mais s'il se rencontre deux quantités irrationelles dans une même équation, on la délivrera de l'une, & ensuite de l'autre, comme on vient de dire. Par exemple, pour délivrer de quantités irrationnelles, cette équation $\sqrt{xx+yy} + \sqrt{aa-2ax+xx+yy} = b$, l'on aura en transposant, $\sqrt{aa-2ax+xx+yy} = b - \sqrt{xx+yy}$, & en quarrant chaque membre, l'on aura $aa - 2ax + xx + yy = bb - 2b\sqrt{xx+yy} + xx + yy$, & en ôtant ce qui se détruit par la réduction, & transposant, il vient $2b\sqrt{xx+yy} = bb - aa + 2ax$, & en quarrant encore chaque membre, l'on a $4bbxx + 4bbyy = b^4 - 2aabb + a^4 + 4abbx - 4a^3x + 4aaxx$, où il n'y a plus de quantités irrationelles.

AXIOME III.

25. On peut mettre en la place d'une quantité quelconque incomplexe ou complexe, une autre quantité égale incomplexe ou complexe, ce qu'on appelle *substituer* : C'est par le moyen de cet Axiome que l'on réduit plusieurs équations à une seule, & que l'on en fait évanoüir les lettres que l'on veut, pourvû que chacune de ces lettres, ou quelques-unes de leurs puissances se trouvent au moins dans deux de ces équations, & que l'on ait au moins une équation de plus qu'il y a de lettres que l'on veut faire évanoüir. En voici la Méthode.

26. On choisit une des équations (c'est ordinairement la plus simple) & l'on met seule (Axiome 1. & ses Corollaires) la lettre qu'on veut faire évanoüir, dans un des membres; (c'est ordinairement dans le premier), & l'on substituë dans les autres équations, en la place de cette lettre; ou de ses puissances, sa valeur, ou celle de ses puissances, qui se trouve dans l'autre membre de l'équation que l'on a préparée; en sorte que cette lettre ne se trouve plus dans aucune, & l'on a alors une équation de moins. On recommence de nouveau à choisir la plus simple des équations résultantes, & l'on met seule dans le premier membre, la lettre qu'on veut faire évanoüir, & l'on substituë comme auparavant la valeur de cette lettre dans les autres équations. On réïtere la même operation jusqu'à ce que l'on ait fait évanoüir l'une aprés l'autre, toutes les lettres que l'on a dessein de faire évanoüir, ou jusqu'à ce que l'on n'ait plus qu'une seule équation. On va éclaircir ceci par des Exemples.

EXEMPLES.

1er. Soient les trois équations A, B, C, dont on veut faire évanoüir les deux lettres x & y.

$A.\ xz = yy.$ $D.\ xz = bb - 2bz + zz.$
$B.\ x - y = a.$ $E.\ x - b + z = a.$
$C.\ z + y = b.$ $F.\ az + bz - zz = bb - 2bz + zz.$
$G.\ 2zz = 3bz + az - bb.$

Je choisi l'équation C pour faire évanoüir y, & j'en tire $y = b - z$, & en quarrant chaque membre (parce que le quarré de y se trouve dans l'équation A,) j'ai $yy = bb - 2bz + zz$, & mettant dans l'équation A, pour yy sa valeur $bb - 2bz + zz$, & dans l'équation B, pour y sa valeur $b - z$, j'ai les deux équations D & E, où y ne se trouve plus. Je choisis de nouveau l'équation E pour faire évanoüir x, & j'en tire $x = a + b - z$, & mettant dans l'équation D pour x sa valeur $a + b - z$, j'ai l'équation F, qui devient par la réduction, & par la transposition, l'équation G, où x & y ne se trouvent plus.

2e. Soient les deux équations $aa + 2ax + xx = 2yy + 2by + bb$, & $yy + by = aa + ax$, d'où il faut faire évanoüit y. Je remarque que si la seconde équation étoit multipliée par 2, l'on auroit $2yy + 2by = 2aa + 2ax$, où les termes où y se trouve, sont les mêmes que dans la premiere; c'est pourquoi si l'on met dans la premiere pour $2yy + 2by$ sa valeur $+ 2aa + 2ax$ tirée de la seconde, aprés l'avoir multipliée par 2, l'on aura $aa + 2ax + xx = 2aa + 2ax + bb$, qui se réduit à $xx = aa + bb$. Il en est ainsi des autres.

27. On peut encore par le moyen de cet Axiome faire de certains changemens dans une équation en faisant certaines suppositions. Par exemple, si l'on

$ax^3 = aab$, en ſuppoſant $ay = xx$; & mettant cette valeur de xx dans l'équation $x^3 = aab$, l'on aura $axy = aab$, ou $xy = ab$; en diviſant toute l'équation par a.

De même, ſi l'on a $xx = ax + bb$, en ſuppoſant $ac = bb$, l'on aura $xx = ax + ac$; & ſi l'on a $xx = ax + ac$, en ſuppoſant $bb = ac$; l'on aura $xx = ax + bb$. Ce qu'on appelle changer un rectangle en quarré, ou un quarré en rectangle. On a ſouvent beſoin de faire ces changemens.

Pour ce qui reſte à dire ſur les équations : voyez l'Application de l'Algebre à la Geometrie, Section I. art. 2. & 3.

On trouve dans les Ouvrages de pluſieurs Sçavans Geometres, un grand nombre de Theorêmes démontrés ſur les raports, proportions & progreſſions ; mais il y manque la Méthode de les démontrer tous par le même Principe, qui eſt ce qu'il y a de plus à deſirer tant en cette occaſion que dans toutes les autres parties de Mathematiques.

On pourroit tirer de ce que nous avons dit nº. 18, 19, 20 & 21, une Méthode pour démontrer trés-facilement toutes les proprietés des proportions ; & des progreſſions tant arithmetiques que geometriques : mais elle n'eſt pas aſſez generale, & ne convient qu'aux grandeurs proportionnelles ; c'eſt pourquoi je me ſuis déterminé à prendre une autre voye qui convienne tout à la fois, non ſeulement aux grandeurs proportionnelles, mais encore à tous les Theorêmes que l'on ſe propoſe de démontrer par l'Algebre dans toutes les parties de Mathematiques. Voici le Principe.

PRINCIPE.

28. Aprés avoir nommé les quantités qui doi-

vent entrer dans la queſtion par des lettres, l'on écrira l'Hypotheſe en équation, & la conſequence auſſi en équation ; & en ſuivant les trois Axiomes précédens, & leurs Corollaires, on fera en ſorte de rendre l'Hypotheſe ſemblable à la conſéquence, & alors le Theorême ſera démontré. Et ſi les termes de l'équation que renfermera la conſéquence, ſe trouvent entierement ſemblables ; de ſorte que par la réduction, elle puiſſe devenir $0 = 0$. Le Theorême ſera auſſi démontré : car les termes d'une équation ne ſçauroient être entierement ſemblables ſans être égaux, & ne ſçauroient ſe réduire ſans être ſemblables,

EXPLICATION DU PRINCIPE.

1°. Un Theorême contient deux parties, l'Hypotheſe & la Conſéquence ; l'Hypotheſe eſt ce que l'on y ſuppoſe ; & la Conſéquence eſt la verité qu'il s'agit de démontrer.

2°. Le Principe demande qu'on écrive toûjours l'Hypotheſe en équation. Souvent l'Hypotheſe renferme cette équation, ou une proportion qu'il eſt aiſé de changer en équation : car ſi l'on a, $a . b :: c . d$, l'on aura (n°. 11.) $a - b = c - d$, ſi la proportion eſt arithmetique, & $\frac{a}{b} = \frac{c}{d}$, ſi la proportion eſt geometrique, puiſque la proportion n'eſt autre choſe que l'égalité de deux raports.

3°. Si l'Hypotheſe ne renferme ni équation ni proportion, on égalera les quantités qu'elle renferme à d'autres lettres priſes arbitrairement, & l'on aura par ce moyen des équations, comme on verra par ces Exemples.

4°. On tirera de l'Hypotheſe autant d'équations qu'on pourra : car cela ne peut que faciliter les moyens de rendre l'Hypothese semblable à la Consequence.

Lorsqu'il s'agit de démontrer quelques proprietés touchant les grandeurs inégales, & touchant les raports inégaux, l'on exprimera l'Hypothese, & la Consequence par le moyen du signe $>$, ou $<$, en cette sorte $a >$ ou $< b$, $\frac{a}{b} >$ ou $< \frac{c}{d}$, & on se servira de ces expressions, que l'on pourroit appeller *inégalités*, comme si c'étoient des équations : car il est clair qu'on peut ajoûter, soustraire, multiplier, & diviser les deux membres de ces inégalités par une même quantité, ou par des quantités égales, les combiner, comme on voudra avec des équations, les élever à des puissances, en extraire les racines; en un mot, on peut les traiter à la maniere des équations, pourvû qu'on ne les combine point ensemble, sans que le membre le plus grand cesse d'être le plus grand; de sorte qu'on aura les mêmes moyens de rendre l'Hypothese semblable à la Consequence, ou la Consequence semblable à l'Hypothese, que si c'étoit des équations, & de démontrer par consequent toutes les proprietés des raports inégaux, de la même maniere que celle des raports égaux.

Ce qu'on dira dans la suite des raports & des proportions, se doit entendre des raports & proportions geometriques, à moins qu'on n'avertisse que c'est des raports & proportions arithmetiques qu'on veut parler.

THEORÊME I.

29. *Si quatre grandeurs* a, b, c, d, *sont en proportion geometrique, le produit des extrêmes sera égal au produit des moyens.*

Il faut prouver que si $a . b :: c . d$, l'on aura $ad = bc$.

L'on a par l'Hypothese $a . b :: c . d$; donc (n°. 11.) $\frac{a}{b} = \frac{c}{d}$: or il est clair (Axiome 1. Corollaire 4.) qu'en ôtant les fractions, on aura $ad = bc$, qui est semblable à la Consequence C. Q. F. D.

30. On prouvera de même que dans une proportion continuë le produit des extrêmes est égal au quarré de la moyenne. Ainsi $a . b :: b . c$, l'on aura $ac = bb$.

Ce Theorême fournit un autre moyen dont nous nous servirons dans la suite, de changer une proportion en équation.

COROLLAIRES.

1er. Il suit que connoissant trois des termes a, b, c, d'une proportion, on pourra toûjours trouver le quatriéme, que je nomme x : car puisque (Hyp.) $a . b :: c . x$, l'on aura (n°. 29.) $ax = bc$; donc en divisant toute cette équation par a, l'on aura $x = \frac{bc}{a}$, d'où l'on voit que la valeur de bc divisée par la valeur de a, donnera celle de x.

2e. De même dans la proportion continuë, connoissant les extrêmes a & b, on trouvera la moyenne que je nomme y ; car puisque (Hyp.) $a . y :: y . b$, l'on aura $yy = ab$; & partant (Axiome 2.) $y = \pm \sqrt{ab}$; c'est pourquoi la racine de la valeur de ab sera la valeur de y. Les valeurs négatives ne satisfont point aux Problêmes. On en expliquera l'usage ailleurs.

THEORÊME II.

31. *Les racines des produits qui forment chaque membre d'une équation sont reciproquement proportionnelles, c'est à dire, qu'en prenant les racines d'un des*

membres pour les extrêmes, & les racines de l'autre pour les moyens, ces quatre racines formeront une proportion.

Soit l'équation $abc = dfg$. Il faut prouver que $ab . df :: g . c$, ou afin que la consequence soit en équation $\frac{ab}{g} = \frac{df}{c}$: car l'équation ne peut être vraie que la proportion ne le soit aussi.

En divisant toute l'équation $abc = dfg$, par gc, l'on aura $\frac{abc}{gc} = \frac{dfg}{gc}$, ou (art. 1. num. 37.) $\frac{ab}{g} = \frac{df}{c}$, qui est semblable à la Conference *C. Q. F. D.*

COROLLAIRES.

1er. On peut tirer de la même équation $abc = dfg$ plusieurs autres proportions, & les démontrer de la même maniere, pourvû qu'on prenne les extrêmes dans un membre, & les moyens dans l'autre, & qu'on garde la Loi des Homogenes, c'est à dire, que les termes de chaque raport ayent un pareil nombre de dimensions : par exemple, on en peut tirer $a . d :: fg . bc$; $b . f :: dg . ac$, &c. mais quoiqu'on le puisse on n'en doit pas tirer $a . df :: g . bc$: car on compareroit des quantités de differens genres, comme une ligne avec un plan. Il en est ainsi des autres.

2e. Il est clair qu'afin qu'une équation puisse être réduite en proportion, il faut que chaque membre soit le produit de deux quantités qui se puisse séparer par la division ; c'est pourquoi il est souvent nécessaire de la changer d'état pour la réduire en proportion. Par exemple, on ne peut réduire cette équation $xx = ax + bb$ en proportion dans l'état où elle est : car le second membre ne peut être

divisé

divisé par aucune quantité : mais en transposant, l'on a $xx - ax = bb$, d'où l'on peut tirer $x . b :: b . x - a$. De celle-ci $xx = aa - bb$, on peut tirer $a - b . x :: x . a + b$. De celle-ci $xx = aa + bb$, ou $xx - aa = bb$, on peut tirer $x - a . b :: b . x + a$. Mais pour changer celle-ci $xx = aa - bc$ en proportion ; il faut changer bc en un quarré, ou aa en un rectangle b, ou c ; faisant donc, par exemple, $bc = dd$, l'on aura $xx = aa - dd$, d'où l'on tire $a - d . x :: x . a + d$. Il en est ainsi des autres.

3e. Il suit aussi qu'un raport ou une fraction comme $\frac{ab}{c}$ est un des termes d'une proportion, & renferme les trois autres : car faisant $\frac{ab}{c} = x$, l'on aura en multipliant par c, $ab = cx$; donc (nº. 31.) $c . a :: b . x$, ou $c . a :: b . \frac{ab}{c}$, en remettant pour x sa valeur $\frac{ab}{c}$.

4e. Il suit aussi des deux Theorêmes précedens que si quatre grandeurs a, b, c, d, sont proportionelles, c'est à dire, que $a . b :: c . d$, elles seront aussi proportionelles dans les quatre variations suivantes.

1. $a . c :: b . d$, ce qu'on appelle, *permutando*.
2. $b . a :: d . c$, ce qu'on appelle, *invertendo*.
3. $a + b . b :: c + d . d$, ce qu'on appelle, *componendo*.
4. $a - b . b :: c - d . d$, ce qu'on appelle, *dividendo*.

Car si les équations que l'on tirera (nº. 29.) de ces quatre analogies sont vraies, les analogies le seront aussi. Or la premiere & la seconde analogie donnent $ad = bc$, la troisiéme donne $ad + bd$

$= bc + bd$, & la quatriéme $ad - bd = bc - bd$: mais l'Hypothese $a.b :: c.d$, donne $ad = bc$, qui est la premiere équation, & qui montre par consequent la verité des deux premieres analogies.

Si l'on ajoûte, & si l'on soustrait bd de chaque membre de l'équation $ad = bc$ tirés de l'Hypothese, l'on aura $ad + bd = bc + bd$, & $ad - bd = bc - bd$, qui sont semblables aux deux dernieres équations tirées des deux dernieres analogies, & qui en font par consequent voir la verité.

Il y a encore d'autres variations dans les proportions que l'on démontrera avec la même facilité.

THEORÊME III.

32. *Si deux grandeurs quelconques* a *&* b, *sont multipliées par une même grandeur* c, *rationelle, ou irrationelle, les produits* a c *&* b c, *seront en même raisons que les mêmes quantités* a *&* b.

Il faut prouver que $ac . bc :: a . b$, ou, afin que la conséquence soit en équation, que (n°. 29.) $abc = abc$.

Parce que les deux membres de cette équation sont semblables, il suit (n°. 29. & 31.) que ce qui étoit proposé est vrai.

COROLLAIRES.

1er. Il est clair qu'on peut multiplier les quatre termes d'une proportion, ou l'un ou l'autre des deux raports qui la forment, ou les deux antecedens, ou les deux consequens de ces raports, par telle quantité qu'on voudra, sans que ces raports cessent d'être égaux.

2e. Et parce que les raports ou les divisions indiquées sont des fractions, il suit qu'on peut multiplier les deux termes d'une fraction par telle quantité qu'on voudra, sans que cette fraction change de valeur. Ainsi $\frac{a}{b} = \frac{ac}{bc}$, en multipliant les deux termes par c.

3e. Une quantité quelconque, qui n'est point fractionnaire devient une fraction étant comparée à l'unité, ce qui n'y change rien ; c'est pourquoi toute quantité qui n'est point fractionnaire, peut être changée en une fraction dont le dénominateur sera telle quantité qu'on voudra. Ainsi a ou $\frac{a}{1} = \frac{ab}{b}$, en multipliant chaque terme par b.

4e. Il suit aussi qu'on peut donner à des fractions des dénominateurs semblables, lorsqu'elles en ont de différens, ce qu'on appelle *réduire les fractions à même dénomination* : car pour cela, il n'y a qu'à multiplier les deux termes de chacune par le dénominateur de l'autre, s'il n'y en a que deux. Ainsi pour réduire à même dénomination $\frac{ab}{c}$ & $\frac{df}{g}$, ayant multiplié les deux termes de la première par g, & ceux de la seconde par c, l'on aura $\frac{abg}{cg}$ & $\frac{cdf}{cg}$. S'il y en a un plus grand nombre, on multipliera les deux termes de chacune par le produit des dénominateurs des autres. Ainsi pour réduire $\frac{a}{d}$, $\frac{b}{f}$, $\frac{c}{g}$ en même dénomination ; ayant multiplié les deux termes de la premiere par fg, ceux de la seconde par dg, & ceux de la troisiéme par df, l'on aura $\frac{afg}{dfg}$, $\frac{bdg}{dfg}$, $\frac{cdf}{dfg}$.

Il se trouve souvent des fractions que l'on peut réduire à même dénomination, sans les changer toutes d'expressions. Ainsi $\frac{abb}{cd}$ & $\frac{gb}{c}$, seront réduites en même dénomination, en multipliant les deux termes de la seconde par d : car l'on aura $\frac{dgb}{cd}$.

5e. Il suit encore que c'est la même chose de diviser le dénominateur d'une fraction, par une quantité quelconque, ou de multiplier son numérateur par la même quantité. Ainsi $\frac{a}{\frac{c}{d}} = \frac{abd}{\frac{cd}{d}} = \frac{abd}{c}$.

THEOREME IV.

33. *Si l'on divise deux grandeurs quelconques* a *&* b *par une même grandeur* c, *rationelle ou irrationelle ; les quotiens* $\frac{a}{c}$ *&* $\frac{b}{c}$, *seront en même raison que les premieres grandeurs* a *&* b.

Il faut prouver que $\frac{a}{c}.\frac{b}{c} :: a.b$, ou, ayant supposé $\frac{a}{c} = p$, & $\frac{b}{c} = q$, que $p.q :: a.b$, ou afin que la conséquence soit en équation, que $bp = aq$.

La premiere équation (Axiome 1. Corollaire 4.) donne $a = cp$, & la seconde, $b = cq$, d'où l'on tire (Axiome 1. Corollaire 1.) $acq = bcp$, ou en divisant par c, $ap = bq$; donc (Theor. 2.) $p.q :: a.b$, ou $\frac{a}{c}.\frac{b}{c} :: a.b$, en remettant pour p, & pour q, leurs valeurs $\frac{a}{c}$ & $\frac{b}{c}$. *C. Q. F. D.*

On pourroit démontrer ce Theorême en cette sorte. L'hypothese $\frac{a}{c}.\frac{b}{c} :: a.b$; donc (Theor.

1.) $\frac{ab}{c} = \frac{ab}{c}$ qui eſt une équation évidente par elle-même.

2°. C'eſt auſſi par le moyen de ce Theorême que l'on réduit les raports ou fractions à leurs plus ſimples expreſſions. Ce qui ſe fait en diviſant l'antecedent & le conſequent de chaque raport par une même quantité, que l'on nomme *commun diviſeur*, & les deux quotiens forment un autre raport, ou fraction égale à la propoſée, mais plus ſimple.

Or il eſt ſouvent aiſé d'apercevoir ce commun diviſeur, & particulierement quand les deux termes du raport que l'on veut réduire ſont incomplexes. Mais ſi on ne l'aperçoit pas par la ſeule inſpection des termes, on cherchera (art. 1. n°. 56, ou 57.) tous les diviſeurs de l'antecedent, & tous ceux du conſequent; & les diviſeurs de l'antecedent qui ſe trouveront auſſi parmi ceux du conſequent, ſeront des diviſeurs communs; mais on ne ſe ſervira que du plus grand: s'il ne s'en trouve aucun parmi ceux de l'antécedent, qui ſe trouve auſſi parmi ceux du conſequent, la fraction ne pourra être réduite à de ſimples termes.

EXEMPLES.

Exemple 1. $\frac{aab}{ac}$ ſe réduit, ou eſt égal à $\frac{ab}{c}$ en diviſant chaque terme par leur commun diviſeur a.

Exemple 2. $\frac{abc\sqrt{abd}}{cx\sqrt{ag}} = \frac{ab\sqrt{bd}}{x\sqrt{g}}$ en diviſant les parties rationelles par c, & les irrationelles par $\sqrt{a}$.

Exemple 3. $\frac{abc\sqrt{abc}}{cd\sqrt{b}} = \frac{ab\sqrt{ac}}{d}$ en diviſant les parties rationelles par c, & les irrationelles par $\sqrt{b}$.

Exemple 4. $\frac{a^3}{a^3} = \frac{1}{1} = 1$, en diviſant les deux termes par a^3 : Mais (art. 1. n°, 22.) $\frac{a^3}{a^3} = a^{3-3} = a^0$; donc $a^0 = 1$, ce que nous avions supposé dans l'endroit que nous venons de citer.

Exemple 5. $\frac{a^3}{a^5} = \frac{1}{a^2}$, en divisant chaque terme par a^3 : mais (art. 1. num. 22.) $\frac{a^3}{a^5} = a^{3-5} = a^{-2}$; donc $a^{-2} = \frac{1}{a^2}$, ce que nous avions encore supposé au même endroit.

Exemple 6. $\frac{15ab}{15bc} = \frac{5a}{3c}$ en divisant chaque terme par $5b$.

Exemple 7. $\frac{aac + abc}{aa + bb} = \frac{ac}{a - b}$, en divisant chaque terme par le commun diviseur $a + b$.

Exemple 8. $\frac{a^3 - b^3}{aa - bb} = \frac{aa + ab + bb}{a + b}$, en divisant chaque terme par le commun diviseur $a - b$.

THEORÊME V.

34. *Si l'on divise une même quantité* a, *par des quantités différentes* b & c, *les quotiens seront reciproquement proportionels à leurs diviseurs.*

Il faut prouver que $\frac{a}{b} . \frac{a}{c} :: c . b$, ou, ayant supposé $\frac{a}{b} = p$, & $\frac{a}{c} = q$, que $p . q :: c . b$, ou afin que la conséquence soit en équation, que $bp = cq$.

La premiere supposition donne $a = bp$ & la seconde $a = cq$; donc (Axiome 3.) $bp = cq$; & partant (Theor. 2.) $p . q :: c . b$, ou $\frac{a}{b} . \frac{a}{c} :: c.$

b, & remettant pour p, & pour q, leurs valeurs $\frac{a}{b}$, & $\frac{a}{c}$. *C. Q. F. D.*

On pourroit démontrer plus ſimplement ce Theorême : car la conſéquence $\frac{a}{b} . \frac{a}{c} :: c . b$, donne (Theorême 1.) $\frac{ab}{b} = \frac{ac}{c}$, ou (art. 1. num. 37.) $a = a$, ou, $a - a = 0$, ou $0 = 0$.

THEORÊME VI.

35. *Si trois grandeurs* a, b, c, *ſont en proportion continuë, la premiere* a, *ſera à la troiſiéme* c, *comme le quarré de la premiere* aa, *au quarré de la ſeconde* bb.

Il faut prouver que $a . c :: aa . bb$, ou, afin que la conſéquence ſoit en équation, que $aac = abb$.

L'on a (Hyp.) $a . b :: b . c$; donc $ac = bb$, & partant $aac = abb$ en multipliant chaque membre par a. *C. Q. F. D.*

THEORÊME VII.

36. *Lorſque pluſieurs raports ſont égaux, comme* $\frac{a}{b} = \frac{c}{d} = \frac{d}{e}$ *&c. La ſomme des antecedens* a + c + d, *eſt à la ſomme des conſéquens* b + d + e, *comme celui qu'on voudra des antecedens, eſt à ſon conſéquent.*

Il faut prouver que $a + c + d . b + d + e :: a . b$, ou, afin que la conſequence ſoit en équation, que $ab + bc + bd = ab + ad + ae$, ou en ôtant de part & d'autre le terme ab qui ſe détruit par la réduction, $bc + bd = ad + ae$.

Les deux premiers raports égaux (Hyp.) donnent $ad = bc$, le premier & le troiſiéme donnent

$ae = bd$: donc (Axiome 1. Corollaire 1.) $bc + bd = ad + ae$. *C. Q. F. D.*

COROLLAIRE.

37. Il suit de ce Theorême, que connoissant les deux premiers termes a & b, & le dernier c, d'une progression geometrique, on trouvera aisément la somme de tous les termes qui la composent : car nommant la somme des antecedens x ; la somme des consequens sera $x - a + c$. Or par ce Theorême, $x . x - a + c :: a . b$; donc (Theor. 1.) $bx = ax - aa + ac$; ou, en transposant, & en supposant $a > b$, $ax - bx = aa - ac$; d'où l'on tire (Axiome 1. Corollaire 5.) $x = \frac{aa - ac}{a - b}$. Ce qu'il falloit trouver.

Si $a > b$, ou ce qui est la même chose, si la progression va en diminuant, & qu'on la suppose infinie, en faisant le dernier terme $c = 0$, l'on aura $x = \frac{aa}{a - b}$, pour la valeur de tous les termes de la progression : car le terme ac se détruit à cause de $c = 0$.

THEORÊME VIII.

38. *La plus grande* a *de deux quantités inégales* a & b *a un plus grand raport à une troisiéme grandeur* c *que la plus petite* b ; & *la même grandeur* c, *a un plus grand raport à la plus petite* b *qu'à la plus grande* a.

Il faut prouver, 1°. Que $\frac{a}{c} > \frac{b}{c}$. 2°. Que $\frac{c}{b} > \frac{c}{a}$.

L'on a par l'Hypothese $a > b$; donc (par le principe précedent, & ses explications) $\frac{a}{c} > \frac{b}{c}$, en divisant chaque membre de cette inégalité par c. Ce qu'il falloit premierement démontrer.

L'on a encore (Hyp.) $a > b$, donc en multipliant chaque membre de cette inégalité par c, & divisant chaque membre par ab, l'on aura $\frac{ac}{ab} > \frac{bc}{ab}$, ou (art. I. n°. 37.) $\frac{c}{b} > \frac{c}{a}$. Ce qu'il falloit en second lieu démontrer.

Nous avons supposé dans la Multiplication, & dans la Division, que $+ \times +$, & $- \times -$, donnoit $+$; & que $+ \times -$, ou $- \times +$ donnoit $-$. En voici la preuve, en supposant seulement que $+ \times +$ donne $+$, dont personne ne doute.

39. Soit $a - b$ à multiplier par $+c$. Je dis que le produit sera $ac - bc$: car ayant supposé $a - b = p$; l'on aura en transposant $a = p + b$, & multipliant cette équation par $+c$, l'on aura $ac = pc + bc$; donc en transposant, $ac - bc = pc$; donc $a - b \times + c = ac - bc$.

40. Soit presentement $a - b$ à multiplier par $-c$. Je dis que le produit sera $-ac + bc$: car ayant supposé $a - b = p$, l'on aura en transposant $a = p + b$; donc en multipliant par $-c$, l'on aura (n°. 39.) $-ac = -pc - bc$, ou $-ac + bc = -pc$; donc $a - b \times -c = -ac + bc$.

41. Je dis aussi que $\frac{ab}{-a} = -b$: car le produit du diviseur par le quotient, doit donner le dividende, ce qui n'arriveroit pas si le quotient étoit $+b$: car $-a \times +b = -ab$, qui n'est point le dividende.

Au contraire $-a \times -b = +ab$, qui eſt la quantité à diviſer.

42. Il eſt de-là évident que $\frac{ab}{-d} = \frac{-ab}{d}$, puiſque dans l'un & dans l'autre cas, le quotient doit être négatif, ce que nous avons auſſi ſuppoſé ailleurs.

REMARQUE.

1°. Tout le Calcul algebrique eſt ſondé ſur les trois Axiomes précedens, & ſur les quatre premiers Theorêmes que l'on vient de démontrer. On n'a démontré les quatre derniers que pour faire voir l'uſage de nôtre principe, & que par ſon moyen, on peut démontrer d'une maniere qui eſt toûjours la même, toutes les proprietés des raports égaux & inégaux, des proportions & des progreſſions geometriques.

2°. L'on remarquera auſſi qu'en ſuivant le même principe, l'on démontrera avec la même facilité toutes les proprietés des raports, proportions & progreſſions arithmetiques.

3°. Que l'équation qui exprime la conſequence ou la verité que l'on veut démontrer, peut toûjours être délivrée de fractions, de ſignes radicaux, & réduites à ſes plus ſimples termes, avant que de chercher à lui rendre ſemblable celle qui renferme l'Hypotheſe : car une équation étant vraie dans un état, elle le ſera dans tous ceux qu'elle eſt capable de recevoir.

Il s'agit preſentement d'ajoûter, ſouſtraire, multiplier, diviſer, & extraire les racines des raports, ou fractions.

ADDITION ET SOUSTRACTION.

43. Pour les ajoûter, on les écrira de ſuite ſans changer aucun ſigne ; & pour les ſouſtraire, on les écrira de ſuite en changeant les ſignes de celles qui doivent être ſouſtraites, ſoit que leur dénominateur ſoit le même, ou non. On leur donnera enſuite un même dénominateur ; & après avoir réduit (art. I. nº. II.) dans l'un & l'autre cas les numérateurs ſemblables, on prendra pour la ſomme, ou pour la différence, celles des deux expreſſions qui ſera la plus ſimple.

EXEMPLES.

Pour ajoûter $\frac{ab}{c}$ avec $\frac{ad}{c}$, l'on aura $\frac{ab+ad}{c}$.

Pour ajoûter $\frac{aab^4}{a^4-2aabb+b^4}$ avec $\frac{aabb}{aa-bb}$, l'on écrira $\frac{aab^4}{a^4-2aabb+b^4}+\frac{aabb}{aa-bb}$, ou aprés les avoir réduites en même dénomination $\frac{aab^4+a^4bb-aab^4}{a^4-2aabb+b^4}$ $=$ (art. I. nº. II.) $\frac{a^4bb}{a^4-2aabb+b^4}$ qui eſt une expreſſion plus ſimple que la premiere.

Pour ſouſtraire $\frac{ab}{c-d}$ de $\frac{aa-bb}{c}$, l'on écrira $\frac{aa-bb}{c}-\frac{ab}{c-d}$, ou aprés leur avoir donné un même dénominateur $\frac{aac-bbc-aad+bbd-abc}{cc-cd}$. La premiere expreſſion eſt la plus ſimple.

MULTIPLICATION.

44. On multipliera les numérateurs, & ensuite les dénominateurs l'un par l'autre ; & les deux produits formeront une fraction que l'on réduira à son expression la plus simple.

Soit $\frac{ac}{b}$ à multiplier par $\frac{bc}{d}$. Ayant supposé $\frac{ac}{b} = p$, & $\frac{bc}{d} = q$. Il faut prouver que $\frac{abcc}{bd} = pq = \frac{acc}{d}$.

La premiere supposition donne $ac = bp$, & la seconde, $bc = dq$; donc (Axiome 1. Corollaire 1.) $abcc = bdpq$; donc (Axiome 1. Corollaire 5.) $\frac{abcc}{bd} = pq = \frac{acc}{d}$. *C. Q. F. D.* De même $\frac{ab}{c} \times b + \frac{cd}{b}$, ou (Theor. 3. Coroll. 3.) $\frac{ab}{c} \times \frac{bb + cd}{b} = \frac{ab^3 + abcd}{bc} = \frac{abb + acd}{c}$, en divisant les deux termes par b. Par la même raison $\frac{ab}{c} \times d$, ou $\frac{d}{1} = \frac{abd}{c}$.

DÉFINITION.

45. Le produit $\frac{ac}{bd}$ de deux raports differens $\frac{a}{b}$ & $\frac{c}{d}$ est appellé *raport composé*, ou *raison composée* ; & le produit $\frac{aa}{bb}$ d'un raport $\frac{a}{b}$, multiplié par lui-même, est appellé *raport doublé*, ou *raison doublé*.

DIVISION.

46. Le produit du numérateur du dividende par le dénominateur du diviseur sera le numérateur du quotient, & le produit du dénominateur du dividende par le numérateur du diviseur, sera le dénominateur du quotient. On réduira ensuite le quotient à son expression la plus simple.

Soit proposé le raport $\frac{ab}{c}$ à diviser par $\frac{ac}{b}$. Ayant supposé $\frac{ab}{c} = p$, & $\frac{ac}{b} = q$. Il faut prouver que $\frac{abb}{acc} = \frac{p}{q} = \frac{bb}{cc}$.

La premiere supposition donne $ab = cp$; la seconde, $ac = bq$; donc (Axiome 1. Corollaire 1.) $\frac{ab}{ac} = \frac{cp}{bq}$, ou en multipliant chaque membre par b, & divisant chaque membre par c, $\frac{abb}{acc} = \frac{p}{q} = \frac{bb}{cc}$. *C. Q. F. D.*

De même $\frac{ac}{b}$ divisé par d, ou par $\frac{d}{1}$, donne $\frac{ac}{bd}$.

EXTRACTION

Des racines des quantités fractionnaires.

47. Il est clair par les regles de la multiplication des fractions, que pour extraire leurs racines, il n'y a qu'à extraire celle du numérateur, & celle du dénominateur & ces deux racines formeront une fraction, qui sera la racine de la proposée. Ainsi

$\sqrt{\frac{8abbc}{4bcc}} = \frac{2b\sqrt{2ac}}{2c\sqrt{b}} = \frac{b\sqrt{2ac}}{c\sqrt{b}}$. Il en eſt ainſi des autres.

Les mêmes operations ſur les fractions irrationelles n'ont rien de particulier.

Fin de l'Introduction.

PROBLEMES D'ARITHMETIQUE ET DE GEOMETRIE,

Resolus par la Spécieuse, pour en faire connoître l'utilité.

CEux qui n'ont pas quelque connoissance des principes d'Algebre ne doivent pas prendre la peine d'examiner les Problèmes suivans, que l'on n'a mis ici, que pour faire voir de quelle utilité est la Specieuse, & avec quelle facilité elle resout des Propositions qu'on auroit bien de la peine à démêler par les méthodes ordinaires. Au reste il ne faut pas se rebuter, si l'on a quelque peine dans les commencemens. Le mystere n'est pas si grand qu'il paroît d'abord; & tous ces Problèmes ont été la plûpart inventés & resolus par un jeune homme de treize à quatorze ans.

PROBLEMES

PROBLEMES D'ARITHMETIQUE.

TROUVER trois nombres tels que la différence des quarrés de deux pris comme on voudra, ajoûtée au Solide des trois, fasse toûjours un quarré, & que la somme des trois différences ajoûtée au même Solide, fasse encore un quarré, & que les nombres soient en proportion Arithmetique.

Que le premier soit $A+1$; le second $2A+1$; le troisiéme $3A+1$; que le Solide soit reputé $AA+2A+1$. La différence des quarrés des deux premiers, est $3AA+2A$, laquelle étant ajoûtée au Solide, donne un quarré effectif $4AA+4A+1$; la différence des quarrés extrêmes, est $8AA+4A$, qui ajoûtée au même Solide, donne encore un quarré effectif $9AA+6A+1$. Reste donc que la différence des quarrés des deux derniers, & que la somme des trois différences jointe au Solide, fassent des quarrés. La différence des deux derniers, est $5AA+2A$. La somme des trois différences, est $16AA+8A$.

Ces deux sommes ajoûtées chacune au Solide, donnent pour la double égalité $6AA+4A+1$, & $17AA+10A+1$. La différence est $11AA+6A$. Les produisans $\frac{11A}{3}+2$ & $3A$. Leur somme $\frac{20A}{3} + 2$. Sa moitié $\frac{10A}{3} + 1$. Son quarré $\frac{100AA}{9} + \frac{20A}{3} + 1$ est égal à $17AA + 10A + 1$. D'où A se trouve égal à $\frac{30}{53}$. Les trois nombres posés $A + 1$, $2A + 1$, $3A + 1$ seront $\frac{23}{53}$ — $\frac{7}{53}$ — $\frac{37}{53}$ & le Solide supposé $\frac{259}{2809}$.

Il est aisé d'avoir des nombres réels par la méthode ordinaire, & égaler ensuite le Solide supposé au Solide des trois nombres trouvés.

AUTRE PROBLEME.

TRouver deux triangles rectangles dans lesquels la somme & la différence des perimetres soit quarré ; la différence des aires un quarré. La différence du moindre côté du premier, & du moindre côté du second, soit égale à la différence des deux plus grands côtés du premier, ou des deux plus grands côtés du second, & que cette différence soit un cube ; Item que la différence du plus grand côté droit du premier, & du moindre côté du second, fasse un quarré ; de plus que la somme du moindre côté du premier, & du moyen du second soit un quarré.

Que le premier triangle soit formé de $A + 1$ & 2, & le second de $A - 1$ & 2. Le premier sera $AA + 2A + 5$, $AA + 2A - 3$, $4A + 4$; le second $AA - 2A + 5$, $AA - 2A - 3$, $4A - 4$. Reste que la différence des aires $12AA - 12$, & la différence des perimetres $8A + 8$ soient quarrés.

Voicy comment je resous cette équation extraordinaire. J'égale d'abord $8A + 8$ à un quarré comme 9, d'où A égal à 1. Mais cette valeur ne satisfait pas à $12AA - 12$; c'est pourquoi il faut trouver un quarré tel qu'en en ôtant 8, & le reste divisé par 8 ce quotient soit tel que 12 fois son quarré diminué de 12, fasse un quarré.

Que le quarré cherché soit AA, en ôtant 8 vient $AA - 8$, qui étant divisé par 8, donne $\frac{AA - 8}{8}$ dont le duodecuple quarré est $\frac{12AAAA - 192AA + 768}{64}$; donc ôtant 12 en même dénomination 768, reste sans dénominateur $12AAAA - 192AA$ à égaler à un quarré. Je le divise par $4AA$ vient $3AA - 48$ à égaler à un quarré, & pour cela je cherche un quarré qui augmenté de 48, fasse un triple quarré. Ce quarré soit AA, qui augmenté de 48, fait $AA + 48$ égal à un triple quarré ; donc $\frac{AA}{3} + 16$ égal à un quarré, comme $16 - 8A + AA$, d'où A égal à 12 dont le quarré est 144, qui étant égalé à $3AA - 48$ vient pour AA. Premierement posé 64 ; je l'égale maintenant à $8A + 8$, & j'ai 7 pour la valeur d'A, suivant laquelle resolvant les positions, on aura pour les deux triangles requis :

Premier.	32,	60,	68,
Second.	24	32	40.

AUTRE PROBLEME.

TRouver trois nombres tels que la somme où la différence des deux pris comme on voudra, fasse des quarrés différens.

Que les trois nombres soient $AA + 16$, $8A$, $4AA + 4$. La somme ou la différence des deux premiers est un quarré, comme aussi la somme & la différence des derniers. Reste donc que la somme & la différence des extrêmes, fassent des quarrés; donc $20 + 5AA$, & $12 - 3AA$ doivent être égaux à des quarrés.

Il est aisé de voir suivant l'observation de Diophante que le nombre 1 satisfait cette double égalité; mais si l'on résolvoit les positions par cette valeur, les deux dernieres donneroient un même nombre: on est donc réduit à trouver un autre quarré que l'unité dont le quintuple ajoûté à 20, & le triple soustrait de 12, fassent des quarrés.

Que le côté de ce quarré soit $1 - A$; donc $25 - 10A + 5AA$ & $9 + 6A - 3AA$ égaux à des quarrés le premier multiplié par 9, & le second par 25, vient $225 - 90A + 45AA$ & $225 + 150A - 75AA$ égaux à des quarrés. Leur différence est $240A - 120AA$; les produisans $30 - 15A$, & $8A$, le quarré de la moitié de leur somme $225 - 105A + \frac{49AA}{4}$, d'où A égal à $\frac{1020}{349}$, le côté posé $1 - A$ sera partant $\frac{671}{349}$, & le quarré requis $\frac{450241}{121801}$ par quoi resolvant les positions vient pour les trois nombres sans dénominateur:

2399057, 1873432, 2288168,

Les trois sommes & les trois différences, donnent ces six différens quarrés.

Quarrés		Côtés
4272489		2067
4161600		2040
4687225		2165
110889		333
525625		725
414736		644

AUTRE PROBLEME.

TRouver quatre nombres tels que la ſomme de deux, pris comme l'on voudra, ajoûtée à un nombre donné comme 15, faſſe des quarrés.

Que les quatre nombres ſoient $A.B.C.D.$ Donc :

$15+A+B$ égal ff

$15+B+C$ égal MM

$15+C+D$ égal TT

$15+B+D$ égal PP

$15+A+C$ égal à un quarré.

$15+A+D$ égal à un quarré.

A égal à $ff-B-15$

B égal à $MM-C-15$

C égal à $TT-D-15$

D égal à $PP-B-15$

Reduiſant le B qui ſe trouve en cette premiere valeur d'A par $MM-C-15$

A ſera égal à $ff-MM+C$.

Reduiſant le C, qui ſe trouve ici par $TT-D-15$.

A ſera à $ff-MM+T-D-15$.

Reduiſant auſſi le C qui ſe trouve dans la valeur de B.

B ſera égal à $MM-TT+D$.

Parquoi réduiſant le B qui ſe trouve en la valeur de D.

D ſera égal à $PP-MM+TT-D-15$.

Donnant de chaque côté D, vient $2D$ égal à $PP+TT-MM-15$.

Donc $\dfrac{D \text{ égal à } PP+TT-MM-15}{2}$.

Parquoi reduiſant le D qui ſe trouve en la valeur d'A, de B, & de C, viendra :

A égal à $\dfrac{2ff+TT-MM-PP-15}{2}$.

B égal à $\frac{MM + PP - TT - 15}{2}$.

C égal à $\frac{TT + MM - PP - 15}{2}$.

D égal à $\frac{PP + TT - MM - 15}{2}$.

Il est constant que voilà quatre nombre tels que $A + B + 15$, $B + C + 15$, $B + D + 15$, $C + D + 15$, font des quarrés, reste donc que $A + C + 15$, & $A + D + 15$, fassent des quarrés ; ces deux nombres réduits par les valeurs cy-dessus, vient $ff + TT - PP$ & $ff + TT - MM$ à égaler à des quarrés. D'où suit ce canon. Soient trouvés quatre quarrés tels que la somme des deux premiers, diminuée de l'un ou l'autre des deux autres, fassent des quarrés.

Soit posé pour la somme des deux premiers 625, & pour le troisiéme 400, qui ôté de 625 laisse un quarré ; il faut trouver un quatriéme quarré, qui ôté de 625 laisse un quarré. *Nota*, qu'en se servant de 225, on ne trouveroit rien qui vaille, & A & B seroient un même nombre : donc $625 - AA$, égal un quarré comme $625 - \frac{25}{2} A + \frac{AA}{16}$, d'où A égal à $\frac{200}{17}$, donc le quarré est $\frac{40000}{289}$, qui ôté de 625, laisse un quarré. Réduisant 625 & 400 par cette dénomination, viendra pour la somme des deux premiers quarrés cherchés 180625, & pour le troisiéme & quatriéme 115600, 40000 sans dénominateur. Soit à present divisé 180625 en deux quarrés, & soient posés ces deux quarrés $400 AA$, & $441 AA$ la somme $841 AA$ doit être égale à 180625, d'où AA sera $\frac{180625}{841}$, & les

deux derniers quarrés seront $\frac{72250000,\ 79655625}{841}$; reduisant les deux derniers par cette dénomination, & ôtant le dénominateur, les quatre quarrés requis seront
$$\overset{TT}{72250000},\ \overset{ff}{79655625},\ \overset{MM}{33640000},\ \overset{PP}{97219600}.$$
lesquels appellant *TT*, *ff*, *MM*, *PP*, & reduisant sur leur valeur, les quatre nombres cy-dessus trouvés, viendra :

$$A.\ \frac{100701635}{2}.$$

$$B.\ \frac{58609585}{2}.$$

$$C.\ \frac{8670385}{2}.$$

$$D.\ \frac{135829585}{2}.$$

Lesquels sont tels que la somme de deux, pris comme on voudra augmenté de 15, fait un quarré.

AUTRE PROBLEME.

DIviser tout nombre donné en quatre parties, telles que la différence de deux, prises comme l'on voudra, fasse un quarré.

Il faut d'abord chercher quatre nombres tels que la différence de deux, pris comme l'on voudra, fasse un quarré. Pour cela, je prens les trois quarrés trouvés par la méthode ordinaire, qui sont 42185025, 38452401, 37454400, & qui sont tels que la différence de deux, pris comme l'on voudra, est un quarré. Je pose *A* pour le quatriéme nombre ; dont $42185025 - A$, $38452401 - A$, $37454400 + A$ égaux à des quarrés. Leur Solide est $60755362689377664360000 - 4642341905869425\ A + 118091826\ A^2 - A^3 =$ à un quarré, comme

$60755362689377664360000 - 4642341905869425$
$A + \frac{2551338709913652472651498306 25 AA}{2430214507575106574400000}$; d'où A se trouve égal à $\frac{7147508506132151504284935609375}{243021450757510657440009}$.

Si l'on veut avoir les quatre nombres en entiers, il n'y a qu'à multiplier les trois quarrés cy-dessus par le dénominateur de cette fraction, & l'on aura quatre nombres, tels que la différence de deux comme l'on voudra, sera un quarré.

Pour m'épargner la peine de les transcrire, je suppose que ces quatre nombres que je connois, soient B, C, D, E ; & que le nombre donné à diviser soit 7 ; il n'y a qu'à supposer que les quatre parties de la division sont $B + A$, $C + A$, $D + A$, $E + A$, qui satisfont à toutes les conditions. Puis il en faut égaler la somme $B + C + D + E + 4A$ au nombre donné 7, d'où A se trouve $\frac{7 - B - C - D - E}{4}$, & il est toûjours aisé de faire en sorte que $B + C + D + E$, soit moindre que le nombre proposé ; car en les divisant par quelque quarré que ce soit, ils seront toûjours tels que la différence de deux, pris comme on voudra, sera un quarré, & l'on peut choisir pour dénominateur, un quarré si grand, que la fraction qui en resultera, sera moindre que le nombre proposé à diviser : d'où s'ensuit en même temps, que l'on peut donner une infinité de solutions de ce Problême, qu'on peut proposer ainsi.

Diviser à l'infini tout nombre donné en quatre parties telles que la différence de deux, prises comme l'on voudra, soit un quarré.

PROBLEMES
DE GEOMETRIE.

IL n'y a gueres de sujet qui fasse mieux connoître les avantages de la Specieuse sur la Geometrie ordinaire, que l'Ellipse considerée suivant la méthode de Monsieur Descartes, comme une ligne courbe, dont tous les points ont un rapport nécessaire à tous les points d'une ligne droite, lequel s'exprime par une même équation.

Soit, par exemple, la ligne courbe ALI, & soient joints les points AI par la ligne AKI, que j'appellerai le grand axe. Je suppose cette ligne courbe de telle nature que si d'un point quelconque, comme D, l'on meine aux points de l'axe FC, les lignes DF, DC, la somme des deux lignes DF, DC, soit toûjours égale à l'axe AI. Soit supposé l'axe divisé en deux parties égales au point K, & du point D soit mené sur l'axe la perpendiculaire BD:

Soit $AF = A$,
$AC = B$,
$AB = y$,
$DB = x$,
$AI = C$,
$BF = A - y$ ou $y - A$.

A cause du triangle rectangle, DBF, le quarré de la ligne DF, est $AA - 2Ay + yy + xx$, & à cause du triangle rectangle DBC, le quarré de la ligne DC est $BB - 2By + yy + xx$; donc par la proprieté de la courbe $\sqrt{AA - 2Ay + yy + xx} + \sqrt{BB - 2By + yy + xx} = C$; donc $AA - 2Ay + yy + xx = CC + BB$

$-2By+yy+xx-\sqrt{4BBCC-8ByCC+4yyCC+4xxCC}$; donc reduisant l'équation vient enfin

$$xx = \frac{\left.\begin{matrix}+4BAA\\+4ABB\end{matrix}\right\} y - 4AByy}{BB+2AB+AA}$$

Or la ligne AF + la ligne AC est égale à la ligne AI, c'est à dire, $BB+2AB+AA=CC$ & de plus $BAA+ABB$, est la même chose que BAC, parce que $BAA+ABB$ est le produit de BA par $A+B$, qui est égal à C; donc

$$xx = \frac{4AB}{C}\Big\} y - 4\frac{AByy}{CC};$$

puis faisant comme C est à $2A$, :: $2B$, à une quatriéme ligne que j'appellerai R, j'aurai $xx=Ry - \frac{Ryy}{C}$ qui est la treiziéme Proposition du premier Livre des Coniques d'Apollonius.

Il s'ensuit delà que pour trouver la ligne R, qui est le parametre de l'Ellipse, il faut trouver une quatriéme proportionnelle à trois lignes, dont la premiere est l'axe, la seconde la somme des deux lignes comprises entre chaque extremité de l'axe, & le plus prochain foyer, & la troisiéme le double de la ligne comprise entre un foyer & l'extremité de l'axe qui en est la plus éloignée ; de plus ayant mené sur le point K le petit axe LK la ligne LF au foyer F, la ligne $LF=$ à la ligne AK sera $\frac{C}{2}$ la ligne FK sera $\frac{C}{2}-A$; donc si du quarré de la ligne LF, j'ôte le quarré de la ligne FK, restera $CA-AA$ pour le quarré de la ligne LK, par consequent $4CA-4AA$ sont visiblement égaux

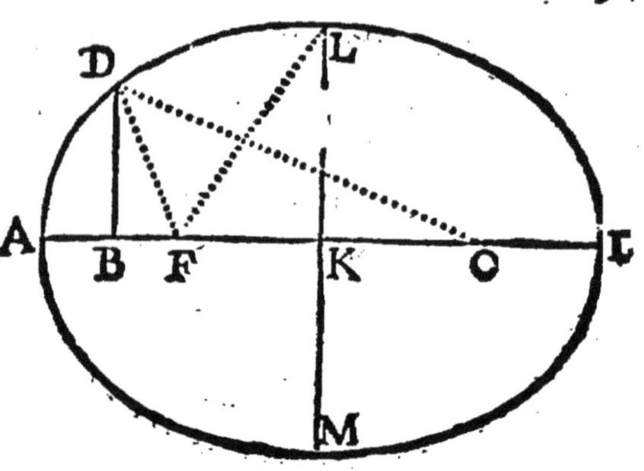

à $4BA$, parce que $C - A = B$; donc le quarré de l'axe LM est égal au rectangle du grand axe AI par le parametre, & il s'ensuit encore de-là sans aucune démonstration que le rectangle du grand axe par le parametre que l'on appelle la Figure, est quadruple du rectangle des lignes AF, FI.

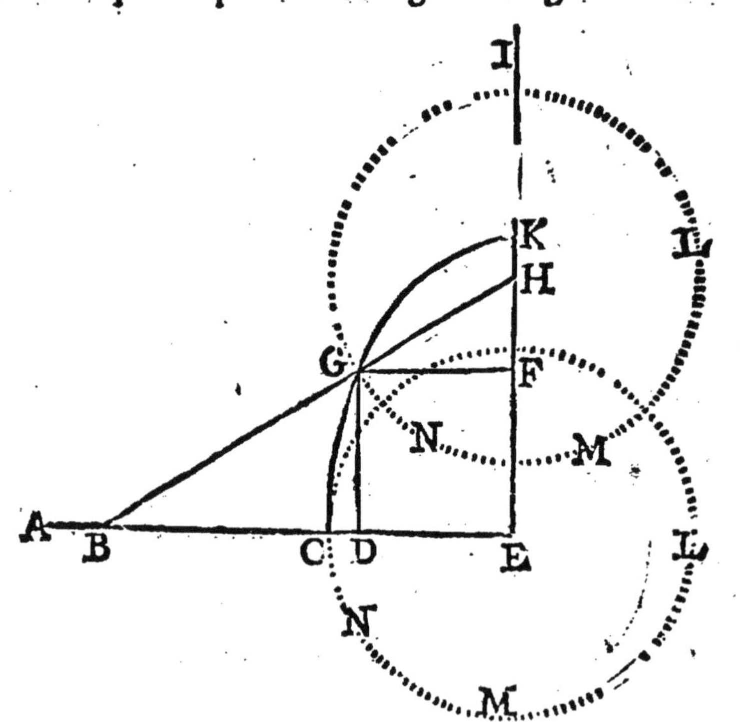

Soient les deux lignes AE, EI, à angles droits au point E, & soit posé au même point E, le centre du cercle LNM, auquel centre soit attachée à une regle mobile de la longueur de la ligne

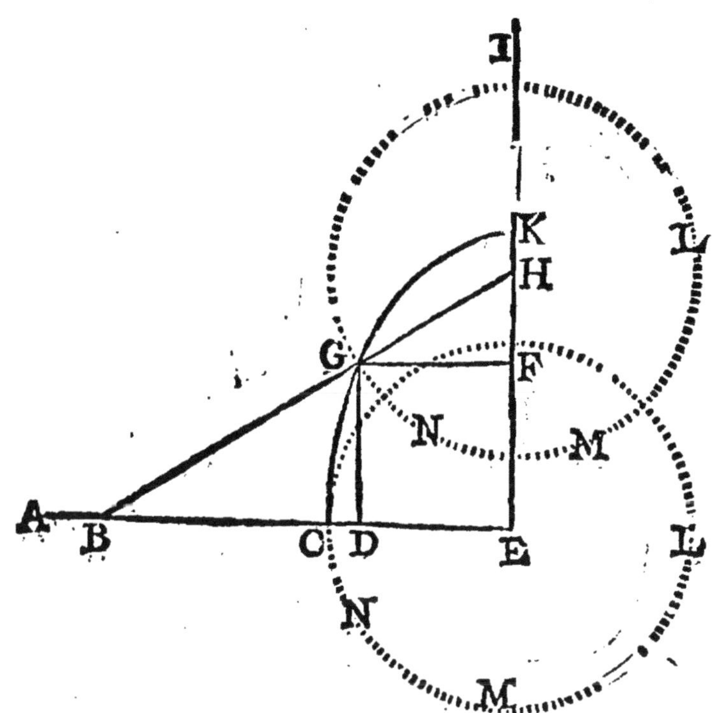

E A, & couchée le long de cette ligne. Si l'on fait mouvoir le cercle le long de la ligne *E I*, en ſorte que ſon centre ne la quittant point entraîne avec lui la regle qui y eſt attachée, & que l'autre extremité de cette regle coule le long de la ligne *A E*. Je dis que l'interſection de la regle & du cercle décrira la courbe *D G K*, qui ſera une Ellipſe dont le grand axe ſera égal à la ligne *A C*, & le petit au rayon du cercle.

Soit ſuppoſé le centre *E* parvenu au point *H*, la regle parvenuë au point *B*, coupera le cercle en *G*. Du point *G* ſoient menées les perpendiculaires *GF*, *GD*. Soit $BG = A$, $GH = B$, $CE = B$, $GD = y$, $CD = x$, A cauſe des triangles ſemblables $A, y :: B, \frac{yB}{A} =$ à la ligne *FH*, dont le quarré étant ôté du quarré de la ligne *G H*, reste $\frac{BBAA - yyBB}{AA}$ pour le quarré de la ligne *GF*, qui sera par consequent $\sqrt{\frac{BBAA - yyBB}{AA}}$ donc $CD = x = B - \sqrt{\frac{BBAA - yyBB}{AA}}$.

Donc $\frac{BBAA - yyBB}{AA} = \frac{BBAA - 2xBAA + xxAA}{AA}$, donc $yy = \frac{2xAA}{B} - \frac{xxAA}{BB}$.

Puis faisant comme *B*, 2 *A*, : : *A*, à un quatriéme, ou doublant les Antecedens, comme 2 *B*, 2 *A*, : : 2 *A*, à un quatriéme que j'appellerai *R*, j'aurai $yy = Rx - \frac{xxAA}{BB}$ ensuite de quoi considerant que *BB*, *AA* :: 2*B*, *R*, j'ai enfin $yy = Rx - \frac{xxR}{2B}$, qui est la proprieté qu'Apollonius démontre de l'Ellipse en la treiziéme Proposition du premier Livre des Coniques.

Cela fournit une maniere fort simple de décrire organiquement l'Ellipse sur le plan : il n'y a qu'à supposer une pointe ou un crayon en un point quelconque de la regle *AE*, comme par exemple au point *C*, puis faire couler la regle, en sorte que ses deux extremités soient toûjours dans les lignes *AE*, *EI*, la pointe donnera parfaitement une Ellipse.

Dans la Parabole *ABC*, dont l'axe est *BD*, étant données trois ordonnées à l'axe continuellement proportionnelles comme *AD*, *OI*, *GL*, si l'on prend dans l'axe prolongé la ligne *BN*, égale à la ligne *BI*, interceptée par la moyenne des trois appliquées, & qu'ayant joint les points *NA*, par la ligne *NA*, l'on fasse dans le même axe prolongé *BF*, égale aux deux extrêmes des trois appliquées, c'est à dire, aux deux lignes *AD*, *GL*; je dis que la ligne *FM* tirée par le point *F* parallele à la ligne *NA*, passera par l'extremité du parametre *BM*, & par consequent le déterminera.

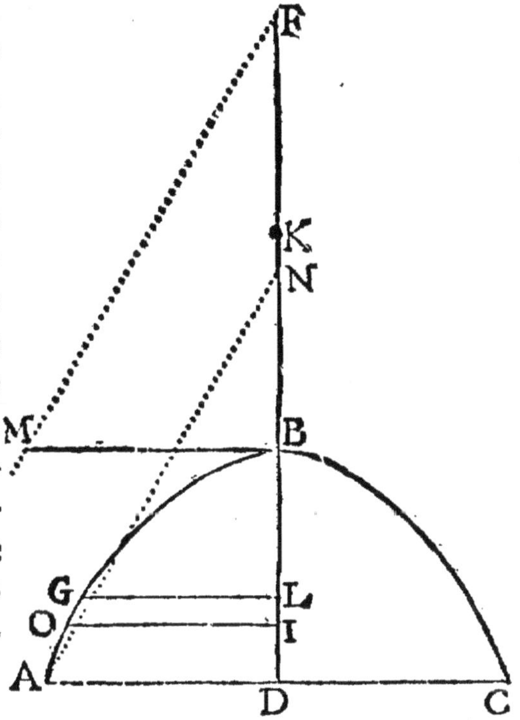

$AD = x$
$OI = y$ donc
$GL = \frac{yy}{x}$
$BD = u$
$BI = s$
$MB = r$.

Par la nature de la Parabole $xx = ru$, $yy = rs$, donc $xx + yy = ru + rs$. Ce qui étant réduit en proportion, vient :

$$x,\ u + s,\ ::\ r,\ x + \frac{yy}{x}.$$

c'est à dire, que la ligne *AD*, est à la ligne *DN*, comme le parametre est à la ligne *BF*. Or les deux triangles *MBF*, *ADN* étant semblables, la ligne *AD* est à *DN*, comme *BM* est à *BF*; donc le parametre est égal à la ligne *MB*.

Dans le triangle rectangle isoscele *ACB*; soit menée la perpendiculaire *CD*, qui coupe la base en deux parties égales au point *D*, & qui par consequent est égale à la ligne *AD*. Si l'on prend un point comme *O* dans cette perpendiculaire, &

qu'ayant fait $OI = CO$, l'on meine du point I la ligne IE égale à la ligne AD. Je dis que le point E sera un point d'une Parabole comme EOM qui aura le point O pour sommet & le point I, pour foyer.

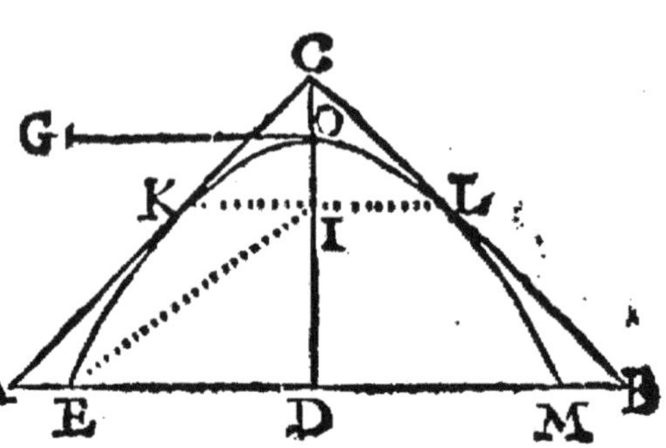

Il n'y a qu'à démontrer que le quarré de la ligne ED, est égal au rectangle de la ligne OD par le quadruple de la ligne OI, c'est à dire, par le parametre OG.

$CO = A$.
$OI = A$.
$ID = x$.
$OD = A + x$.
$CD = 2A + x$.
$AD = 2A + x$.
$EI = 2A + x$.
$OG = A$.

A cause du triangle rectangle IDE, si du quarré de IE qui est $4AA + 4Ax + xx$, j'ôte le quarré de ID, qui est xx restera le quarré de la ligne ED, qui sera $4AA + 4Ax$. Or le rectangle de la ligne OD, par la ligne OG, c'est à dire, $A + x$ multiplié par $4A$, est aussi $4AA + 4Ax$; donc le quarré de la ligne ED est égal au rectangle de l'interceptée par le parametre, & ainsi de tout autre point.

Il s'ensuit de là, sans autre démonstration, que si du foyer I, l'on meine à la Parabole une ligne comme IE, elle sera toûjours égale à l'interceptée plus la ligne OI, comprise entre le sommet & le foyer; d'où l'on peut aisément déduire cette proprieté si celebre de la Parabole. Tous les rayons paralleles à l'axe, se réunissent au foyer.

Car soit un rayon quelconque HE par le point E, soit menée la tangente FEN, & l'on sçait qu'il n'y a pour cela qu'à faire FO égale à OD; pour démontrer que le rayon *HE*, doit aller au point *I*, il n'y a qu'à prouver que l'angle *FEI* est égal à l'angle *HEN*, c'est à dire, l'angle de reflexion égal à celui d'incidence; or l'angle *HEN*, ou son égal *DFE*, est égal à l'angle *FEI*, si le triangle *EIF* est isoscele, comme il l'est en effet, parce que la ligne *IE* est égale à la ligne *DO* plus la ligne *OI*, & que la ligne *FI*, est égale à la ligne *FO*, plus la ligne *OI*, & que d'ailleurs les lignes *DO*, *FO*, sont prises égales.

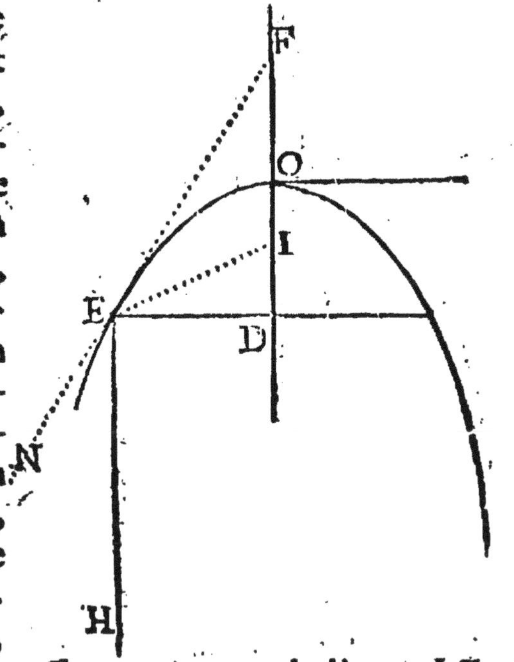

Soit dans la Parabole *IAM*, le diametre *AD* avec son côté droit *AG*, & soit *FC* ordonnée à ce diametre, si dans le diametre prolongé l'on prend du sommet *A* la ligne *AK* égale à l'interceptée *AC*; je dis que la ligne *KF* touchera la Parabole

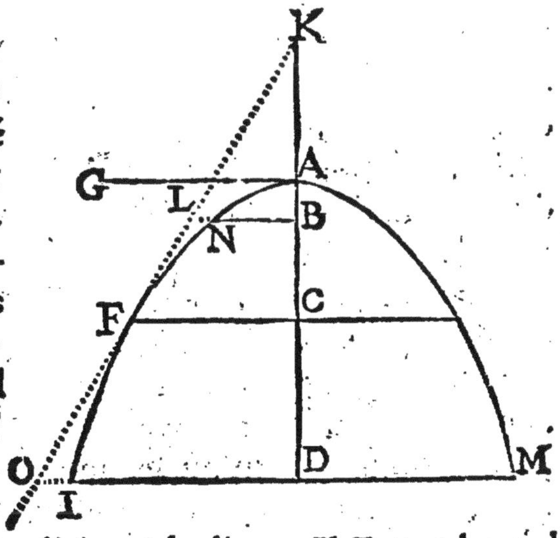

Parabole au point F. Il n'y a qu'à démontrer que la ligne KF quoique prolongée, & la Parabole ne peuvent avoir de point commun que le point F.

Soit $AC = z$, Je dis 1°. Que le point
$KC = 2z$, O, pris dans la ligne KF,
$AG = r$, au-dessous du point F, ne
Soit $CD = y$, peut être de la Parabole.
KD sera $2z + y$, Car par ce point O, soit menée OD, parallele à l'ordonnée, elle coupera nécessairement le diametre au-dessous du point C, en un point comme D.

Or à cause des deux triangles semblables KCF, KDO, le quarré de KC, est au quarré de CF, qui est égal à zr, comme le quarré de KD, est au quarré de DO, c'est à dire, $4zz, zr :: 4zz + 4zy + yy$, à un quatriéme; donc $\frac{4rz^3 + 4yrzz + zryy}{4zz}$, est égal au quarré de OD: il n'y a qu'à faire voir que le quarré de l'appliquée ID, est moindre que ce quarré de OD, le quarré de ID, est égal au rectangle des lignes KD, AG, c'est à dire, $zr + yr$, or $zr + yr$, est moindre que $\frac{4rz^3 + 4yrzz + zryy}{4zz}$. Puisque multipliant l'un & l'autre par $4zz$, viendra d'un côté $4rz^3 + 4yrzz$, & de l'autre $4rz^3 + 4yrzz + zryy$ qui surpasse le premier produit de la quantité de $+ zryy$; donc le quarré OD, est plus grand que le quarré de ID; donc la ligne OD, est plus grande que l'appliquée ID, donc le point O n'appartient point à la Parabole.

Je dis en second lieu que le point L pris dans la ligne KF au-dessus du point F, ne peut être de la Parabole.

Par ce point L soit menée LB, parallele à l'ordonnée elle coupera le diametre au-dessus du

g

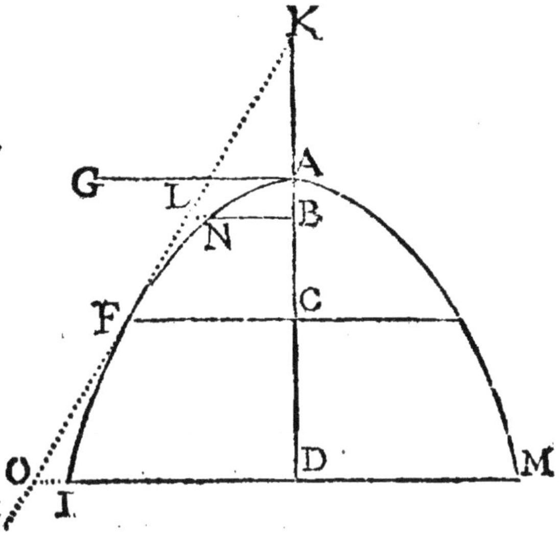

point *O* en un point comme *B*.

Soit $CB = y$, KB sera $= 2z - y$,

A cause des triangles semblables *KCF*, *KBL*, on démontrera comme cy-dessus que le quarré de *BL* est $\frac{4rz^3 - 4yrzz + zryy}{4zz}$, & le quarré de *NB*, qui est égal au rectangle des lignes *GA*, *BA*, c'est à dire, $zr - yr$ se trouvera par le même raisonnement plus petit que le quarré de *BL* & par conséquent la ligne *LB*, plus grande que l'appliquée *NB* ; dont le point *L*, n'est point de la Parabole : *C'est ce qu'il falloit démontrer.*

Méthode fort simple pour trouver l'aire d'un triangle dont on ne connoît que les trois côtés.

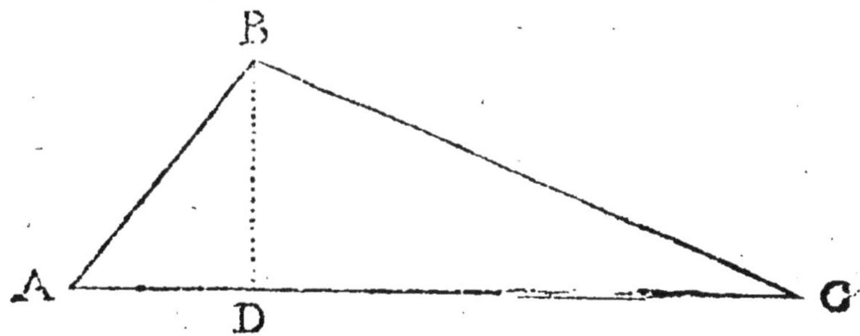

Soit le côté connu *AB*, le plus petit $= A$.
Le côté connu *BC*, le moyen . . . $= B$.
Le côté connu *AC*, le plus grand $= C$.

La perpendiculaire tombera de l'angle formé par les deux moindres côtés sur un point du plus grand, comme le point D, & formera les deux segmens AD, qui est le moindre, DC, qui est le plus grand.

Que la différence des segmens qui est inconnuë.

Soit appellée ou égale. . . . . . $= x$.

Ayant d'une part la somme des segmens qui est C, & leur différence qui est x, la somme ajoûtée à la différence, & le tout divisé par deux, viendra le grand segment; la différence des segmens soustraite de leur somme, & le reste divisé par 2, viendra le petit segment; donc :

$\frac{C+x}{2} =$ à la ligne DC grand segment.

$\frac{C-x}{2} =$ à la ligne AD petit segment.

Or à cause des triangles rectangles ADB, CDB. Le quarré de la ligne AB, moins le quarré de la ligne AD, est égal au quarré de la perpendiculaire BD. Le quarré de la ligne BC, moins le quarré de la ligne CD, est égal au quarré de la même perpendiculaire : C'est à dire,

$$AA - \frac{CC + 2Cx - xx}{4} = BB - \frac{CC - 2Cx - xx}{4},$$

Donc $x = \frac{BB - AA}{C}$.

C'est à dire, que si du quarré du moyen côté BC, l'on ôte le quarré du plus petit AB, le reste divisé par le grand côté AC donnera la différence des segmens AD, DC.

Si l'on ajoûte cette différence trouvée au grand côté AC, cette somme divisée par 2, sera le grand segment CD.

Si l'on ôte cette différence, du grand côté AC, le reste divisé par 2, sera le petit segment AD.

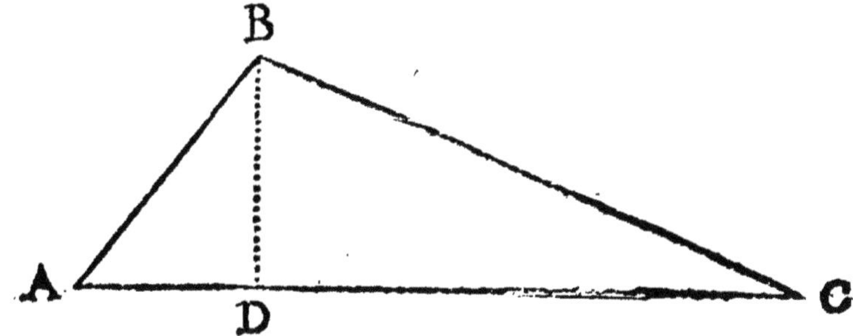

Maintenant du quarré de la ligne AB, ôtant le quarré de la ligne AD, ou bien du quarré de la ligne BC, ôtant le quarré de la ligne CD, la racine quarrée du reste sera la perpendiculaire BD par la moitié de laquelle multipliant le grand côté AC, l'on a l'aire du triangle.

Si l'on réduit l'équation $x = \frac{BB - AA}{C}$ en proportion viendra :

$$C, B + A :: B - A, x.$$

C'est à dire, que comme le grand côté est à la somme des deux moindres ; ainsi la différence des deux moindres est à la différence des segmens formés par la perpendiculaire : Cette différence trouvée, le reste se fait comme cy-dessus.

Cette proportion revient trés-simplement à la construction geometrique.

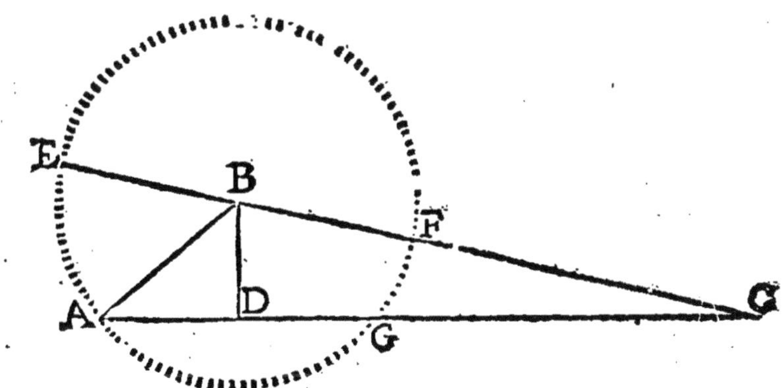

Car du point *B* pris pour centre ayant décrit le cercle *E A G F*, intervale *B A*. L'on ſçait que la ligne *A C*, eſt à la ligne *C E*, comme la ligne *C F* eſt à la ligne *C G*.

Or *A B*, *B E*, étant raïons, la ligne *C E* eſt égale aux deux lignes *B C*, *B A*; de même, *B F*, *B A*, étant raïons, la ligne *F C*, eſt la différence des deux lignes *B C*, *B A*.

D'ailleurs la ligne *C G*, eſt la différence du grand ſegment *D C*, & du petit *D A*, ou de ſon égale *D G*, à cauſe de la perpendiculaire *B D*, qui paſſant par le centre, doit couper la corde *A G*, en deux parties égales.

Donc comme le grand côté *A C*, eſt à la ſomme des moyens *B C*, *B A*; ainſi la différence des côtés moyens eſt à la différence des ſegmens formés par la perpendiculaire.

En nombres.

Soit le triangle 3, 4, 5,

Du quarré du côté moyen 4, qui eſt 16, j'ôte le quarré du petit 3, qui eſt 9, reſte 7, que je diviſe par 5, vient $\frac{7}{5}$ pour la différence des ſegmens, ou bien je dis, 5, 7 : : 1, a un quatriéme terme qui eſt auſſi $\frac{7}{5}$ pour avoir le petit ſegment, j'ôte $\frac{7}{5}$ de 5, reſte $\frac{18}{5}$; donc la moitié $\frac{9}{5}$ eſt le petit ſegment.

Son quarré $\frac{81}{25}$ ôté du quarré de 3, qui eſt 9 ou $\frac{225}{25}$, reſte $\frac{144}{25}$; dont la $\surd$ eſt $\frac{12}{5}$, qui eſt la perpendiculaire du triangle.

La moitié de la perpendiculaire eſt $\frac{6}{5}$ par laquelle multipliant le grand côté 5, vient 6 pour l'aire du triangle.

Je me suis servi de cet exemple en nombre pour plus grande facilité : car l'on sçait bien que pour avoir l'aire d'un triangle rectangle tel qu'est 3, 4, 5, il n'y a qu'à multiplier les deux moindres côtés l'un par l'autre, & prendre la moitié du produit sans faire tout le circuit de l'équation cy-dessus.

AUTRE PROBLEME.

ARchimede, dans la 16e Proposition de son Livre, *de Sphœrâ & Cylindro*, démontre avec beaucoup de circuit, que la surface d'un cylindre sans y comprendre les bases, est égale à l'aire du cercle qui a pour rayon une moyenne proportionnelle entre le côté du cylindre & le diametre de la base.

Voici de quelle maniere on peut le démontrer.

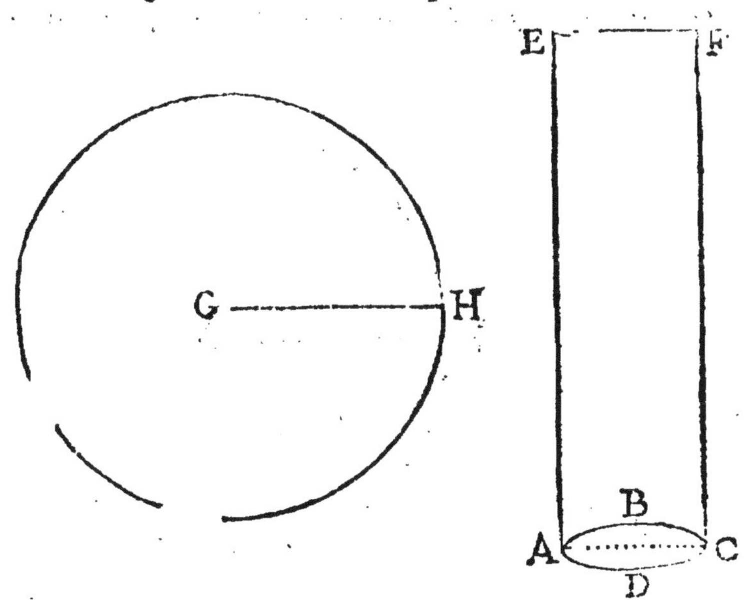

Soit *E A C F*, un cylindre qui ait pour base le cercle *A B C D*, dont le diametre est la ligne droite *A C*.

On a vû cy-dessus que la surface cylindrique est égale à la circonférence $ABCD$, multipliée par la hauteur ou côté AE.

Soit la ligne $EA = A$.

La ligne $HG = B$.

La ligne AC sera $= \frac{BB}{A}$, puisque la ligne HG, est moyenne proportionnelle entre la ligne EA & la ligne AC.

Pour avoir la circonference $ABCD$, soit fait :

$7, 22 :: \frac{BB}{A}$, à un quatriéme terme qui sera $\frac{22BB}{7A}$ que je multiplie A, pour avoir la surface cylindrique, vient au produit $\frac{22BB}{7}$.

Or pour avoir l'aire du cercle dont le rayon est $GH = B$, soit fait. $7, 22 :: 2B$ à un quatriéme terme, qui sera $\frac{44B}{7} =$ à la circonférence, dont je multiplie la moitié, qui est $\frac{22B}{7}$, par le rayon B, & vient pour l'aire $\frac{22BB}{7}$ égale à la surface cylindrique.

On peut démontrer avec la même facilité la dix-septiéme Proposition du même Livre, qui est telle.

La surface d'un cone isoscele, sans y comprendre sa base, est égale à l'aire du cercle, dont le rayon est moyen proportionel entre le côté du cone, & le demi-diametre de sa base.

Soit le cone isoscele $ABDCE$, dont la base est le cercle $BDCE$, qui a pour centre le point H, & pour demi-diametre la ligne BH; & soit le cercle FI, dont le rayon FG, est supposé moyen proportionnel entre la ligne AB, côté du cone, & la ligne BH, demi-diametre de sa base, je fais :

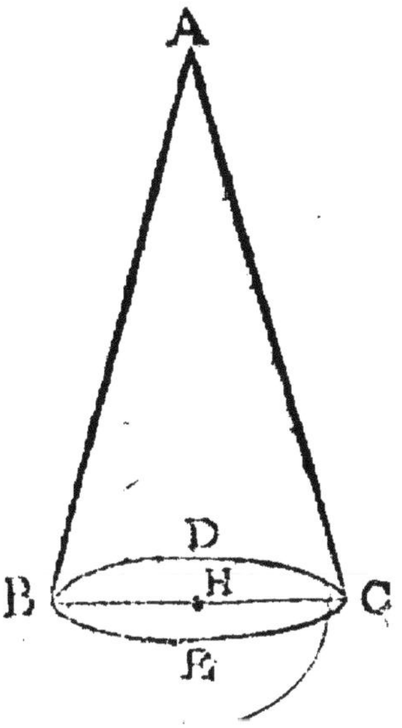

$$AB = A.$$
$$FG = B.$$

Donc $BH = \frac{BB}{A}$.

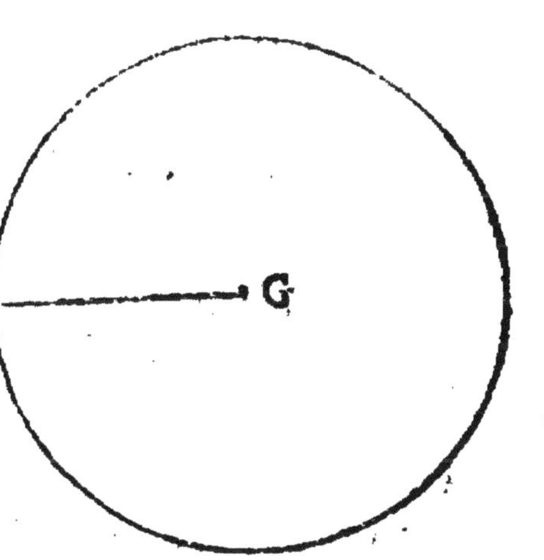

Par Analogie à la pyramide en multipliant la demi-circonference $BDCE$, par le côté AB, le produit sera égal à la surface du cone ; donc soit fait :

$$7, 22 :: \frac{2BB}{A},$$

à un quatriéme terme qui sera $\frac{44BB}{7A}$, circonférence du cercle dont la moitié $\frac{22BB}{7A}$ étant multipliée par la ligne $AB = A$, viendra pour la surface du cone, $\frac{22BB}{7}$.

Maintenant pour avoir l'aire du cercle dont le rayon est B, soit fait $7, 22 :: 2B$, à un quatriéme terme, viendra $\frac{44B}{7}$ pour la circonférence dont la moitié $\frac{22B}{7}$ multipliée par le rayon *B*, donnera l'aire $\frac{22BB}{7}$ égale par conséquent à la surface du cone. Ensuite de quoi l'on peut encore démontrer aisément la dix-neuviéme Proposition du même Livre, que voici.

Si le cone isoscele *ADE*, est coupé par le plan *BFC*, parallele à la base *DGE*, la surface de la portion de cone *BDCE*, est égale au cercle qui a pour rayon une moyenne proportionnelle entre la ligne *DB*, & une ligne égale aux deux demi-diametres des bases; c'est à dire, aux lignes *DG*, *BF*, prises ensemble.

Soient les deux cercles *HZO*, *KPQ*, tels que le rayon du premier *HI*, soit moyen proportionnel entre *AB*, & *BF*; & que le rayon du second *KL*, soit moyen proportionnel entre *AD*, & *DG*. Le cercle *HZO*, sera égal à la surface conique *ABC*, & le cercle *KPQ*, égal à la surface conique *ADE*, par la Proposition précedente; donc la surface conique *BDCE*, sera égale à l'aire du cercle *KPQ*, moins l'aire du cercle *HZO*.

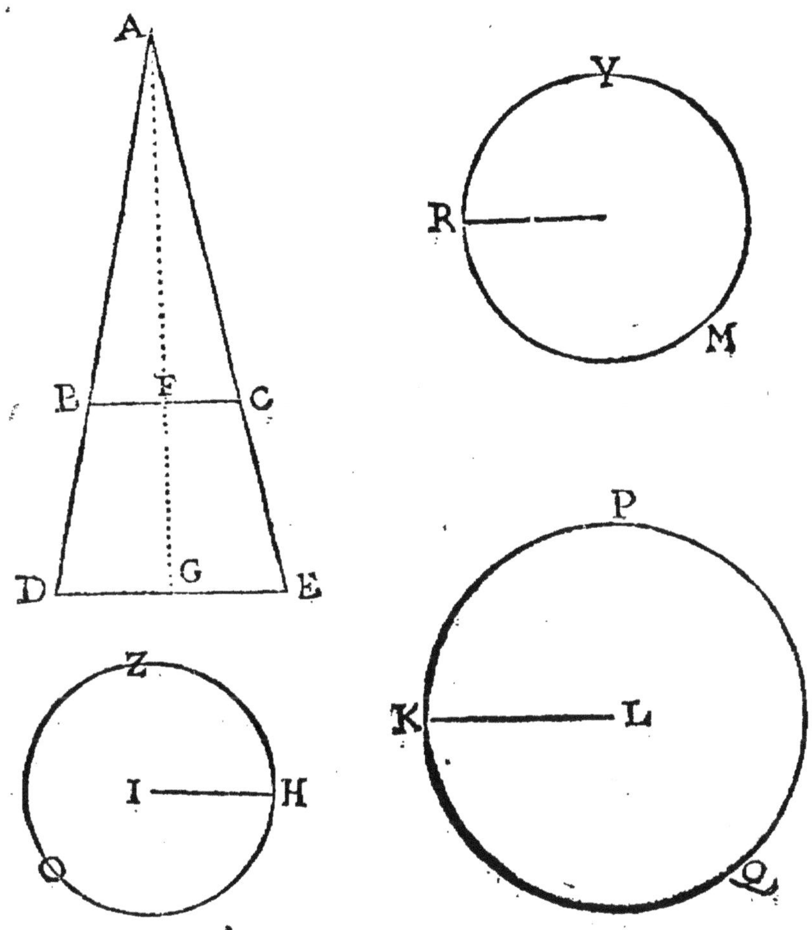

Soit $AB = A$.

$HI = B$.

$BF = \frac{BB}{A}$ par la ſuppoſition.

$AD = C$.

$KL = D$.

$DG = \frac{DD}{C}$ par la ſuppoſition.

$DB = C - A$.

Partant l'aire du cercle HZO, ſera $\frac{22BB}{7}$; &

l'aire du cercle KPQ, sera $\frac{22DD}{7}$; donc la surface conique $BDCE$, sera $\frac{22DD-22BB}{7}$.

Il n'y a qu'à démontrer que l'aire d'un cercle, comme RYM, qu'on suppose avoir pour rayon une moyenne proportionelle entre $C-A$, & $\frac{DD}{C}+\frac{BB}{A}$, est égal à $\frac{22DD-22BB}{7}$.

Pour avoir la moyenne proportionelle entre $C-A$, & $\frac{DD}{C}+\frac{BB}{A}$ ou $\frac{DDA+BBC}{CA}$, je multiplie l'un par l'autre, vient au produit $\frac{CADD+CCBB-DDAA-ACBB}{CA}$, c'est à dire, $\frac{CADD-ACBB}{CA}$, ou simplement $DD-BB$. Car $\frac{CCBB}{CA}$ est égal à $\frac{DDAA}{CA}$ d'autant que la ligne AB, est à la ligne BF, comme la ligne AD, est à la ligne DG, c'est à dire, $A, \frac{BB}{A} :: C, \frac{DD}{C}$, d'où s'ensuit que le produit des extrêmes $\frac{ADD}{C}$ est égal au produit des moyens $\frac{BBC}{A}$.

Par conséquent la moyenne proportionnelle cherchée, est $\sqrt{DD-BB}$, qui doit être le rayon du cercle RYM.

Pour avoir la circonférence soit fait $7, 44, :: \sqrt{DD-BB}$, à un quatriéme terme, vient pour la circonférence $\sqrt{\frac{1936DD-1936BB}{49}}$, laquelle étant multipliée par le rayon $\sqrt{DD-BB}$, vient pour le double aire

$$\frac{\sqrt{1936DDDD - 1936BBDD - 1936BBDD + 1936BBBB}}{49}$$

ou $\frac{44DD - 44BB}{7}$ & partant l'aire du cercle *RYM*, eſt $\frac{22DD - 22BB}{7}$. *Ce qu'il falloit démontrer.*

Ces trois Propoſitions, & particulierement la derniere, ſervent de clef à l'admirable méthode dont Archimede s'eſt ſervi pour démontrer la proportion de la Sphere & du Cylindre. C'eſt aſſûrement une des plus ſublimes découvertes de l'eſprit humain, & des plus utiles qui ayent jamais été faites en Geometrie. Mais il eſt plus que vraiſemblable que ce grand homme y eſt arrivé par un chemin peu différent de celui-cy; & qu'il a voulu cacher ſon art pour donner une plus grande admiration. Il eſt moralement impoſſible qu'il y eût pû, ſans quelque choſe d'équivalent à nôtre Analyſe, ſuivre ſans s'égarer une route auſſi compoſée que l'eſt celle qu'il propoſe. Les perſonnes qui ſont verſées dans la lecture des anciens, & qui ſont accoûtumées aux hautes ſpeculations de Geometrie, remarquent en mille occaſions ce que nous avançons icy; ainſi il ne peut être permis qu'aux mediocres Geometres de refuſer aux Anciens, la gloire d'avoir poſſedé la Science Analatique du moins auſſi-bien que nous.

Etant données les lignes droites *AB*, *CD*, qui ſe coupent à angles droits au point *D*, également diſtant des extremités *A*, *B*. D'écrire une eſpece d'ovale, comme *CKωB*, qui ait le point *D*, pour centre, la ligne *AB*, pour grand axe; la ligne *CD*, pour moitié du petit axe, & qui ſoit de telle nature, que ſi de l'un de ſes points, comme *ω*, l'on meine aux foyers *fF*, les lignes *ωf*, *ωF*, le rectangle de ces deux lignes ſoit égal au rectangle de deux autres lignes quelconques menées de tout autre point de la courbe pareillement aux foyers tels que sont dans la figure les lignes Kf, KF.

Pour cela je considere d'abord que les points A, C, étant deux points de la Courbe, le rectangle des lignes Af, AF, doit être égal au rectangle des lignes Cf, CF; c'est à dire, que Af, doit être à Cf, comme la même Cf, ou son égale CF, est à la ligne AF; ainsi la question se réduit à trouver le point f.

Je fais $CD = A$.
$AD = B$.
$Af = x$.
$fD = B - x$.
$AF = 2B - x$, parce que les deux foyers f, F, déterminent les lignes Af, FB, à être égales.

La ligne fC, sera $\sqrt{AA + BB - 2Bx + xx}$, parce que l'angle en D, étant droit le quarré de fC, est égal aux quarrés de la ligne fD; & de la ligne DC.

Or par la nature qu'on suppose à cette courbe x, $\sqrt{AA + BB - 2Bx + xx} :: \sqrt{AA + BB - 2Bx + xx}$, $2B - x$.

Donc le produit des Extrêmes, est égal au produit des Moyens; $2Bx - xx = AA + BB - 2Bx + xx$; donc $xx = 2Bx - \frac{AA - BB}{2}$,

& par conséquent $x = B - \sqrt{\frac{BB - AA}{2}}$.

D'où s'ensuit que si de la ligne AD, j'ôte une ligne égale à $\sqrt{\frac{BB - AA}{2}}$, il me restera la ligne Af.

Sur la ligne AD, prise pour diametre, soit décrit le demi-cercle AGD. Du point D, soit prise la ligne DG, égale à la ligne DC, & soient joints les points A, G, par la ligne AMG, laquelle soit prolongée jusqu'en I, en sorte que la ligne IA, soit la moitié de la ligne AG, & sur la ligne IG, prise pour diametre, soit décrit le demi-cercle ILG; je dis que la ligne LA, tirée perpendiculairement sur la ligne IG, au point A, & terminée par la circonférence ILG, est égale à $\sqrt{\frac{BB - AA}{2}}$.

Car le triangle AGD, étant rectangle, le quarré de la ligne AG, est égal au quarré de la ligne AD, moins le quarré de la ligne DG; c'est à dire, que le quarré de la ligne AG, est $BB - AA$. De plus les lignes AG, AL, AI, étant continuellement proportionnelles par la construction, le quarré de la ligne AG, est au quarré de la ligne AL, comme la ligne AG, est à la ligne AI. Or la ligne AG, est double de la ligne AI, par construction; donc le quarré de la ligne AG, est double du quarré de la ligne AL. Cela étant, puisque le quarré de la ligne AG, est $BB - AA$; le quarré de la ligne AL, sera $\frac{BB - AA}{2}$, & par conséquent la ligne AL, sera $\sqrt{\frac{BB - AA}{2}}$.

De maniere que si de la ligne AD, j'ôte la ligne Df, égale à la ligne AL, il me restera la ligne Af, qui me détermine le foyer f, qu'il étoit question de trouver; & en même temps l'autre foyer F, qui doit être autant éloigné du point B, que le point f, l'est du point A.

Aprés cela la description de la Courbe est trés-facile. Car si aprés avoir tiré les lignes FC, fC; du point F, pris pour centre, & d'un intervalle plus grand que la ligne FB, & plus petit que la ligne FC, comme par exemple, FS, je décris le cercle $S\omega$; & que de l'autre foyer f, je décrive le cercle $Q\omega$, qui ait pour rayon la ligne *fQ*, laquelle ſoit à la ligne *CF*, comme *CF*, eſt à *FS*, les deux cercles ſe couperont en un point comme ω, lequel ſera un des points de la ligne courbe requis.

Car par la conſtruction, ω *F*, ſera égale à *F S*; & ω*f*, ſera égale à *Qf*; or par la même conſtruction *FS*, eſt à *FC*, comme *FC*, eſt à *fQ*. Donc *F*ω, eſt à *FC*, comme *FC*, ou ſon égale *Cf*, eſt à ω*f*. Donc le rectangle des deux lignes ω*F*, ω*f*, menées du point ω au deux foyers, eſt égal au rectangle des deux lignes *C F*, *Cf*; l'on trouvera de même tout autre point comme *K*, en décrivant du centre *F*, le cercle *R K*, & du centre *f*, le cercle *P K*, en ſorte que le rayon du cercle *RK*, ſoit à la ligne *C F*, comme la même ligne *C F*, au rayon du cercle *P K*.

Nous appellons cette ligne courbe Caſſinoïde, du nom de ſon inventeur le celebre M. de Caſſini Directeur de l'Obſervatoire Royal qui s'en ſert admirablement pour expliquer le mouvement des Planetes.

Il eſt aiſé de démontrer qu'elle eſt d'un degré plus composé que les Sections Coniques, puiſque l'équation qui exprime le rapport de l'appliquée ω Φ, à ſon interceptée *B* Φ, monte au quarré quarré qui ſe peut aiſément réduire au cube; & qu'on la peut décrire par le mouvement d'une Section Conique, & d'une ligne droite, ſuivant la méthode de l'incomparable M. Deſcartes.

Voici encore quelque proprieté de cette ligne.

Si du point *H*, extremité du petit axe, l'on meine à l'extremité du grand axe, la ligne *H B*, elle ſera moyenne proportionnelle entre la ligne *f B*; & les deux lignes *Af*, *F B*, priſes enſemble.

Soit à preſent $DB = D$.

$$Af = B.$$

$$FB = B.$$

Car la ligne *DF*, étant égale à $D - B$, ſon quarré

sera $DD - 2DB + BB$, à quoi ajoûtant le quarré de la ligne CD, qui est AA, viendra le quarré de la ligne $CF = DD - 2DB + BB + AA$, or on trouve le quarré de $CF = 2DB - BB$;

donc $4DB - 2BB = DD + AA$.

Cette égalité réduite en proportion, donne $2D - B$, $\sqrt{DD + AA} :: \sqrt{DD + AA}, 2B$.

Or à cause du triangle rectangle HDB, HB, est égale à $\sqrt{DD + AA}$. Donc elle est moyenne proportionnelle entre fB, & les deux lignes Af, FB.

De plus je dis que le quarré de la ligne HB, est double du quarré de la ligne HF, ou CF, son égale.

Nous avons démontré que la ligne DF, est égale à la ligne AL, laquelle sera $\sqrt{\frac{DD - AA}{2}}$ en faisant $AD = D$; donc le quarré de la ligne DF est $\frac{DD - AA}{2}$, à quoi ajoûtant le quarré de la ligne CD, qui est AA, viendra $\frac{DD + AA}{2}$ égal au quarré de CF, qui par conséquent sera la moitié du quarré de la ligne HB, qui est $DD + AA$.

Cela nous fournit encore une maniere fort simple pour trouver les foyers de la courbe, il ne faut pour cela que prolonger la ligne HB, jusques en Ξ, en sorte que $H\Xi$ soit la moitié de HB, puis ayant décrit sur ΞB, pris pour diametre le demi-cercle $\Xi \& B$; élever sur le point H, la perpendiculaire $H\&$, terminée par la circonférence. Cette ligne sera $\sqrt{\frac{DD + AA}{2}}$, & par conséquent égale à HF. Ainsi le cercle décrit du centre H, intervale $H\&$, coupera la ligne DB, au point F, l'un des foyers de la courbe.

FIN.

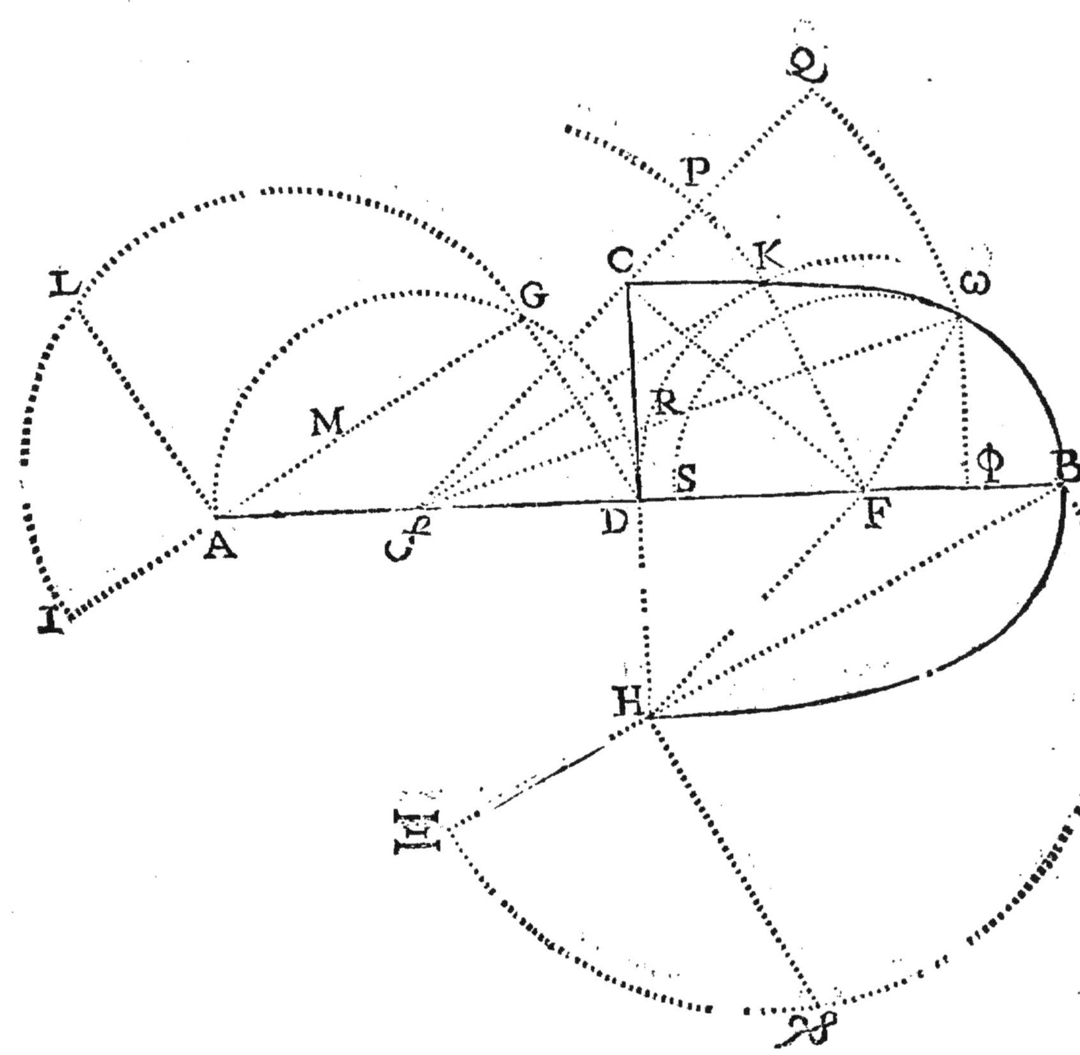
Q
P
C
K
ω
L
G
M
R
S
Φ
B
A
D
F
H